高职高专"十二五"规划教材

顶吹浸没熔炼技术

主　编　潘　薇

副主编　楚　斌　蔡　兵　白家福　王红彬

北　京

冶金工业出版社

2015

内 容 提 要

　　本书以铜、铅、锡三种重有色金属的熔炼技术为主要编写对象，参照行业职业技能标准和职业技能鉴定规范，邀请相关企业专家和专任教师共同参加编写。内容涉及近年来云南锡业股份有限公司及国内外重有色金属冶金技术的新成果、新设备、新技术、新工艺以及安全技术、卫生、环保等方面的内容。

　　本书为高职高专院校冶金等专业的教材，也可供相关专业的技术人员参考使用。

图书在版编目(CIP)数据

顶吹浸没熔炼技术/潘薇主编. —北京：冶金工业出版社，2015.4

高职高专"十二五"规划教材

ISBN 978-7-5024-6878-1

Ⅰ.①顶… Ⅱ.①潘… Ⅲ.①氧气顶吹转炉炼钢—高等职业教育—教材 Ⅳ.①TF724

中国版本图书馆 CIP 数据核字（2015）第 074187 号

出 版 人　谭学余
地　　址　北京市东城区嵩祝院北巷 39 号　邮编　100009　电话　(010)64027926
网　　址　www.cnmip.com.cn　电子信箱　yjcbs@cnmip.com.cn
责任编辑　郭冬艳　美术编辑　吕欣童　版式设计　葛新霞
责任校对　郑　娟　责任印制　李玉山
ISBN 978-7-5024-6878-1
冶金工业出版社出版发行；各地新华书店经销；三河市双峰印刷装订有限公司印刷
2015 年 4 月第 1 版，2015 年 4 月第 1 次印刷
787mm×1092mm　1/16；11.5 印张；275 千字；173 页
36.00 元

冶金工业出版社　投稿电话　(010)64027932　投稿信箱　tougao@cnmip.com.cn
冶金工业出版社营销中心　电话　(010)64044283　传真　(010)64027893
冶金书店　地址　北京市东四西大街46 号(100010)　电话　(010)65289081(兼传真)
冶金工业出版社天猫旗舰店　yjgy.tmall.com
（本书如有印装质量问题，本社营销中心负责退换）

前　言

本书是按照"基础理论强，专业技能以常规技术为基础，以关键技术为核心，以先进技术为导向"的思路，结合高职院校冶金技术专业结构布局优化调整、教学质量提升及相关企业员工素质提升工程，参照行业职业技能标准和职业技能鉴定规范，根据火法冶金顶吹浸没熔炼技术工艺的最新进展，校企融合共同编写的具有工学结合特色的教材。

本书基于有色金属冶金生产工艺流程的核心单元"原料制备"和"熔炼"过程的理论和工艺，以铜、铅、锡三种重有色金属的顶吹浸没熔炼工艺技术为重点，重点介绍云南锡业股份公司顶吹浸没熔炼技术中的新技术、新工艺、新设备等相关内容。本书以适应企业生产及管理一线的冶金高技能人才为目标，贯彻理论与实践相结合的原则，适合于高职高专教学使用，也可供相关专业的技术人员参考。

本书由云南锡业职业技术学院潘薇担任主编，云南锡业股份公司楚斌、蔡兵、白家福、王红彬担任副主编，云南锡业职业技术学院朱兴彩、王宇超也参与了本书的编写工作。

由于编者水平所限，加之时间仓促，书中不妥之处，敬请广大读者批评指正。

编　者
2014 年 12 月

目　录

① 绪 论

重金属的冶炼根据矿物原料和各金属本身特性的不同，可以采用火法冶金、湿法冶金以及电化学冶金等方法。但从目前的产量及金属种类来说，是以火法冶金为主。

1.1 冶金方法

现代冶金中，由于矿石性质和成分、能源、环境保护以及技术条件等情况的不同，冶金方法也是多种多样的。根据冶金方法的特点，进行细致的划分，冶金方法可以分为三大类：火法冶金、湿法冶金、电冶金。但通常人们习惯将冶金方法进行粗略划分为两大类：火法冶金和湿法冶金。

1.1.1 火法冶金

火法冶金是在高温下从冶金原料中提取或精炼有色金属的技术，是对冶炼温度在700K以上的有色金属冶炼方法的总称。有色金属火法冶炼一般包括原料准备、熔炼和精炼三个工序。过程所需能源主要靠燃料燃烧供给，也有依靠过程中的化学反应热来提供的。重金属火法冶炼的方法大致可以分为以下三类：造锍熔炼、直接熔炼、还原熔炼。

1.1.2 湿法冶金

在低温（一般低于100℃）常压或高温（200~300℃）高压下，用溶剂处理矿石或精矿，使所要提取的有色金属溶解于溶液中，而其他杂质不溶解，然后再从溶液中将有色金属提取和分离出来的过程及工艺被称为湿法冶金。主要过程包括浸出、净化、金属制取（用电解、电积、置换等方法制取金属），这些过程均在低温溶液中进行。

1.1.3 电冶金

电冶金是利用电能提取、精炼金属的方法。根据利用电能效应的不同，电冶金又分为电热冶金和电化冶金。

（1）电热冶金：是利用电能转变为热能进行冶炼的方法。电热冶金与火法冶金类似，两者的主要区别是冶炼时热能来源不同。电热冶金的热能由电能转换而来，火法冶金通过燃料燃烧产生高温热源。但两者物理化学反应过程是差不多的。所以电冶金可以列入火法冶金一类中。

（2）电化冶金：是利用电化学反应，使金属从含金属盐类的溶液或熔体中析出。电化冶金又分为水溶液电化冶金和熔盐电化冶金两类：

1）水溶液电化冶金：如果在低温水溶液中进行电化作用，使金属从含金属盐类的溶液中析出称为水溶液电化学冶金。它是在低温溶液中进行物理化学反应的，典型的湿法冶金，可以列入湿法冶金中。

2）熔盐电化冶金：如果在高温水溶液中进行电化作用，使金属从含金属盐类的溶体中析出（如铝电解），称为熔盐电化学冶金。它不仅利用电能转变为电化反应，而且也利用电能转变为热能，借以加热金属盐类成为熔体。在高温熔融状态下进行物理化学反应是火法冶金的主要特征，因此，熔盐电化冶金也可以列入火法冶金一类中。

1.2 重金属的冶炼方法

重金属的冶炼方法基本上可以分为四类：

（1）硫化矿物原料的造锍熔炼，属于这一类的金属有铜、镍及其伴生金属钴；

（2）金属硫化物精矿不经焙烧或烧结焙烧直接生产出金属的直接熔炼，属于这一类的金属主要是铅；

（3）硫化矿物原料先经焙烧或烧结后，再进行还原熔炼生产金属，属于这一类的金属有锌、铅和锑，锡是氧化矿物原料，也采用还原熔炼方法生产；

（4）焙烧后的硫化矿或氧化矿用硫酸等溶剂浸出，然后用电积法或其他方法从溶液中提取金属，简称湿法冶金，属于这类方法的金属主要有锌、镉、镍和钴。

十种重金属的冶炼方法见表1-1。几乎所有重金属的生产都是首先通过熔炼的方法生产出粗金属，然后再进行精炼。本书以铜、锡、铅三种重有色金属的熔炼工艺为重点，以顶吹熔炼技术为代表，学习生产重金属粗金属的知识。

表 1-1 十种重金属的冶炼方法

金属	原料	粗 炼 方 法	精炼方法	主要回收的元素
铜	硫化矿 氧化矿	焙烧→造锍熔炼→转炉吹炼 浸出→萃取→电积	电解	S, Au, Se, Te, Bi Ni, Co, Pb, Zn, Ag
镍	硫化矿 氧化矿 混合矿	造锍熔炼→磨浮→炭还原 造锍熔炼→焙烧→还原 加压氨浸→加压氢还原	电解 电解	Co, Pt 及 Pt 族, S Cu
钴	铜镍矿伴生	硫酸化焙烧→浸出→还原	电解	Co
锌	硫化矿	烧结→炭还原 焙烧→浸出→净化→电积	精馏	S, Cd, In, Ge, Ga, Co Cu, Co, Pb, Ag, Hg
镉	烟尘 净化渣	浸出→净化→锌置换 电积	精馏	Tl
铅	硫化矿	烧结→炭还原 直接熔炼	电解 火法精炼	S, Ag, Bi, Tl, Sn, Sb, Se, Te, Cu, Zn
铋	硫化矿 铅铜伴生物	铁还原 炭还原	电解 火法精炼	Pb, Cu, Ag, Te
锡	氧化矿	精选→浸出→焙烧→炭还原	火法精炼 电解	Cu, Pb, Bi
锑	硫化矿	焙烧→炭还原 浸出→电积	火法精炼	Au, S, Se, Te
汞	硫化矿	焙烧→热分解		Hg

课后思考与习题

1. 根据各类冶金方法的含义，试从资源综合利用和生产过程对环境的影响两方面，分析火法炼铜和湿法炼铜的主要优缺点。
2. 比较常见重金属冶炼方法的异同。

② 重金属熔炼技术

到 20 世纪中叶，几乎全世界都在用鼓风炉熔炼、反射炉熔炼和电炉熔炼三种传统方法来生产金属。随着环保、能源形势日趋严峻和科学技术及冶炼工艺的不断进步，近半个世纪以来，传统熔炼方法逐渐被强化熔炼方法取代。

由于传统熔炼方法能耗高、劳动生产率低下、环保治理难度大且环境污染较为严重、自动化程度低致劳动强度大，主要技术经济指标不好导致能源浪费，已不能满足社会发展的要求，目前我国在生产铜方面，传统熔炼已基本上全部被强化熔炼技术所取缔。鼓风炉熔炼、反射炉熔炼、电炉熔炼等炼铜工艺将成为永久的历史。

2.1 传统熔炼技术

2.1.1 反射炉熔炼

反射炉是一种室式火焰炉。按作业性质可分为周期性作业和连续性作业反射炉；按工艺用途可分为熔炼、熔化、焙烧和精炼。

炉内传热方式不仅是靠火焰的反射，而更主要的是借助炉顶、炉壁和炽热气体的辐射传热。就其传热方式而言，很多炉型（如加热炉、平炉等）都可归入反射炉。古代搅炼法炼钢也是用反射炉，现在一般是指有色金属冶炼用的反射炉。反射炉在有色金属冶炼中用途很广，用于干燥、焙烧、精炼、熔化、保温和渣处理等工序。反射炉一直是炼铜、炼锡的主要设备。

2.1.1.1 反射炉的结构

反射炉由炉基、炉底、炉墙、炉顶、加料口、产品放出口、烟道等构成。其附属设备有加料装置、鼓风装置、排烟装置和余热利用装置等。锡精矿还原反射炉如图 2-1 所示。

（1）炉基。炉基是整个炉子的基础，承受炉子重量巨大的负荷，因此要求基础坚实。炉基可做成混凝土、炉渣或石块的，其外围为混凝土或钢筋混凝土侧墙。炉基底部留有孔道，以便安放加固炉子用的底部拉杆。

（2）炉底。炉底是反射炉的重要组成部分，由于长期处于高温作用下，承受熔体的巨大压力，不断受到熔体冲刷和化学侵蚀，因此必须选择适当的耐火材料砌筑或采用捣打烧结炉底，以延长炉子的使用寿命。对炉底的要求是坚实、耐腐蚀并在加热时能自由膨胀。

（3）炉墙。炉墙直接砌在炉基上。炉墙经受高温熔体及高温炉气的物理化学作用，因此熔炼反射炉炉墙的内层多用镁砖、镁铝砖砌筑，外层用黏土砖砌筑，有些重要部位用铬镁砖砌筑。熔点较低的金属熔化炉，如熔铝反射炉的内外墙均可用黏土砖砌筑。

（4）炉顶。反射炉炉顶从结构形式上分为砖砌拱顶和吊挂炉顶。周期作业的反射炉及炉子宽度较小的反射炉，通常采用砖砌拱顶。大型铜熔炼反射炉多采用吊挂炉顶。

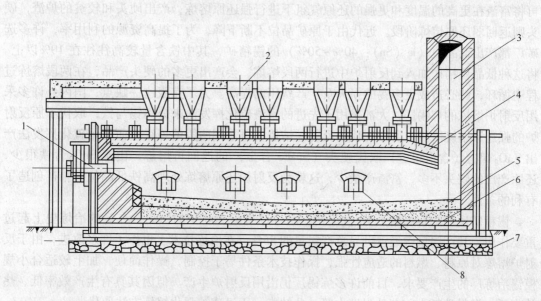

图 2-1 燃烧粉煤的炼锡反射炉

1—燃烧器；2—加料斗；3—烟道；4—炉顶；
5—镁砖烧结炉底；6—炉底垫层；7—炉基；8—炉门

（5）产品放出口。反射炉的放出口有洞眼式、扒口式和虹吸式三种。铜精炼反射炉采用普通洞眼式放铜口。洞眼的尺寸一般为和 5~30mm，其位置可设在后端墙、侧墙中部或尾部炉底的低处。炼锡反射炉采用水冷的洞眼式放锡口，即在普通砖砌洞眼放出口处的砖墙外嵌砌一冷却水套。虹吸式产品放出口与前两种产品的放出口相比，具有操作方便、安全、可改善劳动条件、提高产品质量等优点。

2.1.1.2 反射炉熔炼的生产工艺

锡精矿反射炉熔炼工艺如图 2-2 所示，是将锡精矿、熔剂和还原剂三种物料，经准确的配料，待混合均匀后加入炉内，通过燃料燃烧产生的高温（1400℃）烟气，掠过炉子空间，以辐射传热为主加热炉内静态的炉料，在高温与还原剂的作用下进行还原熔炼，产出粗锡与炉渣，经澄清分离后，分别从放锡口和放渣口放出。粗锡流入锡锅自然冷却后，于800~900℃下捞出硬头，300~400℃时捞出乙锡，最后得到含铁、砷较低的甲锡。甲锡与乙锡均送去精炼。产出的炉渣含锡很高，往往在 10% 以上，可在反射炉中再熔炼，或送烟化炉硫化挥发以回收锡。

现在锡精矿熔炼的反射炉类型繁多，按不同的生产情况划分为：

（1）按燃料种类划分，有燃煤、燃油和燃气三种。

（2）按烟气余热利用划分，有蓄热式反射炉和一般热风反射炉，前者须用重油或天然气作燃料，后者多用煤作燃料。

（3）按操作工艺划分，有间断熔炼和连续熔炼。

锡精矿反射炉还原熔炼过程以前均采用两段熔炼法，即先在较弱的还原气氛下控制较低的温度进行弱还原熔炼，便可产出较纯的粗锡和含锡较高的富渣；放出较纯的粗锡后，再将富渣在更高的温度和更强的还原气氛下进行强还原熔炼，产出硬头和较贫的炉渣，硬头则返回弱还原熔炼阶段。近代由于原矿品位不断下降，为了提高资源的利用率，许多选矿厂都产出低品位（w（Sn）：40%~50%）的锡精矿，其中铁含量较高往往在 10% 以上。将这种低品位精矿加入到反射炉中进行两段熔炼，会产出更多的硬头产品，在两段熔炼过程中循环，势必造成更多锡的损失及生产费用的提高。为了克服这一缺点，国内外许多采用反射炉熔炼的炼锡厂，大都采用了先进的富渣硫化挥发法来分离锡与铁，取代了原反射炉的强还原熔炼阶段。所以现代的反射炉熔炼不再采用两段熔炼法，而是用硫化挥发法产出 SnO_2 烟尘（含铁很少）取代硬头（Sn-Fe 合金）的返回再熔炼，由于 SnO_2 含铁很少，还原产出的硬头不多，富渣产量少，这就为反射炉还原熔炼处理高铁低品位锡精矿创造了有利的条件。

锡精矿反射炉熔炼始于 18 世纪初，距今已有近 300 年的历史，在锡的冶炼史上起过重要作用，其产锡量曾经占世界总产锡量的 85%，在冶炼技术上也作了许多改进，由于反射炉熔炼对原料、燃料的适应性强，操作技术条件易于控制，操作简便，加上较适合小规模锡冶炼厂的生产要求，目前许多炼锡厂仍沿用反射炉生产。但因其具有生产效率低、热效率低、燃料消耗大、劳动强度大等一些缺点，正迅速被强化熔炼方法取代。

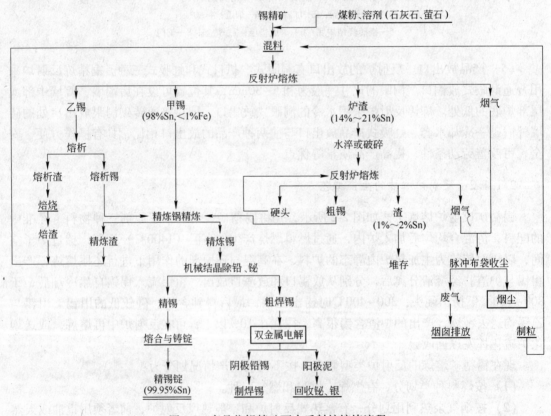

图 2-2　高品位锡精矿两次反射炉熔炼流程

2.1.2　电炉熔炼

电炉（electric furnace）是一种利用电热效应供热的冶金炉。电炉可分为电阻炉、感应炉、电弧炉、等离子炉和电子束炉等。

2.1.2.1 电炉熔炼的工艺流程

炼锡电炉属于矿热电炉（即电弧电阻炉），电炉炼锡工艺对原料适应性强，除高铁物料外，熔炼其他物料均能达到较好的效果，特别适应一些高熔点的含锡物料，电炉熔炼的工艺流程见图2-3。

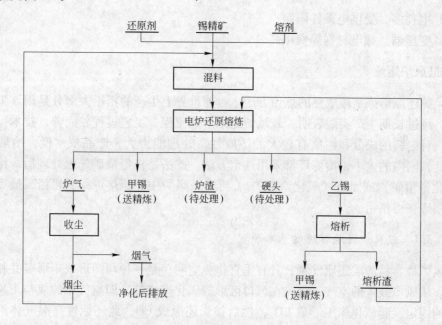

图 2-3　电炉熔炼一般工艺流程

熔炼锡精矿的电炉属于矿热电炉的一种（即电弧电阻炉）。电炉用电由三根电极供给三相交流电，还原熔炼所需的热量靠电极与熔渣接触产生的电弧和电流通过的炉料和炉渣产生，即热量在炉料内部产生，所以炉料受热熔化，化学反应是在炉料内部进行的，因此，电炉的熔炼是还原反应和造渣同时进行的，靠近电极的炉渣，由于温度升高和渣中存在反应所产生的气体使密度降低而沿电极上浮，到表面后便向四周水平扩散，而温度较低的炉料则吸收过热炉渣的热量而熔化，已熔化的炉料和已降温的炉渣混合在一起，因密度增加而下沉，当降到电极插入的深度时，一部分向电极作水平运动而成为连续循环的一部分，而其他的部分则继续沉到料堆的末端而沿着炉料下部熔化表面作水平运动，这样大部分熔体就往下落入下部比较平静的渣层进行渣和锡的分离。产出粗锡、炉渣和烟尘。

2.1.2.2 电炉熔炼的特点

电炉炼锡至今已有70多年的历史，随着锡工业的发展，电炉操作制度的改进，特别是电炉对物料的适应性强，投资小，近几年发展较快，炼锡电炉具有以下特点：

（1）可以达到较高的温度（1300～1500℃），能熔炼难熔物料，对含有钨、钽、铌、三氧化二铝等锡精矿，具有更多的优越性；

（2）炉气量少，为反射炉的1/16～1/18，故挥发损失少，收尘设备投资少；

（3）床能力高，达到 3~6t/(m² · d)；

（4）热效率高，75%~80%；

（5）占地面积小；

（6）易操作和控制，劳动条件好，劳动强度低；

（7）由于炉内高温和强还原气氛，对含铁高的精矿效果不佳，应尽量处理低铁锡精矿；

（8）电耗多，受供电条件限制；

（9）变压器、导电材料等费用高。

2.1.3　鼓风炉熔炼

鼓风炉还原熔炼是较成熟的炼铅方法。目前世界上生产的粗铅大部分是用该工艺流程生产的，经过长期生产实践表明，鼓风炉还原熔炼流程，工艺过程较完善，技术操作条件较稳定，对原料的成分和性质有较大的适应性，处理能力大，产品成本低，冶炼回收率高。因此，国内的大小铅冶炼厂都采用这个方法。此法是将铅精矿先预处理后，得到烧结块（硫化铅精矿）或团块（氧化铅精矿），再进鼓风炉中还原熔炼得到粗铅，最后经火法和电解精炼获得精铅。

2.1.3.1　鼓风炉还原熔炼的基本原理

鼓风炉最容易造成还原气氛，具有垂直作业空间，是一种与圆形或矩形竖井相似的冶金设备。从风口鼓入的空气，首先在风口区形成氧化燃烧带，即空气中的氧与下移赤热的焦炭中的固定炭起氧化作用形成 CO_2，然后被炭还原成 CO，此还原性高温气体沿炉体上升，与下移的铅矿球团相互接触而发生物理化学反应，依次形成粗铅、炉渣及铅冰铜等液体产物，流经赤热的底焦层后，被充分过热而进入炉缸，并按比重分层，然后分别从虹吸口、排渣口流出，而含有烟尘的炉气则从炉顶排出，进入收尘系统。

布多尔反应：

$$C + O_2 \longrightarrow CO_2$$
$$CO_2 + C \longrightarrow 2CO$$

鼓风炉还原熔炼是基于金属氧化物在高温下与还原剂作用，将金属还原出来。概括起来是：

（1）还原沉淀，硫化及造渣过程；

（2）炭质燃料的燃烧过程。金属氧化物的还原实质：当金属氧化物被还原时，其反应常是经两个步骤，如：

$$MeO + CO \longrightarrow Me + CO_2$$
$$CO_2 + C \longrightarrow 2CO$$

上述还原反应过程实际上是分三个阶段进行的，即气体还原剂（CO）首先吸附在金属氧化物的表面；氧从金属氧化物中脱离并与吸附于表面的还原剂结合形成新的金属相，氧化物的还原反应过程是一个自动催化过程。金属氧化物还原的速度与还原的完全程度，取决于以下因素：

（1）CO 的浓度；

（2）气体还原剂向反应扩散的速度及气体排出的速度；

（3）炉料的粒度和孔隙度；

（4）过程的温度。炼铅鼓风炉的结构见图 2-4。

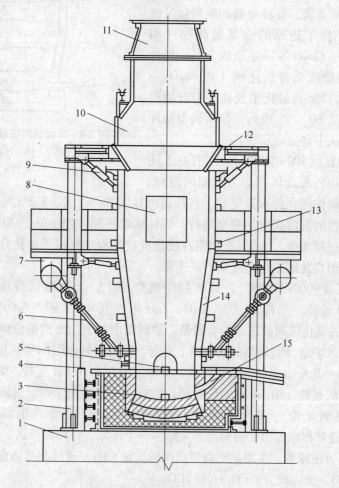

图 2-4 炼铅鼓风炉

1—炉基；2—支架；3—炉缸；4—水套压板；5—咽喉口；6—支风管及风口；
7—环形风管；8—打炉结工作门；9—千斤顶；10—加料门；11—烟罩；12—下料板；
13—上侧水套；14—下侧水套；15—虹吸道及虹吸口

2.1.3.2 炉内料层不同高度的物理化学反应

炉料在炉内形成垂直的料柱，它支承在盛接熔炼液态产物的炉缸上，一部分压在炉子的水套壁上。因为沿炉内高度的不同，炉气成分和温度也各异，故大致可沿炉高将炉子分为炉料预热区（100~140℃）、上还原区（400~700℃）、下还原区（700~900℃）、熔炼区（900~1300℃）、风口区、炉缸区六个区域，如图 2-5 所示。

（1）炉料预热区（100~140℃），在此区，物料被预热，带入的水分被蒸发。水分蒸发是吸热过程，故炉顶料面温度较低，降低了铅的挥发损失。继而化学结晶水开始被分解蒸发，易还原的氧化物如 Bi_2O_3 及游离的 PbO 开始被还原。

（2）上还原区（400~700℃），物料本身所有的结晶水被分解蒸发，各种金属的碳酸盐及硫酸盐开始离解，易于还原的金属氧化物（如 PbO、CdO、CuO、Cu_2O 等）还原成金属，高价氧化物开始被还原成低价氧化物（如 $Fe_2O_3 \rightarrow$ $Fe_3O_4 \rightarrow FeO$ 等），PbS、氧化铅及硫酸铅开始相互反应而形成铅及 SO_2，生成的铅像雨滴似地冲洗在炉料上，并从中富集金和银。

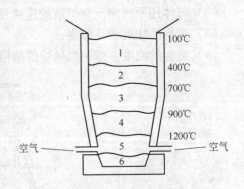

图 2-5　鼓风炉内区域划分示意图
1—预热区；2—上还原区；3—下还原区；
4—熔化区；5—风口区；6—炉缸区

（3）下还原区（700~900℃），所有在上述区域中开始的反应，在此区将更为强烈的进行。各种碳酸盐的离解作用在此大致完成，各种硫酸盐（如 $BaSO_4$、$PbSO_4$、$CaSO_4$ 等）的离解反应以及硫化物的沉淀反应均分别进行；固体碳的还原作用加强，CO 的还原作用更为激烈，因而还原过程加快。金属 Cu 和铅在硫化反应过程中形成低价化合物，未分解的以及被还原的硅酸铅在此区熔化，流至下区还原。

（4）熔炼区（900~1300℃），此区位于燃烧层上，上述各区反应均在此区完成，SiO_2、FeO、CaO 造渣，并将 Al_2O_3、MgO、ZnO 溶解其中，CaO、FeO 置换硅酸铅中的 PbO，游离出来的氧化铅则被还原为金属铅，炉料完全熔融，形成的液体流经下面赤热的焦炭层过热，进入炉缸，而灼热的炉气则上升与下降的炉料作用，发生上述化学反应。

（5）风口区：几乎由赤热的焦炭充满，其厚度为 0.8~1.0m 左右，前述各区反应所得到的熔体均在此区过热。约 1m 厚的焦炭层，粗略又可分为两个带。近风口的一层是炉内燃料的燃烧带（氧化带）。在氧化带发生碳的燃烧反应。由此产生高温，其温度可达 1400~1500℃，通常称此高温区为焦点，实际为一个区域，可称焦点区。

焦点区以上为还原带，主要是燃烧带产生的大量 CO_2，通过此赤热焦炭层而发生气化反应产出大量 CO，反应式为：$CO_2 + C = 2CO$。

此反应式为吸热反应，故此带温度降至 1200~1300℃。

（6）炉缸区：包括风口以下至炉缸底部，其温度上部为 1200~1300℃，下部为 1000~1100℃，深度为 0.8~1.3m。过热后的各种熔融液体，流入炉缸按密度分层。由于铅的密度（约 $10.5g/cm^3$）最大，故沉于缸底；其上层为砷冰铜（密度 6~7 g/cm^3）；再上层为铅冰铜（密度 4.1~5.5 g/cm^3），最上层为炉渣（密度 3.3~3.6 g/cm^3）。

分层以后，铅冰铜、砷冰铜、炉渣等从炉缸的排渣口（俗称咽喉口）一道排出，至前床或沉淀锅；而粗铅（800~1000℃）经虹吸道连续排出炉外铸锭或流入铅包送往精炼。

2.1.4　转炉吹炼

2.1.4.1　转炉结构

目前铜锍吹炼普遍使用的是卧式侧吹（P-S）转炉，国外有少数工厂采用所谓虹吸式转炉。P-S 转炉除本体外，还包括送风系统、倾转系统、排烟系统、熔剂系统、环集系统、残极加入系统、铸渣机系统、烘烤系统、捅风口装置和炉口清理等附属设备。转炉炉体由炉壳、炉衬、炉口、风管、大圈、大齿轮等组成。卧式转炉的剖视图，如图2-6所示。

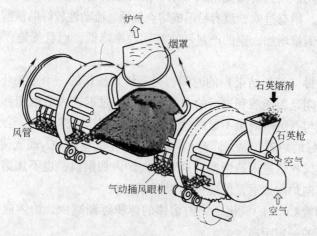

图 2-6 卧式侧吹转炉剖视图

随着社会对生产能力不断增加的要求，目前转炉的尺寸都在朝着大型化的方向发展；外径 4m 以下的转炉已逐步被淘汰。

2.1.4.2 转炉吹炼原理

铜锍吹炼的造渣期在于获得足够数量的白铜锍（Cu_2S），但是生产中并不是注入第一批铜锍后就能立即获得白铜锍，而是分批加入铜锍，逐渐富集成的。在进行吹炼操作时，把炉子转到停风位置，装入第一批铜锍，其装入量视炉子大小而定，一般是在吹炼时风口浸入液面下 200mm 左右为宜。然后，旋转炉体至吹风位置，边旋转边吹风，吹炼数分钟后加石英熔剂。当温度升高到 1200~1250℃ 以后，把炉子转到停风位置，加入冷料。随后把炉子转到吹风位置，边旋转边吹风。再吹炼一段时间，当炉渣造好后，旋转炉子放渣，之后再加铜锍。依此类推，反复进行进料、吹炼、放渣，直到炉内熔体所含铜量满足造铜期要求时为止。这时开始筛炉，即最后一次除去熔体内残留的 FeS，倒出最后一批渣的过程。为了保证在筛炉时熔体能保持在 1200~1250℃ 的高温，以便使第二周期吹炼和粗铜浇铸不致发生困难，有的工厂在筛炉前向炉内加少量铜锍。这时熔剂加入量要严格控制，同时加强鼓风，使熔体充分过热。

在造渣期，应保持低料面薄渣层操作，适时适量地加入石英熔剂和冷料。炉渣造好后及时放出，不能过吹。

铜锍吹炼的造渣期（从装入铜锍到获得白铜锍为止）的时间不是固定的，取决于铜锍的品位和数量以及单位时间向炉内的供风量。在单位时间供风量一定时，锍品位愈高，造渣期愈短；在锍品位一定时，单位时间供风量愈大，造渣期愈短；在锍品位和单位时间供风量一定时，铜锍数量愈少，造渣期愈短。

筛炉时间指加入最后一批铜锍后从开始供风至放完最后一次炉渣之间的时间。筛炉期间应严格控制石英熔剂的加入量，每次少量加入，多加几次，防止过量。熔剂过量会使炉温降低，炉渣发黏，渣中铜含量升高，并且还可能在造铜期引起喷炉事故。相反，如果石英熔剂不足，铜锍中的铁造渣不完全，铁除不净导致造铜期容易形成 Fe_3O_4。这不仅会延长造铜期的吹炼时间，而且会降低粗铜质量，同时还容易堵塞风口使供风受阻，清理风口困难。在造铜期末，稍有过吹，就容易形成熔点较低、流动性较好的铁酸铜（$Cu_2O \cdot Fe_2O_3$）稀渣，不仅使渣含铜量增加，铜的产量和直接回收率降低，而且稀渣严重腐蚀炉衬，降低炉寿命。

判断白铜锍获得（筛炉结束）的时间，是造渣期操作的一个重要环节，它是决定铜的直接回收率和造铜期是否能顺利进行的关键。过早或过迟进入造铜期都是有害的。过早地进入造铜期的危害与石英熔剂量不足的危害相同。过迟进入造铜期，会使 FeO 进一步氧化成 Fe_3O_4，使已造好的炉渣变黏，同时 Cu_2S 氧化产生大量的 SO_2 烟气使炉渣喷出。

筛炉后继续鼓风吹炼进入造铜期，这时不向炉内加铜锍，也不加熔剂。当炉温高于所控制的温度时，可向炉内加适量的残极和粗铜等。

在造铜期，随着 Cu_2S 的氧化，炉内熔体的体积逐渐减少，炉体应逐渐往后转，以维持风口在熔体面下的一定距离。

造铜期中最主要的是准确判断出铜时机。出铜时，转动炉子加入一些石英，将炉子稍向后转，然后再出铜，以便挡住氧化渣。倒铜时应当缓慢均匀。出完铜后迅速捅风口，以清除结块。然后装入铜锍，开始下一炉次的吹炼。

2.2　强化熔炼技术

2.2.1　诺兰达熔池熔炼

2.2.1.1　诺兰达熔炼生产工艺流程

诺兰达熔炼工艺流程如图 2-7 所示。现以大冶诺兰达系统为例，简要说明反应炉内的熔炼过程。

诺兰达反应炉类似于铜锍吹炼的转炉，沿长度方向将炉内空间分为吹炼区（又称反应区）和沉淀区，整个生产过程见图 2-8。由各配料仓的电子配料秤按需求控制下来的精矿、熔剂和少量固体燃料经带式输送机送往抛料机，由抛料机从炉头加料口抛往炉内熔池反应区。富氧空气由炉体一侧的风口鼓入反应区熔池，产生的冲击力以及气泡上升和膨胀给熔体带来很大的搅动能量，保证熔体与炉料迅速融合，造成良好的传热与传质条件，使氧化反应和造渣反应激烈地进行，释放出来的大量热能使炉料受热熔化生成高品位的铜锍和炉渣。加料端烧嘴使用重油或柴油为反应补充一定的热量。加料口气帘输入部分空气可适当增加熔体上方烟气中的氧量，一方面和飞溅到熔池面上的熔体、炉料反应，另一方面使炉料中的炭质燃料及未完全燃烧的一氧化碳能充分燃烧。65%～73%或更高品位的铜锍从铜锍放出口放入铜锍包中，再送往转炉吹炼。熔炼炉渣（含 Cu5%左右）在炉内沉淀区初步沉淀后从炉尾端排入渣包，然后送往渣缓冷场冷却、破碎，再运往选厂选出铜精矿（即渣精矿）和铁精矿，缓冷渣包底部铜锍及渣精矿返回熔炼系统。

从反应炉的尾部炉口排出的烟气，经上升烟罩进入锅炉冷却，回收其中的余热。降温后的烟气进入静电除尘器除尘，第 4 电场收集的烟尘送综合回收系统回收铅、

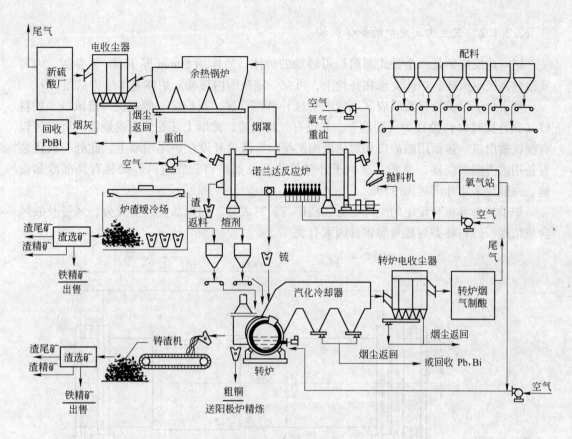

图 2-7 大冶冶炼厂诺兰达熔炼工艺流程

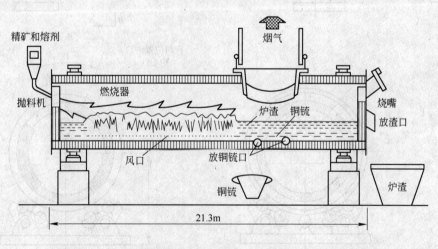

图 2-8 诺兰达生产过程示意图

铋、锌等，其余电场烟尘用气动输送装置送到精矿仓配料。净化后的烟气送硫酸系统生产硫酸。

转动诺兰达炉使风口在熔池面上，就可使熔炼过程停下来，在停炉后，由烧嘴供热保持炉温，反应炉转动到鼓风位置立即能恢复熔炼过程。

2.2.1.2 诺兰达反应炉的炉体结构

诺兰达反应炉是一个卧式圆筒形可转动的炉体，筒体用 50mm 厚 16Mn 钢卷制，内衬镁铬质高级耐火砖。炉体支承在托轮上，可在一定范围内转动。炉体基本结构见图 2-9。

整个炉子沿炉长分为反应区（或吹炼区）和沉淀区。反应区一侧装设一排风口。加料口（又称抛料口）设在炉头端墙上，并设有气封装置，此墙上还安装有燃烧器。沉淀区设有铜锍放出口、排烟用的炉口和熔体液面测量口。渣口开设在炉尾端墙上，此处一般还装有备用的渣端燃烧器。另外，在炉子外壁某些部位如炉口、放渣口等处装有局部冷却设施，一般均采用外部送风冷却。

炉子的总容积与设定的生产能力、精矿与炉料成分、铜锍品位、渣成分、风量及鼓风含氧浓度、燃料种类与数量等多种因素有关。

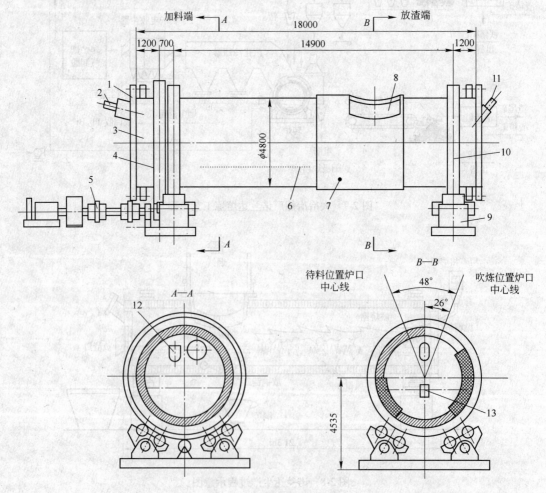

图 2-9 大冶冶炼厂诺兰达炉结构

1—端盖；2—加料端燃烧器；3—炉壳；4—齿圈；5—传动装置；6—风口装置；7—放锍口；
8—炉口；9—托轮装置；10—滚圈；11—放渣端燃烧器；12—加料口；13—放渣口

反应炉直径的确定，除了要考虑熔炼及鼓风量的需求外，同时还要考虑以下因素：

（1）为入炉料提供足够大的熔池容积。风口区域的炉子直径对熔池容积的影响更大。

（2）提供足够的熔池面积和熔池上方空间（容积和高度），以使烟气中悬浮的颗粒在进入炉口前能大部分沉降下来，并使熔炼过程产生的烟气能够顺畅地排出，保持炉内正常负压，避免引起烟气外逸及其他不良后果。

（3）能及时为后续转炉提供足够量的铜锍，可满足转炉进料的要求，放出锍后不会使反应炉内熔体面有过大的波动。

（4）当反应炉处于停风状态时，熔体面与风口之间应有适当的距离，这一距离还受反应炉（从鼓风吹炼位置到停风待料位置的）转动角度的影响。

现在已建成的几台诺兰达炉的直径在 4.5~5.1m 之间。

反应炉长度在满足炉子总容积的前提下，还要考虑在炉子各部位合理布置加料口、燃烧器、风口、炉口、放出口和熔体面测量口等的需要以及工艺操作、抛料机与燃烧器、捅风口机与泥炮等在安装诸方面的要求。

诺兰达反应炉目前主要使用三种耐火材料：直接结合镁铬砖、再结合镁铬砖、熔铸镁铬砖。直接结合镁铬砖具有高温体积稳定性好、热稳定性好、抗渣侵蚀性能好等优点。再结合镁铬砖具有耐压强度高、抗侵蚀、耐高温等优点。熔铸镁铬砖抗拉强度高，抗冲刷性能好，显气孔率低。根据炉内不同的工作状况选用不同的耐火材料，能延长炉子的使用寿命，降低耐火材料消耗。

诺兰达反应炉内衬耐火材料厚度一般为 381mm，少数部位加厚，如风口、放渣口端墙为 457mm。

熔炼具有以下的特点：

（1）精矿和熔剂加入到强烈湍动的熔体熔池内。

（2）炉料的熔化是通过熔体的熔解和浸蚀进行的。

（3）熔体内的硫化物氧化作用是借助液-气相质量传送的。

（4）熔剂的造渣是靠固-液相反过来完成的。

（5）精矿不需要特殊的配料和特别的干燥（含水可在 6%~8% 范围内），这一点，也是熔池熔炼的优点之一，免去了类似闪速炉那样庞大、严格的干燥工序。

2.2.2 闪速熔炼

2.2.2.1 铜精矿闪速熔炼的工艺流程及生产过程

将硫化精矿悬浮在氧化气氛中，通过精矿中部分硫和铁的氧化以实现闪速熔炼，其方式与粉煤的燃烧十分相似。将精矿和熔剂用工业氧或富氧空气或预热空气喷入专门设计的闪速炉中，用硫和铁的闪速燃烧获得熔炼温度，精矿在闪速燃烧过程中完成焙烧与熔炼反应。

获得工业应用的闪速炉有加拿大国际镍公司的因科（氧气）闪速炉和芬兰奥托昆普公司的奥托昆普闪速炉。

奥托昆普闪速炉，是一种直立的U形炉，包括垂直的反应塔、水平的沉淀池和垂直的上升烟道（见图2-10）。干燥的铜精矿和石英熔剂与精矿喷嘴内的富氧空气或预热空气混合并从上向下喷入炉内，使炉料悬浮并充满于整个反应塔中，当达到操作温度时，立即着火燃烧。精矿中的铁和硫与空气中的氧的放热反应提供熔炼所需的全部热量（当热量不足时喷油补充）。精矿中的有色金属硫化物熔化生成铜锍，氧化亚铁和石英熔剂反应生成炉渣。燃烧气体中的熔融颗粒在气体从反应塔中以 90° 角拐入水平的沉淀池炉膛时，从烟气中分离出来落入沉淀池内，进而完成造锍和造渣反应，并澄清分层，铜锍和炉渣分别由放锍口和放渣口排出，烟气通过上升烟道排出。放出的铜锍由溜槽流入铜锍包子并由吊车装入转炉吹炼，炉渣通过溜槽进入贫化炉处理，或经磨浮法处理以回收渣中的大部分铜。

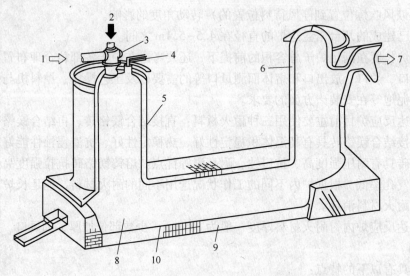

图 2-10　奥托昆普闪速熔炼炉剖视图

1—预热空气或富氧空气；2—精矿；3—精矿喷嘴；4—油；5—反应塔；
6—垂直上升烟道；7—炉气；8—炉渣；9—沉淀池；10—铜锍

闪速熔炼工艺流程如图 2-11 所示。

闪速熔炼要求在反应塔内以极短的时间（1~2s）基本完成熔炼过程的主要反应，因此炉料必须事先干燥，使其水分小于 0.3%。干燥时不应使硫化物氧化和颗粒黏结。

2.2.2.2　闪速炉反应塔内的主要氧化反应

熔炼铜精矿一般发生的主要氧化反应有：

$$2CuFeS_2 + \frac{5}{2}O_2 === (Cu_2S \cdot FeS) + FeO + 2SO_2$$

$$\Delta H_{298}^{\ominus} = -(3.3 \times 10^5) \, kJ/(kg \cdot mol \, CuFeS_2)$$

$$FeS + \frac{3}{2}O_2 === FeO + SO_2$$

$$\Delta H_{298}^{\ominus} = -(4.8 \times 10^5) \, kJ/(kg \cdot mol \, FeS)$$

$$2FeO + SiO_2 === 2FeO \cdot SiO_2$$

$$\Delta H_{298}^{\ominus} = -(0.42 \times 10^5) \, kJ/(kg \cdot mol \, SO_2)$$

这些反应放出大量的热以加热、熔化和过热炉料。由图 2-12 看出，在距入口 0.5m 附

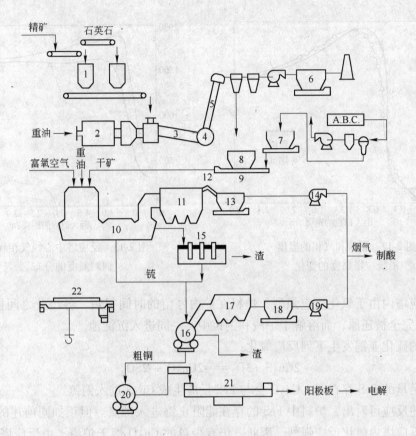

图 2-11　闪速熔炼工艺流程图

1—配料仓；2—热风炉；3—回转窑；4—鼠笼；5—气流干燥管；6—干燥电收尘；7—烟尘仓；8—干矿仓；
9—埋链刮板；10—闪速炉；11—闪速炉余热锅炉；12—烟道；13—闪速炉电收尘；14—闪速炉排烟机；15—贫化电炉；
16—转炉；17—转炉余热锅炉；18—转炉电收尘；19—转炉排烟机；20—阳极炉；21—圆盘浇铸机；22—吊车

近有燃烧峰面（与现场观察到的明亮峰面一致），反应一般在离喷嘴 1.5m 以内迅速进行。从半工业试验闪速炉反应塔中心线处气相和颗粒温度的分布（见图 2-13）表明，硫化矿粒子的反应大部分在距入口 1.5m 以内进行，反应塔上部颗粒温度比气相温度高，提高鼓风温度和富氧浓度可以加速反应。由于氧化反应迅速，单位时间内放出的热量多，加快了炉料的熔化速度，强化了生产，使熔炼的生产率提高到 $8 \sim 12t/(m^2 \cdot d)$，提高富氧浓度后，有的工厂达到了 $15 \sim 21t/(m^2 \cdot d)$。

由于硫化物粒子的氧化反应非常迅速，有一部分 FeS 氧化为 FeO 后可进一步氧化为 Fe_2O_3 和 Fe_3O_4，不可避免地有一部分铜要被氧化为 Cu_2O。氧化产物中 Fe_3O_4，Fe_2O_3 和 Cu_2O 的数量，取决于铜锍品位与原料中 SiO_2 的含量。生成的 Fe_2O_3 在有硫化物存在时容易转化为磁性氧化铁：

$$10Fe_2O_3 + FeS = 7Fe_3O_4 + SO_2$$
$$16Fe_2O_3 + FeS_2 = 11Fe_3O_4 + 2SO_2$$

在温度达 1300~1500℃ 的反应塔内，Fe_3O_4 很快被 SiO_2 和 FeS 所分解：

$$3Fe_3O_4 + FeS + 5SiO_2 = 5(2FeO \cdot SiO_2) + SO_2 - 381.4kJ$$

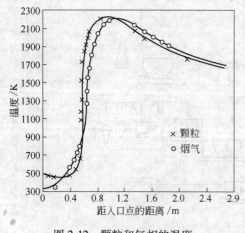

图 2-12   颗粒和气相的温度
沿反应塔高度的变化

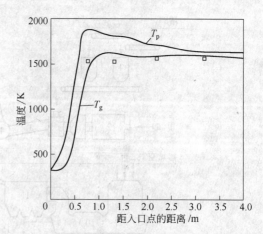

图 2-13   反应塔中心线气相和
颗粒温度的分布

在反应塔内由于氧化反应强烈，炉料在炉内停留的时间很短，各组分之间接触不良，Fe_3O_4 不能完全被还原，而溶解于炉渣和铜锍中，一同进入沉淀池。

少量的硫化亚铜发生下列反应氧化：

$$2Cu_2S + 3O_2 ＝＝＝ 2Cu_2O + 2SO_2$$

当有足量的 FeS 存在时，Cu_2O 会与 FeS 反应生成 Cu_2S 进入铜锍。

由上述反应可看出，炉料中 FeS 的存在能阻止铜进入炉渣。但正如同前述的 Fe_3O_4 一样，由于反应塔内氧化反应强烈，因此，仍有少量的 Cu_2O 熔于炉渣。由反应塔降落到沉淀池表面的产物是铜锍与炉渣的混合物，在沉淀池内进行澄清和分离，在分离过程中铜锍中的硫化物与炉渣中的金属氧化物还会进行如下反应，从而完成造铜锍和造渣过程。

$$Cu_2O + FeS ＝＝＝ Cu_2S + FeO$$

$$2FeO + SiO_2 ＝＝＝ 2FeO \cdot SiO_2$$

$$3Fe_3O_4 + FeS + 5SiO_2 ＝＝＝ 5(2FeO \cdot SiO_2) + SO_2$$

闪速炉炉渣中含铜高的原因是：

（1）反应塔内氧势较高，熔炼脱硫率高，产出的铜锍品位高，铜锍品位愈高，渣含铜量也愈高。

（2）闪速熔炼，原料多为高硫高铁精矿，而配加的石英熔剂少，渣中铁硅比高，这种炉渣密度较大且对硫化物有较大的溶解能力。

（3）闪速炉烟尘率高，熔池表面难免有烟尘夹带，这无疑也会增加渣中含铜量。

2.2.3　瓦纽柯夫法

瓦纽柯夫炉主要用于炼铜，现有个别厂用于炼铅。这种方法是在同一炉内同时完成氧化和还原两个过程。瓦纽柯夫法劳动条件差，炉衬寿命短，适于规模中小及装备要求不高的企业。目前只有俄罗斯部分企业仍然使用瓦纽柯夫法炼铜和炼铅。

瓦纽柯夫熔炼炉的吹炼过程，类似我国白银法侧吹熔池熔炼，但其熔池较深（2.5m），采用高浓度氧（60%~90%），吹炼熔池上部熔有料矿并混有铜锍小滴的乳渣层。

在鼓泡乳化熔炼过程中可有效地抑制 Fe_3O_4 的生成，加速了相凝聚与分离，强化了传质与传热过程。

瓦纽柯夫炉的结构如图 2-14 所示，该炉是一个具有固定炉床、横断面为矩形的竖炉。

炉缸、铜锍池和炉渣虹吸池以及炉顶下部的一段围墙用铬镁砖砌筑，其他的侧墙、端墙和炉顶均为水套结构，外部用架支承。

风口设在两侧墙的下部水套上。

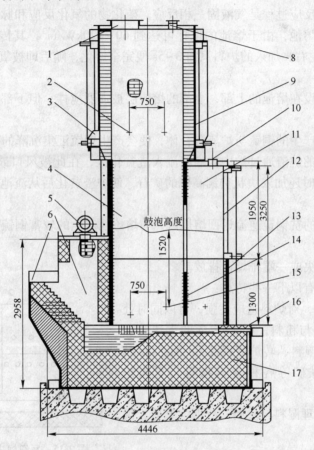

图 2-14　瓦纽柯夫炉示意图

1—烟道口；2—再燃烧风口；3—窥视孔；4—熔炼室；5—加热烧嘴；6—渣虹吸井；
7—放渣口；8—辅助加料口；9—三节钢水套；10—主加料口；11—加料室；12—二节钢水套；
13—一节铜水套；14—隔墙方铜管；15—下风嘴；16—安全放渣口；17—炉缸

端墙外一端为铜锍虹吸池，设有排放铜锍的铜锍口和安全口，另一端墙外为炉渣虹吸池，设有排放炉渣的渣口和安全口，小型炉子的炉膛中不设隔墙，大型炉的炉膛中设有水套炉墙，将炉膛分隔为熔炼区和贫化区呈双区室（见图 2-15）。

隔墙与炉顶之间留有烟气通道，与炉底之间留有熔体通道。

炉子烟道口有的设在炉顶中部，有的设在靠渣池一端的炉顶上，在熔炼区炉顶上设有两个加料口，贫化区炉顶上设有一个加料口。

为了更充分地搅拌熔池，两侧墙风口的对面距离较小，仅 2.0~2.5m；炉子的长度因生产能力不同而变化，一般为 10~20m 不等；炉底距炉顶的高度很高，为 5.0~6.5m，熔体上面空间高度为 3~4m，有利于减少带出的烟尘量。风口中心距炉底 1.6~2.5m，风口上方渣层厚 400~900mm；渣层厚度和铜锍层厚度由出渣口和出铜口高度来控制，一般为1.80m 和 0.8m。

炉料从炉顶的加料口连续加入熔炼区，被鼓入的气流经搅拌便迅速熔入以炉渣为主的熔体中。

所以熔炼区的反应过程是气液固三相反应。硫化物的氧化反应和脉石的造渣反应放出的热，可直接传给熔池，由于熔池的搅拌可达到 60~120kW/m³，其传热系数可达到 1.5 J/（cm² · s · ℃）左右，加入的炉料只需 3~5s 便完全熔化，随后即被氧化。熔炼区的温度维持在 1300℃。

由于风口位置设在熔池的上部，上部的熔渣层被强烈搅拌，但下部熔池却相对处于静止状态。

所以熔池反应产生的铜锍与炉渣混合体，便会产生铜锍汇集沉降的分层现象。

未完全分离好的炉渣通过炉中的隔墙流入渣贫化区，在此被风口鼓入的还原剂（煤、天然气）还原，有时还加入块状贫铜高硫的矿石，使炉渣贫化后从渣池连续放出（1200~1250℃）。

渣贫化后产生的贫铜锍逆流返回熔炼区，与熔炼区产生的较富铜锍汇合至铜锍池连续放出（1100℃）。

烟气从炉顶中央或一端排烟口排放。

瓦纽柯夫法具有以下一些特点：

（1）备料简单，对炉料适应性强，可以同时处理任意比例的块料与粉料，如 150mm 的大块和含水分达 6%~8% 的湿料、转炉渣以及 Cu-Ni，Cu-Zn精矿，含铜的黄铁矿等各种含铜物料均可入炉处理。

（2）由于能处理湿料与块料，故烟尘率低，仅为 0.8%。

（3）鼓泡乳化强化了熔炼过程，炉子的处理能力很大，床能力达到 60~80t/（m² · d）；硫化物在渣层被氧化，放出的热能得到了充分利用。

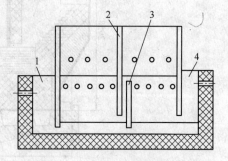

图 2-15　瓦纽柯夫炉的双室隔墙
1—铜锍池；2—隔墙；3—辅助隔墙；4—炉渣池

（4）大型瓦纽柯夫炉的炉膛中有隔墙，将炉膛空间分隔为熔炼区与渣贫化区，熔炼产物铜锍与炉渣逆流从炉子两端放出，炉渣在同一台炉中得到贫化，渣含铜量可降至0.4%~0.7%，达到弃渣的要求，无须设置炉外贫化工序。

（5）炉子在负压下操作，生产环境较好，作业简单，由于鼓风氧浓度高达 60%~70%，烟气中 SO₂ 浓度仍高达 25%~35%。

2.2.4　特尼恩特法

原先采用的特尼恩特炼铜法工艺包括以下三个火法冶金过程：
（1）反射炉熔炼铜精矿是采用顶插燃料——O₂ 烧嘴。

（2）采用特尼恩特转炉（见图 2-16）同时吹炼反射炉产出的铜锍和自热熔炼铜精矿。可以采用空气或富氧空气吹炼，产出高品位铜锍或白铜锍。

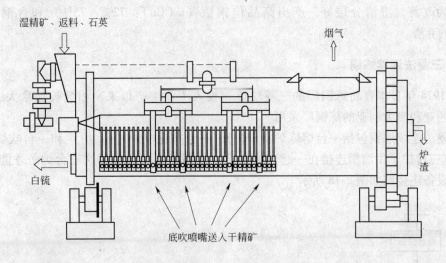

图 2-16　特尼恩特炉结构示意图

（3）在一般转炉中吹炼白铜锍产出粗铜。

近年来该方法经过不断地改进与完善，已取消了反射炉熔炼部分，改进成一种全新的自热熔炼工艺，如图 2-17 所示。

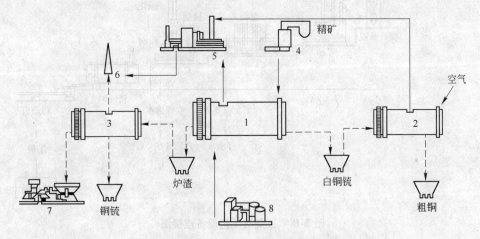

图 2-17　智利卡列托尼冶炼厂的特尼恩特熔炼工艺流程
1—特尼恩特炉；2—白铜锍吹炼转炉；3—炉渣贫化炉；4—流态化焙烧炉；
5—硫酸厂；6—烟囱；7—堆渣场；8—氧气站

工艺的主要改进是用一台 P-S 转炉型炉子，代替原来的反射炉贫化炉渣。

经流态化干燥炉干燥后精矿含水量降到 0.25%，通过侧吹喷嘴用 34%的富氧空气喷入熔池，大大强化了熔炼过程，部分湿精矿、熔剂、返回料等也可通过位于一端墙上的料枪加入炉内。

熔炼产出的铜锍品位很高，俗称白铜锍（75%～78%），铜锍与炉渣分别从炉子的两端墙间断放出。铜锍用包吊至 P-S 转炉吹炼成粗铜（$w(Cu)$：99.4%）。炉渣送至贫化炉处理，通过喷嘴喷入粉煤吹炼将炉渣中 Fe_3O_4 含量从 16%~18% 降到 3%~4%，于是炉渣的流动性大为改善，澄清分层好，产出高品位铜锍（$w(Cu)$：72%~75%）和含铜量低于 0.85% 的弃渣。

2.2.5　三菱法连续炼铜

自 1974 年日本直岛炼铜厂的三菱法炼铜投入工业生产以来，相继被加拿大、韩国、印度尼西亚和澳大利亚的炼铜厂采用。

三菱法连续炼铜包括一台熔炼炉（S 炉）、一台贫化电炉（CL 炉）和一台吹炼炉（C 炉），这三台炉子用溜槽连接在一起连续生产，铜精矿要连续经过这三台炉子才能炼出粗铜。其设备连接图如图 2-18 所示。

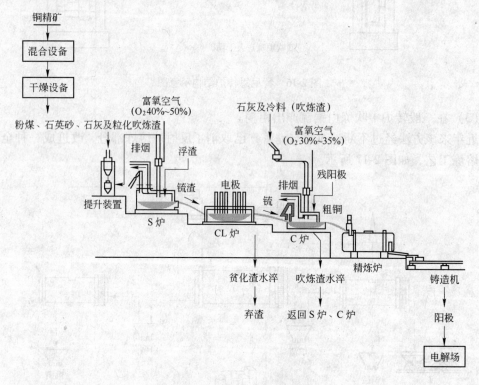

图 2-18　三菱法工艺设备连接图

三菱法炼铜的主要工艺特点可概括为：

（1）将精矿和熔剂用顶插喷枪喷入熔炼炉，加速了熔炼，产生的烟尘少（2%）。

（2）产出高品位铜锍（65%Cu），铜锍与炉渣经 CL 炉贫化分层后，渣铜损失只有 0.5%~0.6%。

（3）实现了连续吹炼，并采用 Cu_2O-CaO-Fe_3O_4 系吹炼渣。

经过多年的生产实践，对原有工艺进行了如下的改进：

（1）将粉煤混入精矿中喷入熔炼炉，代替了重油来补偿燃料消耗。

（2）富氧鼓风氧气含量从开始时的 32% 提高到了 42%~45%。

（3）铜锍品位提高到了 69%。

（4）由于采用了水套，修炉期延长。

三菱法炼铜是目前世界上唯一在工业上应用的连续炼铜法，与一般炼铜法比较具有如下的优点：

（1）基建费用下降 30%，阳极的加工费要低 20%~30%。

（2）可以回收原料中 98%~99%的硫，回收费用只需一般炼铜法的 1/5~1/3。

（3）能量消耗较一般炼铜法节约 20%~40%。

（4）操作人员可减少 35%~40%。

2.2.6 北镍法（氧气顶吹自热熔炼炉）

北镍法熔池熔炼是 20 世纪 70 年代苏联国家镍钴锡设计院和北镍公司共同研制的硫化铜镍矿自热熔炼技术，试验是在氧气顶吹竖式熔池熔炼炉中进行的。北镍公司的氧气顶吹自热熔炼炉为圆柱形，外径为 6m，熔池面积 18.8m²，高 11.4m。小于 40mm 的铜镍矿和熔剂混合后，从两个炉壁上的水冷料枪加到炉子里。装在炉顶的氧喷枪有三个喷嘴，插入炉子空间距熔体面有 1000mm，通过氧枪鼓入工业氧气，氧气压力为 1.0~1.2MPa，氧气流量为 7500~9000m³/h，生产能力达 40t/h，年处理湿矿砂达 210000t。

1990 年，中国有色金属进出口总公司从苏联引进该项技术，用于熔炼金川公司的二次铜精矿。1994 年建成投产，每年可处理二次铜精矿 45000t。金川公司已成功掌握并发展了该项技术。金川公司用氧气顶吹自热熔炼二次铜精矿产出粗铜，然后用卡尔多炉吹炼产出粗铜的工艺流程如图 2-19 所示。

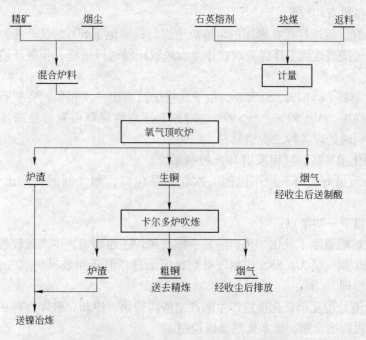

图 2-19　氧气顶吹自热熔炼和卡尔多炉吹炼产出粗铜的工艺流程

自热熔炼技术具有以下优点：

（1）能充分利用化学反应热，并且烟气带走热量少，燃料消耗少。

（2）炉子的生产率高，一般在 $50t/(m^2 \cdot d)$。

（3）采用纯氧吹炼，脱硫率高，烟气中 SO_2 浓度高，烟气不仅可以用于制酸，还可用于生产单体硫或二氧化硫。

（4）精矿不需干燥可直接入炉，备料系统较简单。

（5）对原料的适应性强。

随着全球能源日趋紧张，以及对环境保护的要求越来越高，为自热熔炼技术的发展及应用提供了一个契机。由于自热熔炼技术具有能耗低、生产率高及烟气中 SO_2 浓度高的特点，它在处理硫化矿方面具有很广阔的前景。但是，自热熔炼技术也存在一些缺点，主要包括：

（1）吹炼的压力较高，熔体喷溅严重，烟道系统容易堵塞，易导致排烟不畅。

（2）由于采用工业氧气吹炼，炉渣易过氧化而产生大量泡沫渣，从而产生冒炉事故。

（3）炉渣中有价金属含量高，需另行处理。

（4）强烈搅动和翻腾的高温熔体对炉衬侵蚀强烈，炉寿命短。

要想使氧气顶吹自热熔炼技术得到更广泛的应用，必须很好地解决以上存在的问题。

2.2.7　氧气底吹熔炼——鼓风炉还原炼铅工艺

水口山炼铅法，水口山法（SKS）也称为"氧气底吹熔炼——鼓风炉还原炼铅法"是我国自行开发的一种氧气底吹直接炼铅方法（见图2-20）。工艺特点：

（1）相同生产规模较传统烧结机——鼓风炉流程投资可节省 10%~20%。较国外同类技术厂房、设备投资均较低。

（2）环保好。熔炼过程在密闭的熔炼炉中进行，避免了 SO_2 烟气外逸，烟气经二转二吸制酸后，尾气排放达到了环保要求；作业点采取环保通风措施，作业环境好；熔炼车间噪声小。

（3）回收率高 Pb>97%，S>95%，由于底吹炉已产出一次粗铅，特别有利于贵金属的捕集，实际生产中，Au>99%，Ag>99%。对原料适应性强既可直接处理各种品位的硫化铅精矿，又可同时处理各种二次铅原料。

（4）自动化水平高。过程采用 DCS 控制系统。

（5）产品质量好。SKS 炉产出的一次粗铅品位高，烟气制酸可产出无色透明的一级酸。

但也存在以下一些缺点：

（1）两段熔炼铅除了氧化炉外，还要一座鼓风炉还原熔炼，生产流程较长。

（2）还原炉烟气量大。SKS 炉烟气得到很好治理，但还原鼓风炉烟气依然量大，SO_2 浓度低，较难治理。

（3）富铅渣处理复杂氧化反应产生的高铅渣需铸块、冷却、破碎，再在鼓风炉中还原熔炼，配加昂贵的冶金焦，成本依然难以控制。

（4）热利用率不充分。反应热利用不充分，特别是富铅渣的二次熔化和还原需要大量优质冶金焦，能耗仍然较高。

（5）熔池气、固、液搅动，对炉体有一定冲刷，炉寿较短。

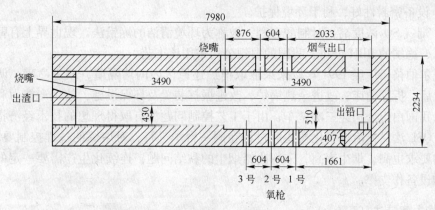

图 2-20 氧气底吹熔炼——鼓风炉还原炼铅法

2.2.8 QSL 法

氧气底吹炼铅——QSL 法属于熔池熔炼，是联邦德国开发的氧气底吹转炉炼铅法（见图 2-21），炉料均匀混合后从加料口加入熔池内，氧气通过用气体冷却的氧枪从炉底喷入，炉料在 1050~1100℃时进行脱硫和熔炼反应，通过控制炉料的氧/料比来控制氧化段产铅率，产出含硫低的粗铅（$w(S)$：0.3%~0.5%）和含氧化铅 40%~50% 的高铅渣。氧化段烟气含 SO_2 浓度为 10%~15%。高铅渣流入还原段，用喷枪将还原剂（粉煤或天然气）和氧气从炉底吹入熔池内进行氧化铅的还原，通过调节粉煤量和过剩氧气系数来控制还原段温度和终渣含铅量。还原段温度为 1150~1250℃。炉渣从还原段排渣口放出。还原形成的粗铅通过隔墙下部通道流入氧化段，与氧化熔炼形成的粗铅一道从虹吸口放出。

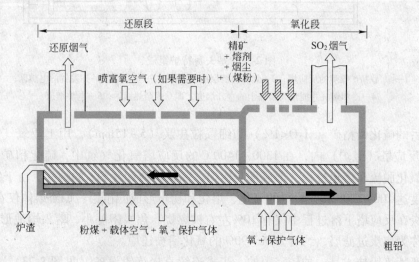

图 2-21 QSL 反应器结构示意图

工艺具有以下一些特点：
（1）工艺过程短、投资少、成本低。
（2）热利用率高、能耗低。

（3）设备密封性好，利于环境保护。

（4）烟气 SO_2 浓度高，对制酸有利，被称为环境清洁的炼铅法。现世界上有韩国的温山冶炼厂、德国的 BBH 公司、我国的白银公司采用该工艺。

斯托尔伯格铅厂经 1991 年以来采取取消炉还原区内两堵隔墙，改进喷嘴，调整燃烧喷枪位置后，拆除前床，改进余热锅炉，改进振打装置及环保设施，使生产能力和效率得到提高。我国白银公司经三次试车，由于工艺控制问题没有取得理想的技术经济指标，被迫停运。QSL 法对铅冶炼氧化与还原过程在同一台炉进行，对熔炼的过程控制要求很高，对物料的要求也高，烟尘率高，未解决铅烟尘的黏结问题，连续化生产需要一定的现代控制技术和设备作支撑。

2.2.9　基夫赛特法（Kivcet）

研发于前苏联，实际是一种闪速-电炉一步熔炼法。基夫赛特炉由两个反应区组成，炉内设有隔墙，隔墙一侧为氧化反应区，另一侧为还原区。氧化区设有竖式反应塔，炉料由塔顶喷嘴喷入，完成炉料的氧化脱硫和造渣。基夫赛特炉主要由 4 部分组成（见图 2-22）。

基夫赛特熔炼法属于闪速熔炼，其反应过程主要在基夫赛特炉的反应塔空间内进行。

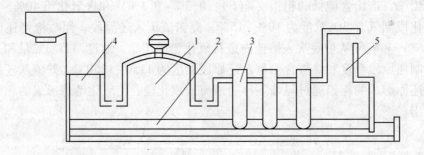

图 2-22　基夫赛特炉组成

1—氧气-精矿喷嘴的反应塔；2—焦炭过滤层的沉淀池；3—贫化炉渣并挥发锌的电热区；
4—冷却烟气并捕集高温烟尘的直升烟道，即立式余热锅炉；5—电炉烟道

干燥后的硫化铅精矿（$H_2O<1\%$）和细颗粒焦炭（5~15mm），用工业氧气（约95% O_2）喷入反应塔（竖炉）内，在 1300~1400℃ 的反应塔氧化气氛中，硫化精矿在悬浮状态下完成氧化脱硫和熔化过程，形成部分粗铅、高铅炉渣和含 SO_2 的烟气。由于氧气-精矿的喷射速度达 100~120m/s，炉料的氧化、熔化和初步形成的粗铅、炉渣熔体仅在 2~3s 内完成。焦炭在反应塔下落过程中仅有 10% 左右被燃烧。焦炭密度小，落入熔池形成赤热的焦炭层，称为焦炭过滤层，约有 80%~90% 的氧化铅被还原。

基夫赛特炼铅技术是一种较完美的一步式连续直接炼铅设备（见图 2-23）。该工艺的特点：降低了熔池对耐火材料的侵蚀作用，铅还原区较小，含硫烟气和还原区烟气所捕集的氧化铅量少，锌的氧化物含有极小量的铅并不含氯和氟，净化后可排放，非常有利于环保要求，优于传统炼铅法，节约焦炭，硫的利用率高，设备紧凑，气密性好，烟气量少，建厂投资和操作费用分别为传为传统炼铅法的 65% 和 80%~90%。可处理铅精矿、浸出渣

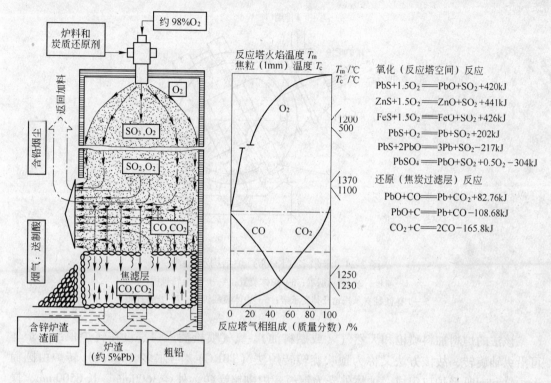

图 2-23 基夫赛特炉反应塔和焦滤层垂直断面示意图

和再生铅原料。

这种炼铅技术的不足点主要在于：物料制备要求严格，要求粒度小于1mm、含水小于1%，必须建造一套完整配套的物料干燥、磨碎和筛分系统，干燥用燃料、设备、温度控制等均较为严格；炉子结构比较复杂，炉体全部由多块铜水套镶嵌耐火砖组合而成，制作困难，费用高，操作控制难度大；由于备料复杂、炉体全部用铜水套、收尘系统需要两套等，导致建设投资成本高；由于用大功率矿热电炉作为还原设备，每吨精矿耗电120～170kW·h，其中75%消耗在电炉部分。用焦炭作还原剂，整体能耗较高。

2.2.10 倾斜式旋转转炉法

瑞典玻利顿金属公司于20世纪80年代开始使用倾斜式旋转转炉（卡尔多炉）直接炼铅。卡尔多（Kaldo）炉技术是由瑞典专家Bokalling发明的氧气顶吹转炉熔炼技术。

卡尔多炉主要由7部分组成（见图2-24），包括精矿喷枪、氧油喷枪、活动烟罩、炉体、炉体旋转装置、炉体支架及倾倒托轮、翻转机构和止推托辊。卡尔多炉炉体的外形与炼钢氧气顶吹转炉相似，下部为圆桶形的炉缸，整个炉子只有一个口，加料、放渣、放铅、排烟、燃烧都是由这个口实现的。炉缸内衬为铬镁耐火材料。炉体可通过两个仰俯轮进行360度的仰俯，可根据加料、冶炼、出铅、出渣的需要调整炉体的角度。

卡尔多炉为同一台炉氧化、还原熔炼分期间断操作，还原期烟气SO_2的量很少，不得不在氧化期吸收，压缩冷凝部分的SO_2为液体，在还原期解析补充到烟气中以维持烟气制酸系统的连续正常运行，操作比较繁琐。

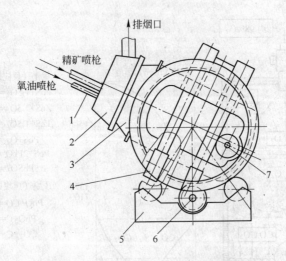

图 2-24　卡尔多（Kaldo）炉结构示意图

1—喷枪；2—活动烟罩；3—炉体装置；4—炉体旋转机构；
5—炉体倾翻支承托轮及其支承架；6—炉体倾翻机构；7—止推托辊

该法的炉料加料喷枪和天然气（或燃料油）-氧气喷枪插入口都设在转炉顶部，炉体可沿纵轴旋转，故该方法又称为顶吹旋转转炉法（TBRC）。卡尔多（Kaldo）转炉由圆筒形炉缸和喇叭形炉口组成。炉体外壳为钢板，内砌铬镁砖。外径 3600mm，长 6500mm，操作倾角 28°，新砌炉工作容积 11m³。炉缸外壁连着两个大轮圈，带轮圈的炉体用若干组托轮固定在一个框架内，炉体可沿炉缸中心线作回旋运动，转速为 0~30r/min。与其他强化熔炼新工艺相比，卡尔多炉的优点是：

（1）操作温度可在大范围内变化，如在 1100~1700℃ 温度下可完成铜、镍、铅等金属硫化精矿的熔炼和吹炼过程；

（2）由于采用顶吹和可旋转炉体，熔池搅拌充分，加速了气-液-固物料之间的多相反应，特别有利于 MS 和 MO 之间的交互反应的充分进行；

（3）借助油（天然气）-氧枪容易控制熔炼过程的反应气氛，可根据不同要求完成氧化熔炼和炉渣还原的不同冶金过程。

瑞典玻利顿公司隆斯卡尔冶炼厂卡尔多转炉既可处理铅精矿，又可处理二次铅原料。处理铅精矿时，处理能力为 330t/d，烟气量为 25000~30000m³/h。氧化熔炼时烟气含 SO_2 为 10.5%。工艺流程见图 2-25。

卡尔多炉吹炼分为氧化与还原两个过程，在一台炉内周期性进行。氧化阶段鼓入含 60%O_2 的富氧空气，可以维持 1100℃ 左右的温度。为了得到含 S 低的铅，氧化熔炼渣含铅不低于 35%。如果渣含铅每降低 10%，那么粗铅含硫会升高 0.06%。倾斜式旋转转炉法吹炼 1t 铅精矿能耗为 400kW·h，比传统法流程生产的 2000kW·h 低很多，烟气体积减小，提高了烟气中的 SO_2 浓度。该方法的缺点是：

（1）间歇作业，操作频繁，烟气量和烟气成分呈周期性变化；

（2）炉子寿命较短；

（3）设备复杂，造价较高。

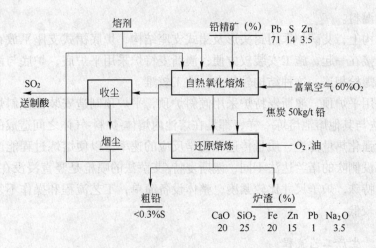

图 2-25 倾斜式旋转转炉直接炼铅流程

2.2.11 顶吹浸没熔炼法

顶吹浸没熔炼技术是一种典型的喷吹熔池熔炼技术，其基本过程是将一支经过特殊设计的喷枪，由炉顶插入固定垂直放置的圆筒形炉膛内的熔体中，空气或富氧空气和燃料（可以是粉煤、天然气或油）从喷枪末端直接喷入熔体中，在炉内形成剧烈翻腾的熔池，经加水混捏成团或块状的炉料通过炉顶的加料口直接投入炉内熔池中。

顶吹熔炼法是澳斯麦特熔炼法与艾萨熔炼法的统称。澳斯麦特法和艾萨法都拥有"赛洛"喷枪浸没熔炼工艺技术，按各自的优势和方向，延伸并提高了该项技术，形成了各具特色的澳斯麦特法和艾萨法。

这两种方法在备料上具有共同点，原料均不需要经过特别准备。将含水量<10%的精矿制成颗粒或精矿混捏后直接入炉。当精矿水分含量>10%时，先经干燥窑干燥后，再制粒或混捏，然后通过炉顶的加料口加入炉内，炉料呈自由落体落到熔池面上，被气流搅动卷起的熔体混合消融。澳斯麦特与艾萨法的主要区别是：

（1）喷枪的结构不同。澳斯麦特喷枪有五层套筒，最内层是粉煤或重油，第二层是雾化风，第三层是氧气，第四层是空气，最外层是用于保护第四层套筒的套筒空气，同时供燃烧烟气中的硫及其他可燃组分之用，最外层在熔体之上，不插入熔体。艾萨炉喷枪只有三层套筒，第一层为重油或柴油，第二层是雾化风，第三层是富氧空气。

（2）排料方式不同。澳斯麦特炉采用溢流的方式连续排放熔体，而艾萨炉采用间断的方式排放熔体。

（3）喷枪出口压力不同。艾萨炉喷枪的出口压力为 50kPa，澳斯麦特炉喷枪的出口压力为 150~200kPa。

（4）澳斯麦特炉与艾萨炉在炉衬结构上的思路是完全不同的。澳斯麦特炉的思路是让高温熔体黏结在炉壁砖衬上，即使用挂渣的方法对炉衬进行保护，于是，澳斯麦特炉子采用了高导热率的耐火材料砌筑，并且在炉壁和外壳钢板之间捣打厚度为 50mm 左右的高导热性石墨层，钢板外壳表面又用喷淋水或铜水套冷却水进行冷却。艾萨炉除放出口加铜水套冷却水进行冷却以保护砖衬外，炉体其余部位不加任何冷却设施，耐火砖与炉壳钢板之间填充一层保温料。

在炉底结构上,艾萨炉采用封头形及裙式支座结构,炉底裙式支座平放在混凝土基座上,用螺栓连接在一起,施工安装较方便;澳斯麦特炉采用平炉底,炉底与混凝土之间加钢格栅垫,用螺栓相连,这种结构较复杂,施工较难。

艾萨炉采用平炉顶,澳斯麦特炉采用倾斜炉顶,平炉顶制造安装比倾斜炉顶简单。澳斯麦特/艾萨法与其他熔池熔炼一样,都是在熔池内熔体-炉料-气体之间造成的强烈搅拌与混合,可大大强化热量传递、质量传递和化学反应的速率,以便熔炼过程能产生较高的经济效益。与浸没侧吹的诺兰达法不同,澳斯麦特/艾萨法的喷枪是竖直浸没在熔渣层内的,喷枪结构较为特殊,炉子尺寸比较紧凑,整体设备简单,工艺流程和操作不复杂,投资与操作费用相对较低。

2.2.11.1　生产工艺流程

顶吹浸没熔炼对于老厂改造有很大的灵活性与适应性。一般来说,原先使用电炉熔炼的工厂基本上保持了已有的工序,只是在电炉前面加上澳斯麦特炉或艾萨炉熔炼铜精矿,仍可利用原来的电炉进行炉渣贫化。炉料准备系统亦可以不动,保留干燥部分。迈阿密厂和云南铜业公司就属于这一类。

迈阿密冶炼厂的工艺流程如图 2-26 所示。精矿和大部分熔剂在配料车间混合后,用铲车运送到五个中间储料仓,按需要控制从各中间料仓下来的精矿、熔剂、煤和返料的料流量。

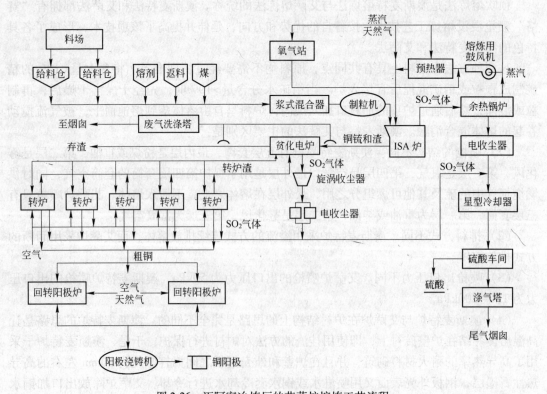

图 2-26　迈阿密冶炼厂的艾萨炉熔炼工艺流程

这些物料经一个叶片混合器（搅拌机）混合后，送到制粒机中进行制粒，制好的粒料加入至艾萨熔炼炉。粒料的优点是可以大幅度降低烟尘量。从艾萨炉出来的铜锍和炉渣的混合熔体通过溜槽进入电炉进行沉淀分离。

氧气浓度为50%的富氧空气通过喷枪外管喷入炉内，内管喷天然气，喷枪末端有一个旋流器将两者混合。天然气和煤是用来补充热源的。

艾萨熔炼炉内，熔池内液面距炉底1219~2134mm，每半小时将熔体排入电炉一次，每次排入时间约10min。

从艾萨炉上部出口出来的烟气经上升烟道的烟罩排出。烟罩由冷凝管构成。从上升烟道来的烟气通过余热锅炉的辐射段和对流段后进入静电除尘器。余热锅炉中收集的粗尘经粉碎后，用气动输送装置送至精矿储料仓。电收尘的烟尘则由螺旋运输机送到一个布袋收尘器中。上升烟道从炉顶出口算起，总长15.24m，角度为70°。这种设计允许烟气充分冷却，以减少熔化的烟尘粒附在余热锅炉的炉壁上。设计时烟道使用了单独的冷却系统。但与余热锅炉共用同一水源。把两个系统分开的目的是想降低上升烟道烟罩的烟气温度，最大限度地减少结瘤。在上升烟道和余热锅炉四壁安装了一套机械振打锤，以清除挂渣。余热锅炉采用了常规设计，由辐射、对流和内部过热三段构成。安装内部过热系统的目的是提供发电用的蒸汽，也用作艾萨炉的空气预热。

从艾萨炉流出的铜锍和炉渣混合熔体，经溜槽流进一台51m³有6根自焙电极的电炉内进行贫化。如有必要，可在电炉内加熔剂以调整渣型。烟气中的粉尘经烟道下部的集尘斗收集后返回电炉。电炉渣用渣包运送到渣场弃去。铜锍送转炉进行吹炼。

除尘后的艾萨熔炼炉烟气和转炉烟气混合在一起，SO_2浓度为7.5%，送往双接触法制酸厂。在酸厂尾气的烟囱处安装了一台二次苏打洗涤器，以确保尾气中SO_2浓度达到环境排放标准。

山西华铜铜业有限公司（华铜公司）是典型的澳斯麦特工艺新建厂，熔炼与吹炼都用澳斯麦特炉。熔炼炉使用的是四层套管喷枪，使用的燃料为粉煤车间制备的粉煤。富氧浓度为40%~45%，烟气中SO_2浓度为7%~9%。加料口加入混合精矿。炉内熔体由堰体流入贫化电炉进行炉渣与铜锍的分离，$w(Fe)/w(SiO_2)$为1.0~1.2，CaO含量为5%~7%的熔炼渣经3000kVA的贫化电炉处理后，产出含铜0.6%的炉渣经水淬弃去。品位为58%~62%的铜锍间断地流进吹炼炉，也可以将熔融铜锍冷却制粒后加到吹炼炉。烟气通过炉顶烟道和余热锅炉后，经电收尘器后进入制酸车间。根据烟尘中铅含量的高低，或开路处理或返回熔炼炉。华铜公司的工艺流程如图2-27所示。

正常生产中每5~7天应更换一次喷枪，每次更换喷枪时间一般约为半小时。此期间炉子通过炉顶备用烧嘴孔插入烧嘴烧柴油保温。当余热锅炉发生事故时，也用备用烧嘴烧柴油保温，炉子在保温期间的烟气，通过副烟道和掺入冷空气，使烟气温度由1300℃降到200~300℃，接着送往环保系统，通过风机和烟囱排入大气。在熔炼过程中产生的尚未燃烧的可燃物，如一氧化碳、单体硫等，通过喷枪套筒鼓入空气，在熔池上方和锅炉垂直段燃烧。

铜锍和炉渣的混合熔体，在贫化电炉中按其密度不同而分离为铜锍层和炉渣层。转炉渣由返渣溜槽返回贫化电炉。品位达51.72%的铜锍通过放出口和溜槽流入铜锍包子，并

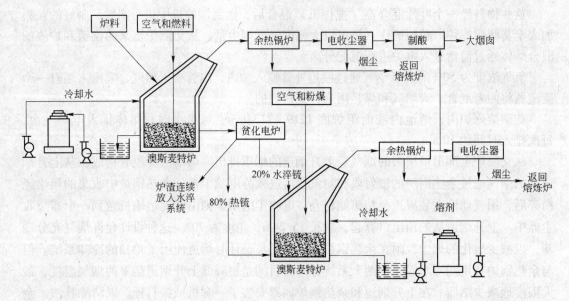

图 2-27　华铜公司澳斯麦特工艺流程

送往转炉吹炼。$w(Cu) = 0.6\%$ 的炉渣，水淬后作为弃渣送往渣场堆存或出售。贫化电炉烟气经旋涡收尘器由环保通风系统 120m 烟囱排入大气。

澳斯麦特/艾萨炉的特点之一就是生产过程比较简单，控制容易，不复杂。

迈阿密厂的熔池温度控制在 1167~1171℃ 范围内，熔体温度是通过安置在炉衬内位于渣层与铜锍之间的热电偶测量的。通过调节天然气的流量来控制温度的波动。华铜公司控制的温度略高一些，为 (1180±20)℃，在炉子开始操作时需要 1180℃。可以从粉煤率、富氧浓度以及加料量等方面的控制来实现。

铜锍品位一般控制在 (60±2.0)%，是通过调整风料比来实现的。

从贫化炉内易形成炉结考虑，熔炼炉渣中的 Fe_3O_4 含量应限制在 10% 以下。若熔炼炉中 Fe_3O_4 含量控制不当，贫化炉内的磁性氧化铁炉结生成后是很难消除的。

熔池深度的稳定对熔炼炉的正常操作起着关键的作用。如果熔池高度超过正常高度 200mm，必须立刻停止生产，否则会使炉子产生剧烈喷溅，并在烟气出口的上部、炉顶、加料口和喷枪孔等处形成渣堆积，此外还会在熔池面上形成泡沫渣。当熔池高度低于正常值 200mm 时，需要加入水淬渣熔化，以使熔体高度增加。这种情况在正常生产时不会发生，只有在炉子内物料排放完后需要恢复生产时才会遇到。

喷枪浸没深度不合适时，会造成熔渣喷溅或喷枪顶部熔化。喷枪从炉顶开口处插入炉内，喷枪的顶部以插入熔体层 200~300mm 处较为合适，以防止插入铜锍层使喷枪顶部被熔化。金昌公司采用澳斯麦特炉熔炼，转炉吹炼工艺，其工艺流程如图 2-28 所示。

给料控制系统提供的混合料包括：铜精矿（主要成分为黄铜矿 $CuFeS_2$）；冶炼炉系统的返料；循环烟尘；熔剂；团煤。这些物料落于熔池的熔体面上，很快被喷枪强烈搅拌的熔体所熔没，在高温熔体中发生铜精矿造锍熔炼的全部反应，包括有高价金属硫化物与氧化物、硫酸盐与碳酸盐等的分解，金属硫化物（MS）的氧化、碳的燃烧、多种 MS 的共熔形成铜锍、各种金属氧化物（MO）与脉石矿物（SiO_2、CaO、MgO 等）的造渣。

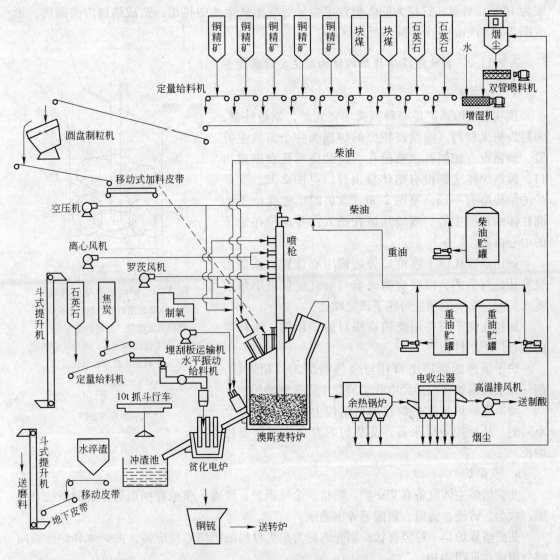

图 2-28　金昌冶炼厂澳斯麦特工艺流程

　　澳斯麦特熔炼炉采用富氧空气，吹炼炉只采用压缩空气。喷枪的末端插入渣层下200～300mm 处，在渣层中熔炼。熔体除受到喷吹气流的剧烈搅动外，由于在管壁间设有双螺旋的螺道，还产生旋转运动。喷枪出口处压力为 50～250kPa，压力较低，动力消耗较少。燃煤通过喷枪中心的管子向下供给熔池，并在浸没于熔池中的喷枪出口处燃烧，而空气和氧气则在喷枪出口处混合，将气体喷射与浸没燃烧结合起来。在这个过程中，通过环行通道的气体使喷枪外壁保持较低温度，以使靠近枪壁的液态熔渣冷却凝结，在喷枪外壁上形成一层固态的凝渣保护层，使喷枪免受熔池中高温熔体的烧损和侵蚀。

　　对于工艺过程有直接意义的是喷入气体与熔体的混合状况。喷枪喷入的气体进入熔体，这些充满滞留气泡的熔体不断地"吞没"和熔蚀加在熔渣层上面的吲体炉料，实现硫化物的氧化和造渣等反应。因此，喷枪对熔炼过程的作用决定于喷出气体在熔体中的行为。研究表明，从喷枪口每秒钟喷出的气体体积在标准状态下为 3.4m³，在熔池温度下膨胀为 16m³。可见，这样大的体积肯定会导致气泡从熔池中排出，造成熔池内的翻腾，形成图 2-29 所示的 5 个不同的反应区。

2.2.11.2　顶吹浸没熔炼炉的结构及主要附属设备

A　炉子结构

顶吹熔池熔炼炉是一种圆筒形竖式炉，钢板外套，内衬为耐火材料。澳斯麦特炉的炉顶为一个斜顶上升段，斜顶设有加料孔、喷枪孔、辅助烧嘴孔和烟道出口，圆筒炉体底部设有熔体放出口，见图 2-32。艾萨炉的结构略有不同，见图 2-30。该炉的喷枪孔位于炉圆柱体的几何中心。喷枪从该孔插入，并定位在炉子的中心位置。

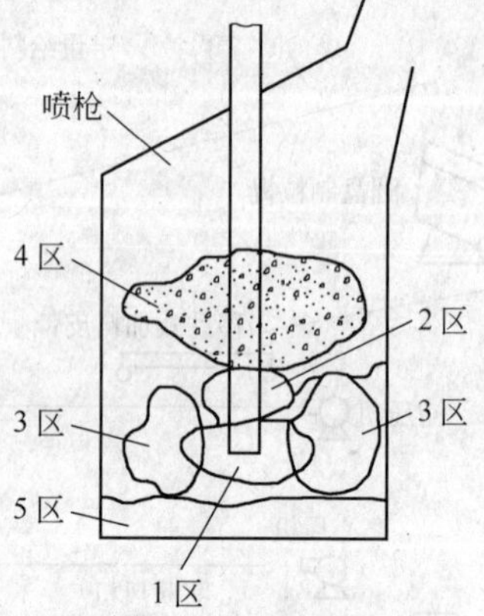

图 2-29　炉内熔池反应区域
1 区—在喷枪出口处，燃烧氧化区，
燃料迅速燃烧，能量迅速传递；
2 区—在 1 区的稍上方，熔炼还原区；
3 区—物料发生强烈的氧化反应；
4 区—二次反应区，
套筒风和 S、CO 等发生反应；
5 区—相对静止区

备用烧嘴孔设于喷枪口旁边偏中心位置。该备用烧嘴孔是对准的，以使烧嘴火焰与垂直位置呈小角度喷入炉内。交接的顶盖封住了该烧嘴孔。

加料孔位于与备用烧嘴口相对的炉顶侧。加料导向设备位于加料孔上。

炉子顶部的烟道出口孔与余热锅炉入口相连接，烟气在余热锅炉降温再经电收尘器除尘后送制酸厂。

澳斯麦特炉与艾萨炉在炉衬结构上的思路是完全不同的。从使用效果来看，艾萨炉的寿命比澳斯麦特炉长。

a　艾萨炉

艾萨熔炼主体设备有艾萨炉、喷枪、余热锅炉、烧嘴、喷枪卷扬机等，辅助系统有供风、收尘、铸渣、铸铅、制酸等外围系统。

艾萨熔炼炉是一种竖直状、钢壳内衬为耐火材料的圆筒形反应器，由炉体和炉顶盖两部分组成，见图 2-30。

艾萨炉的炉顶为水平式炉顶盖，曾采用钢制水冷套或铜水冷套结构，现在逐渐改为膜式壁水冷结构，成为与炉顶烟道口相接的余热锅炉的一个组成部分。炉体上部与烟道的接合部设有水冷铜水套阻溅块，以防止熔炼过程中的喷溅物直接进入烟道，在烟道中黏结。熔池部位有全衬铬镁砖和铬镁砖+水冷铜水套两种结构形式。

炉顶盖设有喷枪插入孔、加料孔、排烟孔、保温烧嘴插入孔和熔池深度测量孔（兼作取样）。炉体底部有熔体排放口，根据生产需要可以设置一个或多个排放口。

为了检测炉底的运行情况和熔池温度，以确保温度的精确控制，分别在炉底、熔池区域、炉膛空间和渣-铅分层界面，分别设置了热电偶。炉膛空间的热电偶主要用于检测升温情况，正常生产时使用很少。熔池区域热电偶的温度测控有助于监测作业情况和炉衬浸蚀情况。

艾萨熔炼炉底为倒拱椭球形钢壳，钢壳焊于钢板圈形支座上，支座底板置于混凝土圈梁基座上，并设有地脚螺栓固定。该结构符合热膨胀原理，在烤炉升温时，炉底不会产生变形。

喷枪是艾萨炉的核心技术。艾萨炉喷枪由三层同心圆管组成，见图 2-31。最里层是测压管，与外部压力传感器相连，用来监测作业时喷枪风的背压，以此作为调整喷枪位置的依据。第二层是柴油或粉煤的通道，通过控制燃料燃烧可快速调节炉温。最外层是富氧空气，供艾萨炉熔炼需要的氧。为使熔池充分搅动，喷枪末端设置有旋流导片，保证鼓风以一定的切向速度鼓入熔池，造成熔池上下翻腾的同时，整个熔体急速旋转，从而加速反应并减少对炉衬耐火材料的径向冲刷力。气体作旋向运动，同时强化气体对喷枪枪体的冷却作用，使高温熔池中喷溅的炉渣在喷枪末端外表面黏结、凝固成为相对稳定的炉渣保护层，延缓高温熔体对钢制喷枪的侵蚀。另外，呈旋流状喷出的反应气体对熔体产生的旋向作用，强化了对熔体/炉料的混合搅拌作用，为熔池中气、固、液三相的传热传质创造了有利条件。

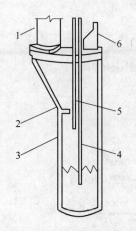

图 2-30　艾萨炉示意图
1—垂直烟道；2—阻溅板；3—炉体；
4—喷枪；5—辅助燃烧喷嘴；6—加料箱

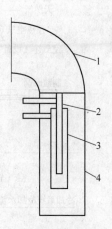

图 2-31　喷枪结构示意图
1—软管；2—测压管；
3—油管；4—风管

艾萨熔炼炉的辅助燃烧喷嘴，长期置于炉内，烤炉和暂停熔炼时，喷嘴供油供风，燃烧补热。正常作业情况下，喷嘴停油，但供风作为熔炼补充风用。

艾萨熔炼炉采用间断排放熔体。其优点是排液瞬时流量大，排液溜槽不易冻结，对熔体过热温度要求较低。渣线上下波动范围较大，炉衬磨损和腐蚀相对较分散，渣线区炉衬寿命较长。其缺点是需要设置泥炮，定期打孔、放液、堵孔；清理溜槽，操作较繁琐。熔体高度随着周期性上下波动，喷枪需要随时进行相应的调整，需精心操作控制。

艾萨炉的炉衬构筑又分两种形式，一种是芒特艾萨公司的艾萨炉，另一种是美国塞浦路斯迈阿密冶炼厂的艾萨炉。

（1）芒特艾萨公司的艾萨炉。芒特艾萨公司炉子的主要构筑特点是除入出口加铜水套进行冷却以保护砖衬外，炉体其余部分不加任何冷却设施。炉身（侧墙）及炉底采用奥地利 RADEX 公司生产的铬镁砖，底部砌砖型号为 CMS 镁铬砖，其余为 DB505 镁铬砖，砖厚450mm，与炉壳钢板之间填充一层保温料。炉壳为炉子的承重结构。该炉于 1992 年投产，至 2000 年 8 月第 7 个炉期，炉寿命已达 18 个月。

（2）迈阿密冶炼厂的艾萨炉。该厂的艾萨炉侧墙下部砌厚度为 450mm 的耐火砖

（DB505-3），再在外面砌铜水套。铜水套的使用效果良好。在运行后期，该砖层的厚度还有 100mm，并一直稳定，不再腐蚀。侧墙上部结构为单一的（DB605-13）铬镁砖砌筑。炉寿命（两次重砌炉墙之间的间隔）为 15 个月，其间分 3 个阶段，中间有过两次修补。炉底为 CMS 镁铬砖砌筑，寿命长达 8 年多。

　　b　澳斯麦特炉

　　1981 年澳斯麦特公司将顶吹浸没熔炼技术应用于铜、铅和锡的冶炼，因此，该技术又称为澳斯麦特技术。澳斯麦特炉是该熔炼方法的主体设备，主要由炉体、喷枪及其升降装置，加料装置、排渣口、出铅口、烟气出口组成，见图 2-32。

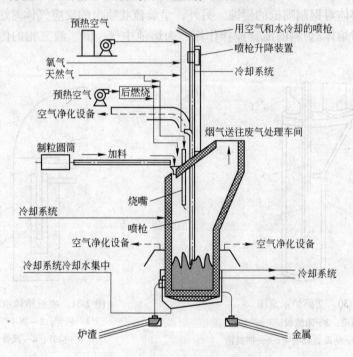

图 2-32　澳斯麦特熔炼炉示意图

　　澳斯麦特炉的内衬是让高温熔体黏结在炉壁砖衬上，即用挂渣的方法对炉衬进行保护的。要在炉衬壁上留下一层固体渣，就要求炉壁从炉内吸收的热量及时向炉壳外传递出去，使炉衬内表面的温度低于熔体的温度。于是，澳斯麦特炉子采用了高导热率的耐火材料砌筑。并且在炉壁和外壳钢板之间捣打厚度为 50mm 左右高导热性石墨层。钢板外壳表面用喷淋水进行冷却。在运行初期，喷淋水的温度差控制在 7~8℃，后期为 10~15℃。

　　炉底采用 RADEX 公司的镁铬砖砌成反拱形，向安全口倾斜。砌砖下面用捣打料打出约 600~700mm 厚的反拱形状。

　　与一般熔炼炉的炉渣和铜锍分开不同，澳斯麦特/艾萨炉的炉渣和铜锍都从矩形排放口一起放出进入贫化炉。排放口的衬砖与炉墙相同。放出口周围的砖衬很容易被熔体冲刷，损耗较快。

　　澳斯麦特炉的放出口外侧还加了具有虹吸作用的出口堰，这是该炉特有的。熔体先从炉底部侧墙排放口流到出口堰内，在炉内熔体的压力下，出口堰内充满了与炉内几乎相同高度的熔体，然后通过堰上的小溜槽将熔体排出堰外。炉内熔体的高度通过堰口小溜槽的高度来控制。当排放堰口没有堵塞时，炉内熔体高度相对固定，这种情况下喷枪高度不需调整。若加料量与排放量不相配合，排放堰口内熔体黏结时，熔池面会涨高，此时要及时调整喷枪高度，否则会将枪口烧坏。可见，堰流口用来调整熔池面的作用是很方便和有效的。

为了便于处理事故和检修时从炉内放尽熔体，在炉底的底部处开设了安全口，其直径为 30~75mm。安全口外有石墨套，并有铜水套保护，与一般熔炼炉放出口结构基本相同。

华铜公司的澳斯麦特炉放出溜槽设计采用石墨捣打料，损坏得最快。使用寿命仅 20~30d，后改为镁铬砖砌筑，原溜槽规格不变，但使用寿命也仍然是 20~30d。后将溜槽底部加厚到近 1m，使用 20d，溜槽冲刷出 600mm 的深槽。如此冲刷严重的原因是熔体温度偏高，黏度小，渗透性强，形成耐火材料被化学侵蚀后的冲刷。改为铜水套水冷溜槽后，情况大为改观，流过熔体区段未见冲刷痕迹，槽黏结也很轻微，极易清除。在转运溜槽出口处下方的溜槽，受高温熔体直接冲击，形成类似于瀑布下方的水潭，易将铜溜槽冲坏。因此，该处的铜溜槽底部，不宜做成平面，而应做成凹面，以消耗熔体自由落下时的冲击力。凹面深度由计算获得。

B 主要附属设备

a 喷枪和喷枪操作系统

顶吹浸没熔炼工艺是采用一种直立浸没式喷枪，称为赛洛（CSIRO）喷枪。图 2-33 是喷枪的结构示意图。喷枪吊挂在喷枪提升装置架上，便于在炉内升降。喷枪是采用 316L（美国材料试验标准）不锈钢制成，在部分构造上，澳斯麦特烧煤的喷枪与艾萨喷枪有不同之处。

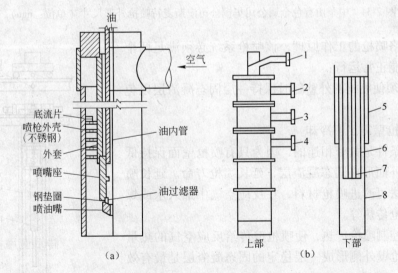

图 2-33 赛洛喷枪与澳斯麦特喷枪的结构示意

（a）赛洛嘴枪结构；（b）澳斯麦特嘴枪四层结构示意

1—燃油；2，6—氧气；3—枪入气；4—护罩空气；

5—护罩空气；7—燃油管；8—燃烧空气管

澳斯麦特喷枪有四层，最内层是粉煤和空气，第二层是氧气，第三层是空气，最外层是用于保护第三层套筒壁的套筒空气，同时供燃烧烟气中的硫及其他可燃组分之用。最外层在熔体上，不插入熔体。艾萨喷枪无第三层套筒，不插入熔体，只在熔体上方 500~900mm 的距离处进行喷吹。氧气顶吹自然熔炼炉喷枪和三菱炉喷枪不同，赛洛喷枪的末端插入熔渣面以下 200~300mm 处，在渣层中吹炼。熔体除受到喷吹气流的剧烈搅动外，还产生旋转运动。

赛洛枪出口气体压力在 50~250kPa 之间，压力较小，动力消耗较小。进入熔体中的高氧空气是由喷枪口出来的空气与氧气混合而成的，在喷枪内空气与氧气各走各的通路，互不相混。三菱法是将空气与氧气入喷枪前已经混合，喷枪风气体是混合后的富氧空气。赛洛喷枪可使用天然气、柴油、粉煤。三菱法则烧重油。华铜公司使用的赛洛喷枪外部尺寸如图 2-34 所示。燃料（煤、天然气或油）通过喷枪中心的管子向下供给熔池，并在浸没于熔池中的喷枪头部燃烧，而空气或氧气通过两根管子形成的环形通道输入，将气体喷射与浸没燃烧结合起来。在这个过程中，流过环形通道的气体使喷枪外壁保持较低温度，以使靠近枪壁的液态熔渣冷却而凝结，在喷枪外壁上形成一层固态凝渣保护层。固态凝渣层可防止液态炉渣到达枪表面，使喷枪免受熔池中高温液体的烧损和侵蚀。

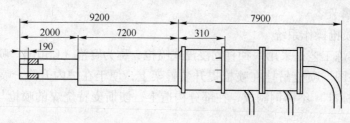

图 2-34　中条山有色金属公司华铜公司澳斯麦特喷枪外形尺寸（单位：mm）

基于赛洛喷枪的工作原理，该喷枪系统必须满足两个重要条件才能正常运行：

（1）必须使喷枪的外壁随时保持一层固态凝渣层以免枪壁熔化；

（2）喷枪壁需足够冷却。

这两个条件是紧密相连的，因为只有喷枪壁面保持低温才能使其外面形成固态凝渣层，延长喷枪寿命。延长喷枪寿命的方法可改进喷枪材料，在反应空气中加入水或煤粉及控制喷枪传热等。

其中，控制喷枪传热，使喷枪壁传给反应空气的热量足够大，使枪壁外侧形成一层稳定的固态凝渣层是最有效的措施。

作为澳斯麦特炉系统的一部分，喷枪用于直接向熔融物料的熔池中注入燃料以及可燃气体。喷枪在炉子中的定位由喷枪操作系统设备来完成。喷枪操作系统（见图 2-35）的设备包括：喷枪架小车、喷枪提升装置、喷枪架小车导向柱。

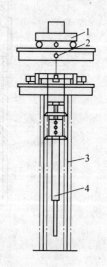

图 2-35　喷枪操作系统
1—喷枪架小车；2—喷枪提升装置；
3—喷枪架小车导向柱；4—喷枪

喷枪流量控制及定位系统采用控制系统以及现场控制盘来操作。

喷枪架小车用作喷枪在炉子中的垂直方向的导进导出，它由定位轮定位，而定位轮在喷枪架小车导向柱上的外侧凸轮上运行。小车的垂直方向的定位通过喷枪提升装置来实现。喷枪架小车包含有一个刚性架，用来支撑喷枪以及其挠性软管的接头。喷枪架小车用于将喷枪定位在喷枪插孔的中心位置。在喷枪的操作过程中可能会有一些震动，因此，枪架与喷枪支撑采用震动底座连在一起，以减少高频震动向喷枪架小车导向柱以及厂房的传递。

在喷枪提升装置出现故障时，采用天车将喷枪架小车以及喷枪从炉子中提出。喷枪架小车上装有一个钩子，用于连接行车的吊钩，行车应与喷枪架小车导轨上的限位开关连锁，以防止行车将喷枪架小车提过导轨的顶部。

炉子中的喷枪的模拟位置由安装在喷枪架小车上的位置传感装置确定。传感系统包括一个传感器和定位部件。传感器安装在喷枪架小车上。定位部件内的磁铁在部件周围产生一个磁场，传感器将探测到，从而推断出喷枪小车以及喷枪的位置。一个传感器将该信号传送到控制系统。

喷枪架小车有一个闭合液压回路，控制喷枪的往复运动。该液压回路包括：油缸、液压控制止回阀、流量控制电磁阀和电力驱动液压泵系统。泵系统包括储油箱、高压回油箱道、电机和液压泵。油缸冲程为 250mm，当喷枪安装在小车上时，约需要 30s 延伸或收缩。使用的液压油应具备能适应高温的性能且不可燃。往复运动在小车停放位置进行。液压油管道应采用不锈钢管。

两个斜撑块将喷枪顶部与喷枪小车连在一起。斜撑块为弹簧装置，限制了喷枪头在炉子中的运动幅度，可防止枪架小车上的挠性接头过度的运动。斜撑块将永久安装在喷枪架的小车上，当喷枪及所有接头更换时才从喷枪上卸下。

喷枪架小车上的轮子组件形成四个独立的悬挂装置。每个悬挂装置有八个凸轮随动件，随动件在导向柱的外凸轮的内外两侧运动。另外，每个悬挂装置还有一个附加的凸轮随动件，该随动件在导向柱凸轮的内侧边缘运动，承担枪架小车的侧负荷。

与枪架小车的喷枪连接的装置由两种类型的接管制成。雾化空气和重油的管接头为快速接管。氧气、喷枪空气和套筒空气的管接头为 Ritepro 型，调整并搭配法兰，然后在内接头上旋转锁定凸轮帽便制成该接管。采用可调吊架和支撑使得配合法兰面在小车软管组件上的调整成为可能（注意：喷枪加小车须称重，以保证任何时候操作的喷枪和喷枪架小车的总重量都小于 1t）。

喷枪提升装置是有一个 M7 级的变速装置，用来控制运行中喷枪的方向的位置，控制过程通过喷枪架小车实现，而运行中的喷枪正是固定在小车上的。提升装置固定在喷枪架小车的顶部的导向柱上。喷枪提升装置的绳子始终与喷枪架小车相连。这种布置便于行车在炉子操作过程中能在提升装置以及喷枪控制系统的上方自由地通过。

喷枪提升装置有两根绳子，能满足 M7 级的要求。当其中一根绳子出现故障时，另外一根绳子可以承担所有负荷。

喷枪架小车通过两个导向柱在其垂直行程上运行。这两根导向柱控制喷枪垂直方向的行程，柱子连接在厂房结构上。导向柱顶端的一个悬垂装置为喷枪提升装置提供支撑。

导向柱设计为只能承受喷枪以及喷枪架小车的静载荷和动载荷。在设计上不允许有其他载荷。

喷枪架小车停放及锁定位并支撑于导向柱的顶端。停车系统有一个气动制动销子使喷枪能在行程的顶端位置 1 处的导轨上锁定。小车锁定系统由小车停放控制盘控制。

在导轨的顶端和底部配有可压缩橡胶缓冲片，限制了喷枪小车的运行。底部的缓冲片阻止了新喷枪下降到离炉膛 245mm 以下，顶端的缓冲片阻止了喷枪小车位置 1 以上 200mm 的运行。

b　沉降炉

沉降分离贫化炉有回转式、固定式两种，固定式沉淀炉又分为燃油沉降炉和贫化电炉两种。我国炼铜厂目前都选用后者。比较两者的优缺点为：

（1）贫化电炉操作运行的灵活性比固定式燃油沉淀炉大，容易提高熔体温度，炉子结块时易处理，不会冻死。

（2）贫化电炉有利于改善沉淀条件，可以通过加入还原剂以及熔剂来降低渣含铜量。

（3）贫化电炉热利用率较高，可达 60% 左右，固定式燃油沉淀炉仅为 25% 左右。

（4）贫化电炉可以使转炉渣以液态形式加入，固定式燃油沉淀炉需将转炉渣水淬后返回熔炼炉处理，导致熔炼炉燃料率增大、烟气量增加和精矿处理量减少。

2.2.11.3　炉子的正常操作及常见故障处理

A　澳斯麦特炉的操作

操作人员必须控制的工艺参数有：熔池温度、铜锍品位、渣成分、给料速率、烟气量和成分、套筒风的速率。

（1）熔池温度的控制。操作人员必须严格控制，澳斯麦特炉的熔炼温度为 1180℃，渣还原和沉降电炉温度为 1250℃。过高的温度会造成耐火材料磨损加剧，温度过低会生成黏性渣，影响渣铜分层，排放也困难，甚至还会产生结块。熔池温度可以通过改变炉料与团煤的加料速率、改变喷枪 HFO（重燃油）加油的速率、改变富氧的浓度来调整。

（2）铜锍品位的控制。铜锍品位一般在 58%~62%。在一定的生产条件下，操作人员需要控制一定的铜锍品位，原因是：

1）为了满足吹炼工艺的稳定，给料铜锍的成分必须稳定。

2）过高的铜锍品位会导致沉降炉渣铜损失量增大。

3）过高的铜锍品位会造成渣中磁铁的含量升高，容易析出结块，操作温度的要求也会变高。

4）过低的铜锍品位会延长转炉的吹炼周期。

通过改变熔炼反应需鼓入喷枪熔炼氧的速率来控制铜锍的品位。

（3）渣成分的控制。操作人员需要对熔炼过程的渣成分严加控制，原因为：

1）黏性渣会造成渣发泡，电炉贫化渣的铜损失量也增大。

2）$w(Fe)/w(SiO_2)$ 比值高（>2）会造成渣中磁铁含量升高；$w(Fe)/w(SiO_2)$ 比值低（<1）会导致二氧化硅饱和，均使渣的黏度上升，致使渣结块，这就需要一个更高的操作温度来保持渣的流动性。

一般是控制二氧化硅熔剂的加入量来调整渣成分。

（4）给料速率的控制。给料的速率应使炉子的生产率最大，并确保铜锍的品位控制在

58% ~62%的范围内，以适应吹炼的要求，防止出现任何延误。如果吹炼运行出现了延误，有必要减少或停止熔炼的给料量，直到吹炼正常运行时才能恢复正常的给料速率。

（5）烟气量和成分的控制。操作人员需要对烟气量和成分加以控制，以保证制酸系统的正常生产。如果烟气量过大，排烟系统能力不足时便会从熔炼炉中散发出去，恶化劳动条件。

整个操作条件，包括给料速率和喷枪的供气量，都会影响烟气的排放量和成分，必须严格制订操作制度。降低富氧浓度就需要以空气（O_2 和 N_2）来替换氧气，而这会增大烟气量，降低烟气中 SO_2 浓度而影响制酸系统。

（6）套筒风速率的控制。鼓入的套筒风应保持一定速率，以确保所有煤的挥发性物质和未完全燃烧产生的一氧化碳都在炉内充分燃烧。这些产物在烟气控制系统中的氧化会导致许多问题的出现，如爆炸、烟气冷却装置和收尘设备的烧坏。

B 贫化电炉的操作

操作人员对贫化电炉需要控制的操作条件有：熔池的温度、铜锍和渣层的深度、磁铁的结块、电极的电源（电流和电压）。

贫化电炉内的熔池温度应控制在1250℃左右，温度过高会使耐火材料的磨损加剧；过低会产生黏性渣，排放困难，还会在炉内产生结块或集结物，熔体的混合和渣铜分离的性能差，将增大渣铜损失。

操作人员应控制炉内一定的铜锍和渣层的厚度。铜锍层厚会使铜入渣损失增加，还会导致渣水淬时发生爆炸。铜锍层薄将没有足够的铜锍提供给吹炼炉，从而减少粗铜的产量。若确定的铜锍和渣层的平均厚度分别为 350mm 和 850mm，铜锍和渣的密度分别是 $4.5t/m^3$ 和 $3.5t/m^3$，炉膛区面积是 $60m^2$，那么铜锍和渣的相应重量就是 94.5t 和 178.5t。必须稳定熔炼炉与贫化电炉之间的熔体流量。操作人员需要密切监视贫化电炉中任何结块的产生，因为结块多会降低炉子的生产能力，从而影响粗铜的产量。

磁铁含量高的渣将需要一个更高的操作温度来保持其良好的流动性，往贫化电炉内加入焦炭、铸铁或黄铁矿会减少磁铁的含量，有时还要调整熔炼炉熔剂的加入速率，以保持所需的渣成分。

监测和控制电极电源，以获取稳定的电极电流，某厂贫化电炉控制操作电源的功率是 $75kW/m^2$。

C 顶吹浸没熔炼炉常见工艺故障及处理

熔炼过程中可能发生的重大事故有泡沫渣、死炉等。主要故障有夹生料、渣黏度大、喷枪结瘤及料口卡堵等。

（1）泡沫渣发生时的现象是：熔池液面上涨，喷枪声音减小，喷枪剧烈晃动，有成团状或片状泡沫渣喷出炉外；炉负压波动幅度大，可达 200Pa 以上，然后又急剧下降；SO_2 浓度下降，炉温有下降趋势。

引起泡沫渣的原因是由于长时间中断进料，渣层过氧化；在过氧化熔体中突然加入硫化物；渣型恶化使黏度增大等都会导致渣泡沫化。保证连续的进料，稳定控制渣型和炉温，就能防止泡沫渣的发生。出现泡沫渣征兆后，要及时退出熔炼状态，降低喷枪供风量，加入还原煤或精矿还原过氧化渣后再进行熔炼作业。

（2）死炉前的现象是炉温下降，SO_2 浓度上升而后快速下降，熔池搅拌状况不好，炉口有细小颗粒喷溅，炉膛发暗，温度急剧下降；喷枪声音变化明显，下降喷枪困难并晃动剧烈以至于喷枪无法下降，喷枪相对静止；探测杆测不着液面，无液态熔池。

造成死炉的原因有：启动时起始渣层太低，翻腾不好，反应不好；枪位太高，加料时熔体没搅拌翻腾起来；精矿或返渣水分过大，不能维持炉内热平衡；喷枪烧损严重；喷枪风压力太低。

预防及处理措施是将炉温控制在 1200℃ 左右，如炉温下降炉况恶化，应果断采取减料、停料等措施；枪位应适当；炉料太湿时适当降低料速或加大燃煤量；喷枪烧损严重时应立即换枪；喷枪风压力太低时，降低料速或停止作业。

（3）夹生料发生时炉内出现生料堆；出口堰有生料块或生料颗粒同熔体一起流出；烟气中 SO_2 浓度、铜锍品位下降；渣黏度增大。这是由于炉温偏低，喷枪风量或氧气浓度不够，反应不完全；喷枪烧损或枪位不当；物料中夹有粒度大于 25mm 的大块所致。

预防处理措施：增加燃料量，提高炉温；增大风料比与提高氧浓度；枪位不当作适当调整，若枪烧损，应及时更换；严格炉物料管理，防止大块料入炉。

（4）渣黏度大，喷枪重量上升速度加快；SO_2 浓度下降；炉渣有泡沫化迹象；出口堰熔体流动困难，溜槽黏结严重；渣成分失控。其原因是炉温偏低，熔剂配比不当，渣过氧化，磁铁含量增大，风料比不当，铜锍品位超标；枪位不当，喷枪烧损。

渣黏度大的预防处理措施：加大燃烧提高炉温；采样送 X 荧光室快速分析渣组成，调整熔剂量；加大还原煤以还原渣中磁铁；根据铜锍品位变化情况，调整风料比；根据炉内熔池搅拌状况，调整枪位或换枪。

（5）喷枪结瘤是喷枪载煤风与套筒风反压增大，声音减弱，枪重明显上升，目测套筒管下部出现大块结瘤的现象。其原因是炉温低，渣黏度大；对于枪头结瘤可能是喷枪风水分太大，粉煤太湿造成的；对于套筒下部结瘤，可能是原料水分太大，套筒风量太大造成的。

喷枪结瘤的预防处理措施是增大燃煤提高炉温；采样检查渣成分，调整渣型；定期对载煤风储气罐排水，对原料粉煤含水量提出控制要求；控制精矿含水量在 8%~10%，适当降低套筒风量；当套筒管下部结瘤过大时必须提枪进行清枪处理。

（6）料口卡堵为料口太小或堵塞，影响正常进料。造成料口卡堵的原因有：炉温低或渣发黏，熔渣溅到料口结死；熔池液面高，枪位相对低，喷溅严重；入炉物料太湿；炉负压太大，漏风严重；料口外冷却水向炉内漏水。

预防处理措施：提高炉温，采样分析渣成分，调整渣型；检查出口堰流动情况，若熔池液面过高，则降低料速，控制液面在正常作业范围内，并调整枪位；检查入炉物料，控制混合精矿水分在 8%~10%；控制炉负压在 -5~-10Pa，处理料口漏风情况；若料口漏水，立即停止冷却水，对料口进行维修处理。

表 2-1 列出了目前国内外采用顶吹浸没熔炼进行铜精矿造锍熔炼生产厂家的技术经济指标供分析比较。

表 2-1　目前国内外铜精矿顶吹浸没熔炼法生产厂家的技术经济指标

项　目	单位	Miami（美）	MountIsa（澳）	华铜	金昌	云铜
1. 工艺流程		艾萨熔炼-贫化电炉-PS 转炉	艾萨熔炼-贫化电炉-PS 转炉	澳斯麦特熔炼-贫化电炉-澳斯麦特炉吹炼	澳斯麦特熔炼-贫化电炉-PS 转炉	艾萨熔炼-贫化电炉-PS 转炉

项　目		单位	Miami（美）	MountIsa（澳）	华铜	金昌	云铜
2. 精矿成分	Cu	%	27.5~29.0	24.5	15~28	20.27	20.5~25
	Fe	%	26~28.5	25.7	20~25	29	23~25
	S	%	31.5~33.25	27.6	23~26	27	23~25
	SiO_2	%	4~5	16.1	10~17	6.1	8~11
	水分	%	9.5~10.25		8~10	8.10	8~10
3. 燃料率		%		煤 5.5	煤 8~10	煤 7.07	煤 8.5
4. 处理精矿量		t/h	平均 76.46 最高 95.46	98（另加返回料）	28（另加返回料 20%）	48	平均 100 最高 118
5. 喷枪供风量		m^3/min	425.566	840	200~260	454	360~420
6. 喷枪供氧量		m^3/min	283		70	145	210~240
7. 富氧浓度（O_2）		%	47~52	42~52	40~45	40	45~50
8. 炉子烟气量		m^3/h	76000			51502	
9. 熔池温度		℃	1161~1171		1180~1210	1180	1180，1210
10. 炉子作业率		%	>94				>90
11. 炉寿命		月	>15	>18			28
12. 喷枪头更换周期		d	15		11	5~7	9~15
13. 烟气 SO_2 浓度		%	12.4		7~9	10.8	13.18
14. 锍品位		%	56~59	57.8	55~64	50	52~56
15. 炉渣含铜		%	0.5~0.8	0.59	0.6~0.7	0.6~0.7	0.5~0.8
16. 炉渣含 Fe_3O_4		%	8~10		5~7		5~10
17. 炉渣 $w(Fe)/w(SiO_2)$			1.35~1.45	1.1	1.1~1.3	1.43	1.1~1.3
18. 炉渣 $w(SiO_2)/w(CaO)$			6		4~6		10
19. 炉渣 Fe^{3+}/Fe^{2+}			0.2		0.16		
20. 贫化渣温度		℃	1199~1206		1180	1250	1200~1250
21. 喷枪出口压力		kPa	50	50	150	200	50~60
22. 粗铜冶炼回收率		%			>97	97	

2.2.11.4 顶吹浸没熔炼法的特点及发展趋势

顶吹浸没熔炼法在备料上，原料不需要经过特别准备，将含水量<10%的精矿制成颗粒或混捏后直接入炉。只有精矿含水量>10%时，精矿才经干燥窑干燥后，再制粒或混捏。炉料呈自由落体落到熔池面上，然后被气流搅动卷起的熔体混合消融。

顶吹浸没熔炼生产工艺的优点为：

（1）熔炼速度快，生产率高。艾萨炉用于铜精矿熔炼，床能力最高已达 $238t/(m^2 \cdot d)$，一般达到 $190.8\ t/(m^2 \cdot d)$，是目前炼铜方法中床能力最高的一种。这种炉子在提高富氧浓度时，生产能力便可以成倍增加。年产 $10 \times 10^4 t$ 铜的工厂与年产 $20 \times 10^4 t$ 铜的工厂在炉子直径和高度上变化不大，只是富氧浓度不同。

（2）建设投资少，生产费用低。由于处理能力大，炉子结构简单，因此建设速度快，投资少。建设一座顶吹浸没炉的投资，一般只有相同规模闪速熔炼炉的 60%~70%。

（3）原料的适应性强。对处理的原料有较强的适应性，不仅能处理"纯净"精矿，也能处理"垃圾"精矿，甚至能处理其他方法都不能处理的精矿。

（4）与已有的设备配套灵活、方便。熔炼炉的占地面积较小，可与其他的熔炼工艺设备配套使用。尤其是与反射炉和电炉的搭配灵活、方便。

（5）操作简便，自动化程度高。生产过程用计算机在线控制 1 台炉子，每班仅需 4~6 名操作人员。

（6）燃料适用范围广。喷枪可以使用粉煤、炭粉、油和天然气，燃烧调节比大。

（7）有良好的劳动卫生条件。除喷枪口和上料口外，熔炼炉为密闭式生产，烟气逸散少。

顶吹浸没熔炼法的不足点为：

（1）炉寿命较短，最长时间只达到 18 个月，短的只有几个月。

（2）喷枪保温要用柴油或天然气，价格较贵。

经过十几年的发展，顶吹浸没熔炼技术在提取冶金中具有较广泛的应用，包括锡精矿、铅精矿、铜精矿熔炼，炉渣烟化，阳极泥熔炼、铅锌渣、镍浸出渣的处理，炼铁以至垃圾焚烧等方面。

目前，采用本技术的冶炼厂已达到 20 余家，分别为英国、津巴布韦、韩国、印度、德国、美国、中国等。1992 年美国迈阿密塞浦路斯冶炼厂用艾萨炉替代了电炉熔炼。1999 年我国山西华铜铜业有限公司引进该技术投产后，至 2004 年，云南铜业公司引进的艾萨炉、云南锡业公司引进的澳斯麦特炉、铜陵有色金属公司金昌冶炼厂引进澳斯麦特炉也相继建成投产。

随着澳斯麦特炉与艾萨熔炼技术的发展，塞浦路斯迈阿密厂和芒特·艾萨厂都在着手扩建它们的炼铜厂。两家都将提高喷枪中空气的含氧量（达 60%），从而提高产量。

芒特·艾萨厂计划将其生产能力提高到每小时处理 160t 精矿，全年产铜量超过 $25 \times 10^4 t$。

P-S 转炉的吹炼作用是间断进行的，产出的 SO_2 烟气不稳定，影响制酸并污染环境，顶吹浸没熔炼技术是实现连续吹炼颇具吸引力的技术。为此 CSIRO 公司进行了大量试验室连续加入破碎的铜锍后，吹炼产出低硫（$w(S) < 0.1\%$）粗铜的试验，已经证明这项技术大有潜力。多数连续吹炼试验采用钙铁渣型，同时也进行过硅酸盐渣型试验。试验表明：粗铜中的硫含量取决于钙铁渣中的铜含量。我国华铜公司已采用艾萨炉吹炼铜锍。

当希望产出低硫粗铜时，不可避免会产生高铜渣，对高铜渣的处理也进行了研究，艾萨法还原高铜渣的试验表明是很有前途的方法。大约经过 30min 的还原，渣中含铜量就可以降到 1% 以下，然而，将高铜渣返回熔炼处理，产生 65%~70% 的铜锍是最简便的，并可减少转炉渣量。

顶吹浸没熔炼技术与闪速吹炼法相比，其优势在于可以吹炼较大块的固体铜锍，而加入闪速炉的铜锍必须经过破碎、干燥、碾磨至合适粒度。

课后思考与习题

1. 分析锡冶炼工艺中，顶吹熔炼法相对于反射炉熔炼法的先进性。
2. 分析鼓风炉还原熔炼炉内各区域的物理化学变化。
3. 闪速炉造锍熔炼对入炉铜精矿为何要预先进行干燥？
4. 熔池熔炼产出的炉渣为何含铜较高？
5. 分析各种冶炼方法的工艺及其特点。

3 铜顶吹浸没熔炼工艺技术

3.1 铜工业概况

铜是人类最早发现和应用的金属之一，据考证，西亚是世界上最早应用铜并掌握炼铜技术的地区。在靠近西亚的土耳其南部的查塔尔萤克发现的含有铜粒的炉渣距今已有8000~9000年的历史。我国是世界四大文明古国之一，大批出土文物表明，我国在夏代就进入了青铜时代，在甘肃马家窑文化遗址发现的青铜刀，距今已达5000年，湖北大冶铜绿山矿附近的古矿冶遗址距今已达2500~2700年。

铜在地壳中最普遍的存在形式是铜或铁铜的硫化矿，其中80%的铜矿组成是Cu-Fe-S，例如黄铜矿（$CuFeS_2$）、斑铜矿（Cu_5FeS_4）和辉铜矿（Cu_2S）。在一个矿床中这些铜矿物含量很低（0.5%~3%）。纯铜金属是从这些矿石中通过选矿、冶炼和精炼后生产的。少量的铜也有以氧化矿的形式存在（如碳酸盐、氧化物、硅酸盐、硫酸盐），从这些矿物中生产金属铜通常采用湿法冶金方法。铜的第三个主要来源是废铜和铜合金。通过回收获得的铜产量占矿物生产总量的10%~15%。

铜是重要的工业生产原材料，因其具有良好的热导率、电导率、耐腐蚀性、延展性等特性，被广泛地用于电气设备、机械制造、电子信息、国防工业、日用消费品、建筑等领域。铜在中国有色金属材料的消费中仅次于铝，特别是在电气、电子工业中应用特别广、用量特别大，约占总消费量的一半以上。据美国地质勘探局（USGS）数据表明，2013年末，全球可采铜资源储量为6.9亿吨。总体来看，全球铜矿资源分布集中，其中约50%分布于美洲。按国别统计，智利、秘鲁和澳大利亚3个国家的储量合计占到了全球总储量的51%，墨西哥、美国、中国、俄罗斯、印尼和波兰属于铜储量的第二梯队，在全球总储量中的占比为4%~6%之间，如图3-1所示。

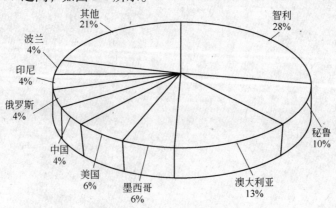

图 3-1　世界铜储量分布

随着铜矿开采技术的提升，铜矿的冶炼能力也在逐步提高，近年来精炼铜的产量和消费量增长趋势明显。2011 年全球精炼铜产量约 1963 万吨，相比 2000 年增长 32.89%，消费量为 1998.80 万吨，比 2000 年增长 32.06%。从产量和消费量总体来看，精炼铜供需相对平衡，2010 年和 2011 年精炼铜供应缺口分别为 37.70 万吨和 35.80 万吨。

我国铜资源稀缺，铜矿开采难度大，铜精矿的矿产自给率在 20%～25% 左右，铜精矿进口逐年增加，资源对外依存度大。我国铜消费需求旺盛，铜冶炼企业生产集中度相对较高。

我国铜资源主要分布于江西、内蒙古、云南、山西、安徽、西藏、甘肃、湖北等地，截至 2011 年底，中国铜储量约为 3000 万吨，仅占全球总储量的 4.35%。中国铜矿以中小型矿床为主，储量低于 10 万吨的小型矿山所占比重超过 85%；同时，矿石品位偏低，以占据主导地位的斑岩型铜矿床为例，中国斑岩型铜矿平均品位在 0.6% 以下；上述因素导致了中国铜矿开采企业普遍存在单体规模小、开采难度大的状况。在世界范围内，中国铜资源无论在矿床规模、矿石品位还是开采成本上都处于劣势。尽管我国铜资源丰富程度并不突出，但旺盛的需求仍然极大地促进了国内铜矿的开采，2011 年达到 119 万吨，占全球总产量的 7.39%，成为全球第三大铜精矿生产国。

我国精铜的生产集中于江西、安徽、甘肃、云南、湖北、内蒙古等地区，但部分没有地质资源的地区也大量发展了铜冶炼行业，并在中国精铜产业结构中占据了较高的比重，如山东、浙江等地区。国内主要铜冶炼企业为江西铜业、铜陵有色、金川集团、云南铜业、大冶有色、祥光铜业和东营方圆等。铜行业是一个资本密集型和技术密集型行业，资金实力、矿山资源、生产规模、技术装备、环境保护和生产管理经验均构成进入该行业的主要障碍，国家对铜冶炼行业实行准入和公告制度，行业进入壁垒较高，新的市场进入者很难成为市场的主导，因此，国内铜行业以大型冶炼企业为主导的特点较为突出，行业集中度较高。2010 年前 7 大冶炼企业产出占全国总产量 70.24%，据"有色金属十二五发展规划"到 2015 年，前十家铜冶炼企业产量占全国比例达到 90%。随着国家对于铜冶炼行业盲目扩能的调控政策不断出台，具有成本和环保优势的大型铜生产企业正在通过并购、扩能等手段来淘汰落后产能，加强市场地位，铜行业集中度也在不断提高。

我国铜行业市场需求旺盛。铜的需求主要体现在消费量上，而铜产业链的发展则是影响消费量的主要因素。20 世纪 80 年代中期，在美国、日本和西欧国家的铜消费中，电气工业消铜所占比重最大，而进入 90 年代后，建筑业中管道用铜大幅增加，成为铜消耗量最大的类别，因此美国的住屋开工率也就成了影响铜价的因素之一。2011 年中国阴极铜表观消费量为 786 万吨，位居世界首位，我国铜产品 40% 以上用于电力及相关产业，未来几年，我国电力、家电、交通运输、建筑等行业的持续增长，对铜的需要依然旺盛。

3.2 铜及其主要化合物的性质

3.2.1 铜及其主要合金的性质

铜是一种具有金属光泽、组织致密、磨光时呈红色、柔性和可锻性很好的金属，铜的导电性仅次于银，表 3-1 列出了铜的一些物理性质。

表 3-1　铜的物理性质

相对原子质量		63.54
密度/g·cm^{-3}		8.96（300K）
熔点/℃		1083.4±0.2
熔化热/kJ·mol^{-1}		13.05
沸点/℃		2567
铜液的蒸汽压/Pa	1141~1142℃	1.3×10^{-1}
	1271~1273℃	1.3
	2207℃	1.3×10^4
汽化热 Q/kJ·mol^{-1}		306.7
比热容/J·（g·℃)$^{-1}$		0.3895+9100×10^{-5}T（T=100~600℃）
铜液密度/g·cm^{-3}		（9.351-0.996）×10^{-3}T（T=1250~1650℃）
线膨胀系数 α_1/K^{-1}		16.5×10^{-6}
电阻率 μ/Ω·m		1.6730×10^{-8}（293K）
热导率 λ/W·（m·K)$^{-1}$		401（300K）
莫氏硬度/MPa（kgf·mm^{-2})		420~500（42~50）

铜在熔点（1083℃）时的蒸气压低于 1.3×10^{-1}Pa，因此，在冶炼温度下，铜几乎不挥发。铜液能溶解很多气体，如 H$_2$、O$_2$、SO$_2$、水蒸气等，这些气体对铜的机械性质和电气性质均有影响。

铜在干燥的空气中不起变化，但在含有 CO$_2$ 的潮湿空气中表面会被氧化生成碱性碳酸铜薄膜，俗称铜绿，这层膜能阻止铜再被腐蚀，铜绿有毒。铜在空气中加热至 185℃ 以上时开始氧化，表面生成一层暗红色的铜的氧化物，当温度高于 350℃ 时，铜表面的颜色变成黑色。外层为 CuO，中间层为 Cu$_2$O，内层则仍为金属铜。铜的电位比氢的电位正，属正电性元素，故不能从酸中置换出氢，因此不溶于盐酸，但能溶于硝酸或有氧化剂存在的硫酸中。铜能溶于氨水中。铜能与氧、硫及卤素等元素直接化合，铜及其化合物与各种溶剂的作用情况见表 3-2。

表 3-2　铜及其主要化合物与各种溶剂的作用

铜及其化合物	HCl	HNO$_3$	H$_2$SO$_4$	HCN	H$_2$SO$_3$	NH$_3$	Fe$_2$(SO$_4$)$_3$	FeCl$_3$
Cu	+（有 O$_2$ 存在时）	+	+（有 O$_2$ 存在时）	+	+（有 O$_2$ 存在时）	+（有 O$_2$ 存在时）	+	+
CuO	+	+	+	+	+	+	+	+
Cu$_2$O	+	+	+	+	+	+	+	+
Cu$_2$O·SO$_2$	+	+	+	±	±	±	-	-
Cu$_2$O·Fe$_2$O$_3$	+（加热）	+（加热）	+	-	-	-	-	-
CuS	-	+	-	+	-	+	-	+
Cu$_2$S	-	+	-	+	-	+	-	+
CuFeS$_2$	-	+	-	+	-	-	±	±
Cu$_5$FeS$_4$	-	+	-	+	-	-	±	±

注：+溶解，-不溶解，±部分不溶解。

铜能与多种元素形成合金，从而大大改善铜的性质，使之易于进行冷、热加工，并增加抗疲劳强度和耐磨性能。目前已能制备 1600 种铜合金，主要的系列有：

(1) 黄铜为铜锌合金，$w(Zn)$：5% ~ 50%，若黄铜 $w(Sn)$：1%、$w(Zn)$：30% ~ 40%，则称为锡黄铜，这种合金抗蚀能力强，广泛用于船舶制造。

(2) 青铜为铜锡合金，$w(Sn)$：1% ~ 20%，常 $w(Zn)$：1% ~ 3%，若合金中含一定量的 P 或 Si，则可称为磷青铜、硅青铜。青铜在机械制造、电器等各行业中有广泛的用途。

此外，还有白铜（铜镍合金）、锰铜（锰铜合金）、铍铜合金等等。

3.2.2 铜的硫化物、氧化物及其性质

3.2.2.1 铜的主要硫化物

(1) 硫化铜（CuS）。硫化铜呈墨绿色，以铜蓝矿物形态存于自然界中，纯固体硫化铜的密度为 $4.68g/cm^3$，熔点为 1110℃，比热容为 0.5204J/（g·℃）（25℃）。硫化铜为不稳定的化合物，在中性或还原性气氛中加热时，按下式分解：

$$4CuS == 2Cu_2S + S_2$$

在熔炼过程中，炉料受热时 CuS（铜蓝）即可完全分解，生成的 Cu_2S 进入锍中，CuS 与各种溶剂的作用见表 3-2。

(2) 硫化亚铜（Cu_2S）。硫化亚铜是一种蓝黑色物质，在自然界中以辉铜矿形态存在，固态硫化亚铜的密度为 $5.785g/cm^3$，熔点为 1130℃，比热容为 0.066 J/（g·℃）（25℃）。在常温下，Cu_2S 稳定，几乎不被空气氧化，但加热到 200 ~ 300℃ 时，可氧化成 CuO 和 $CuSO_4$，加热到 330℃ 以上时，可氧化成 CuO 和 SO_2，在高温（1150℃）下，向熔融 Cu_2S 中吹入空气时，Cu_2S 可被强烈氧化，最终产出金属铜和二氧化硫：$Cu_2S + O_2 == 2Cu + SO_2$。

H_2 可以使 Cu_2S 缓慢还原，若加入 CaO，可加速 Cu_2S 的还原，Cu_2S 与 FeS 及其他硫化物共熔时形成锍。

3.2.2.2 铜的主要氧化物

(1) 氧化铜。氧化铜是黑色无光泽的物质，在自然界以黑铜矿形态存在，固态氧化铜的密度为 6.3 ~ $6.48g/cm^3$，熔点为 1447℃，比热容为 0.54J/（g·℃）（25℃）。在高温（超过 1000℃）下，CuO 可分解成暗红色的氧化亚铜和氧气：$4CuO == 2Cu_2O + O_2$。

在高温下 CuO 易被 H_2、C、CO 等还原成 Cu_2O 或 Cu。CuO 呈碱性，不溶于水，但能溶于硫酸、盐酸等酸中。

(2) 氧化亚铜（Cu_2O）。致密的氧化亚铜呈樱红色，有金属光泽。粉状 Cu_2O 呈洋红色，在自然界 Cu_2O 以赤铜矿的形态存在。固态 Cu_2O 的密度为 5.71 ~ $6.10g/cm^3$，熔点为 1230℃，比热容随温度变化而变化，存在如下关系式：

$C-2P = 14.34 + 6.2 \cdot 10T$（77 ~ 1227℃，单位为：J/（g·℃）），熔化热为 391.69J/g。

3.2.2.3 铜的主要盐类化合物

(1) 硫酸铜（$CuSO_4$）。硫酸铜在自然界以胆矾（$CuSO_4 \cdot 5H_2O$）形态存在，纯胆矾

为天蓝色三斜晶系结晶，失去结晶水后为白色粉末。硫酸铜易溶于水，用铁、锌等物质可从硫酸铜溶液中置换出金属铜。

（2）铜的硅酸盐。自然界中铜的硅酸盐有孔雀石（$CuSiO_3 \cdot 2H_2O$）和透视石（$CuSiO_3 \cdot H_2O$），它们在高温下分解形成稳定的氧化亚铜硅酸盐（$2Cu_2O \cdot SiO_2$），这种硅酸盐易被 H_2、C 或 CO 还原。

3.3　铜冶金方法

用铜矿石或铜精矿生产铜的方法较多，但主要方法为火法和湿法两大类。

火法冶金是生产铜的主要方法，目前世界上 80% 的铜是用火法冶金生产的。特别是硫化铜矿，基本上全是用火法冶炼的。

火法处理硫化铜矿的主要优点是适应性强，冶炼速度快，能充分利用硫化矿中的硫，能耗低，特别适于处理硫化铜矿和富氧化矿。图 3-2 示出了用火法处理硫化铜矿提取铜的工艺流程。

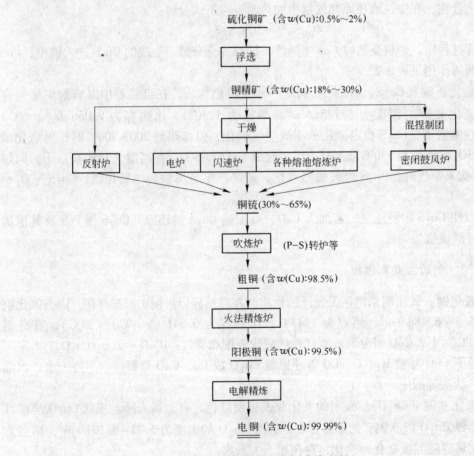

硫化铜矿（含 $w(Cu)$:0.5%～2%）

浮选

铜精矿（含 $w(Cu)$:18%～30%）

干燥　　　　　　　混捏制团

反射炉　　电炉　闪速炉　各种熔池熔炼炉　　密闭鼓风炉

铜锍(30%～65%)

吹炼炉　(P-S)转炉等

粗铜（含 $w(Cu)$:98.5%）

火法精炼炉

阳极铜（含 $w(Cu)$:99.5%）

电解精炼

电铜（含 $w(Cu)$:99.99%）

图 3-2　硫化铜矿火法冶炼流程

目前世界上 20% 左右的铜是用湿法提取的。该法是在常温常压或高压下，用溶剂浸出矿石或焙烧矿中的铜，经过净液，使铜和杂质分离，而后用萃取-电积法，将溶液中的铜提取出来。对氧化矿和自然铜矿，大多数工厂用溶剂直接浸出；对硫化矿，一般先经焙烧，而后浸出。湿法生产铜的流程如图3-3所示。

由于废杂铜来源各异，化学成分与物理规格各不相同，因而处理的工艺也不同。

用废杂铜生产阳极铜一般采用火法。火法处理废杂铜的工艺有三种：一段法、二段法和三段法。

一段法是将经过选分的黄杂铜与紫杂铜直接投入到反射炉、倾动炉或回转炉中进行火法熔炼（实际上是进行精炼），一步产出阳极铜，此法的优点是工艺流程短，建厂快，投资少，但该法仅能处理成分不复杂的废杂铜。

二段法分两步进行。第一步，将废杂铜投入到鼓风炉中进行还原熔炼，或投入到转炉中进行吹炼，产出粗铜。第二步，在反射炉或其他精炼炉中精炼粗铜，产出阳极铜。鼓风炉熔炼和转炉吹炼产出的是黑色的铜，亦称黑铜，为了与矿粗铜相区别，我们称它为次粗铜。含锌高的黄杂铜、白杂铜适用于鼓风炉熔炼，用反射炉精炼流程处理，而含铅、锡高的杂铜宜在转炉中进行吹炼，使铅和锡进入炉渣。鼓风炉熔炼时，铜的直收率可达96%，锌入烟尘率可达80%。

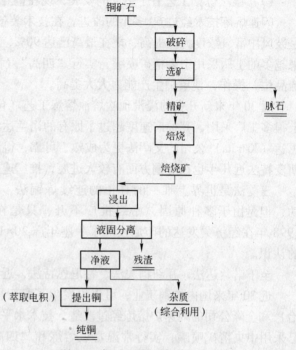

图3-3　铜矿石湿法冶炼原则流程

三段法是将杂铜先经鼓风炉熔炼，产出黑铜，将黑铜送转炉吹炼生成次粗铜，然后在反射炉进行精炼，产出阳极铜。鼓风炉熔炼主要是脱锌，转炉吹炼主要是除铅、锡等杂质。三段法虽然工艺流程长，但它能处理成分复杂的再生铜料，而且能很好地综合回收原料中的有价成分，所以很多大型再生铜厂应用三段法处理废杂铜。

自20世纪60年代以来，世界铜冶金技术有了长足的进展，主要表现是：

（1）传统的冶炼工艺正迅速被新的强化冶炼工艺取代。现在，奥托昆普闪速熔炼和各种熔池熔炼工艺（澳斯麦特/艾萨法、诺兰达法、特尼恩特法、瓦纽柯夫法等）已成为主流炼铜工艺；

（2）氧气的利用更为广泛，富氧浓度已大大提高；

（3）各炼铜厂的装备水平和自动化程度都有较大的提高；

（4）以计算机为基础的DCS集散控制系统已为更多的炼铜厂采用，使冶炼工艺的控制更为精确；

（5）冶金工艺参数（如温度、加料量等）的测定手段更为先进，测得的数据也更可靠；

（6）进一步提高了有价金属的综合回收率，综合能耗进一步降低，劳动生产率进一步提高，冶金环境得到进一步改善；

（7）湿法炼铜工艺有了更大的发展，现在世界上已有20%的铜采用湿法生产。

闪速熔炼技术经过60多年的改进，在技术装备上更加完善，近30年来，最大的改进是鼓风中富氧浓度大大提高，现在最高已达90%，其次是炉体强化冷却结构更加先进，越来越多的工厂采用中央精矿喷嘴，实行"四高"（高投料量、高富氧浓度、高热强度、高锍品位）操作，使单炉生产能力大大提高。

近30年来新开发的浸没顶吹熔池熔炼工艺（包括艾萨法和澳斯麦特法），迅速被世界上很多工厂采用，其推广速度超过了原有的诺兰达法和特尼恩特法的推广速度。特别是艾思达（Xstrata）公司的艾萨法更为成熟、可靠，得到大家的高度重视。除艾萨熔炼外，澳斯麦特法近几年也在炼铜方面有较大进展，推广速度很快。

三菱法是世界上唯一的真正的连续炼铜法，虽然早在20世纪70年代就已开发成功，但是由于多种原因，始终推广不开，只是在近几年才有了惊人的发展，特别是1998年在经济欠发达的印尼投产了一座年产20×10^4t铜的设备，使人们对三菱法有了新的认识。

至于诺兰达法、瓦纽柯夫法、特尼恩特法，近几年都无太大变化，起色不大。

近30年来国内的铜工业，可以说发生了翻天覆地的变化。贵溪冶炼厂（以下简称贵冶）和金隆公司的闪速炉熔炼经过改造，技术水平有了很大的提高。如贵冶的闪速炉熔炼已采用中央精矿喷嘴，实行常温富氧熔炼和"四高"操作，锍品位从50%提高到63%，富氧浓度从50%提到70%，精矿投入量已从1128t/d提高到3488t/d，矿铜生产能力已达30×10^4t/a。云铜用艾萨法取代了电炉熔炼，且一次顺利投产成功，各项指标均达到世界同类工艺先进水平。金昌冶炼厂和山西中条山侯马冶炼厂采用澳斯麦特法生产铜，葫芦岛东方铜业公司也正用浸没顶吹熔炼工艺取代密闭鼓风炉熔炼工艺。我国自己开发的白银炼铜法，也取得了较大的进展，准备进一步改造，优化工艺，以求得更大的创新发展；大冶的诺兰达炉自投产以来，运转一直正常。

除上述火法炼铜工艺外，近30年来湿法炼铜工艺也取得了长足的进步，湿法工艺不仅可以处理一些难选的氧化矿和表外矿、铜矿废石等，而且随着细菌浸出和加压浸出工艺的发展，湿法炼铜工艺的优越性有所体现。

3.4　铜顶吹浸没熔炼工艺概述

铜顶吹浸没熔炼工艺与一般铜火法冶炼工艺相似，同样包含造锍熔炼和铜锍吹炼两个主要工序。该工艺分为澳斯麦特法和艾萨法两大类，其基础都是赛洛喷枪浸没熔炼工艺。二者具有共同的祖先，按各自的优势和方向，延伸并提高了该项技术，形成了各具特点的澳斯麦特法和艾萨法。本章主要介绍澳斯麦特法在铜熔炼工艺中的应用。

铜顶吹熔炼工艺与其他富氧强化熔炼工艺基本相似，充分利用了物料中的化学潜能。加入炉内的物料和喷枪喷入的氧气经充分反应，以及物料在高温下的化学反应，释放出大量的化学反应热，因而具有能源消耗量小的特点。

顶吹浸没式喷枪熔炼炉在熔炼过程中喷枪强烈搅拌熔体，使入炉物料和完全搅动的熔池中的过氧化炉渣充分接触，为熔炼物料的反应提供了合理的动力学和热力学条件，同时，搅拌过程中飞溅起来的熔体对加入炉内的小颗粒物料有捕集回收的作用，因此为顶吹炉富氧顶吹浸没式喷枪熔炼炉配置了很高的余热锅炉上升烟道，使大量的烟尘在锅炉烟道上升段就沉降落入熔池中，具有对物料适应性范围广、物料在炉内的反应速度快和处理能力大、烟尘产率低的特点。

顶吹浸没式喷枪熔炼工艺利用富氧空气，化学反应全部在密闭的炉体内进行，产出烟气量小，SO_2浓度高，可以将反应产出的烟气全部送入烟气处理系统，便于烟气直接制酸，具有硫回收率高，对环境污染小的特点。

顶吹浸没式喷枪熔炼炉反应速度快，需要各个子系统同步并均匀稳定地为其提供必要工艺条件，为了达到该目的，需要配置可靠的自动控制系统，因此该系统还具有自动化程度较高的特点。

3.4.1　铜顶吹浸没造锍熔炼基本原理

3.4.1.1　概述

现代造锍熔炼是在 1150~1250℃ 的高温下，使硫化铜精矿和熔剂在熔炼炉内进行熔炼。炉料中的铜、硫与低价态的铁形成液态铜锍。这种铜锍是以 FeS-Cu_2S 为主，并溶有 Au、Ag 等贵金属及少量其他金属硫化物的共熔体。炉料中的 SiO_2，Al_2O_3，CaO 等成分与 FeO 一起形成液态炉渣。炉渣是以 $2FeO \cdot SiO_2$（铁橄榄石）为主的氧化物熔体。铜锍与炉渣互不相溶，且密度各异（铜锍的密度大于炉渣的密度），从而进行分离。

用火法处理硫化铜精矿的优点是能耗低，单位设备生产速度快，贵金属回收率高且简捷。主要缺点是产生大量含 SO_2 的气体，对环境造成危害。随着科学技术的进步，尤其是制酸工艺的发展，现在已使含 SO_2 的烟气得到有效控制和利用。铜熔炼基本原料情况如表3-3所示。

表 3-3　原料情况

成分	Cu	Fe	S	Zn	Pb	SiO_2	As	Au/g·t^{-1}	Ag/g·t^{-1}
质量分数/%	18~30	22~32	24~33	0.1~0.7	1~6	5~8	0.1~0.8	1~30	20~1000

3.4.1.2　主要物理化学反应

造锍熔炼过程的主要物理化学反应为：水分蒸发，高价硫化物分解，硫化物直接氧化，造锍反应，造渣反应。

A　水分蒸发

目前除闪速熔炼、三菱法等处理干精矿外，其他方法的入炉精矿，水分都较高（为 6%~14%）。这些精矿进入高温区后，矿中的水分将迅速挥发，进入烟气。

B　高价硫化物分解

用铜矿石或铜精矿生产铜的方法概括起来有火法和湿法两大类。火法冶金是生产铜的主要方法，目前世界上 80% 的铜是用火法冶金生产的。特别是硫化铜矿，基本上全是用火法处理的。火法处理硫化铜矿的主要优点是适用性强，冶炼速度快，能充分利用硫化矿中的硫燃烧放热，能耗低，特别适合处理硫化铜矿。硫化铜矿经选矿生产后，含有少量的氧化物（Al_2O_3、CaO、MgO、SiO_2）。进行造锍熔炼时，投入熔炼炉的炉料有硫化铜精矿、各种返料及熔剂等。这些物料在炉中将发生一系列物理化学反应，最终形成烟气和互不相溶的铜锍和炉渣。

在硫化物熔炼过程中，炉料迅速在高温强氧化气氛中反应。理论上讲，铜精矿能直接反应得到金属铜，也可氧化生成硫化物和氧化物，如：

$$2CuFeS_2+5/2O_2 = (Cu_2S \cdot FeS)+FeO+2SO_2$$

$$2CuFeS_2 = Cu_2S+2FeS+1/2S_2(g)$$

$$2FeS_2+11/2O_2 = Fe_2O_3+4SO_2$$

$$3FeS_2+8O_2 = Fe_3O_4+6SO_2$$

$$2CuS+O_2 = Cu_2S+SO_2$$

高价硫化物分解产生的 FeS 及气态单质 S_2 也被氧化：

$$2FeS+3O_2 = 2FeO+2SO_2$$

$$S_2(g)+2O_2 = 2SO_2$$

Fe_2O_3 与 FeS 反应生成 Fe_3O_4：

$$10Fe_2O_3+FeS = 7Fe_3O_4+SO_2$$

Cu_2S 进一步氧化：

$$Cu_2S+O_2 = 2Cu+SO_2$$

$$2Cu_2S+3O_2 = 2Cu_2O+2SO_2$$

在强氧化气氛下，还会发生下列反应：

$$3FeO+1/2O_2 = Fe_3O_4$$

同时，热力学理论计算及熔炼实践都表明，相对于铜和铜的硫化物来说，FeS 更容易被氧化，其氧化反应都按以上的化学反应方程式完成。而且在强氧化状态的熔池熔炼中，炉渣氧势很高，反应生成的高价铁氧化物也多，尤其是 Fe_3O_4 含量高，因此还存在大量硫化物以及还原剂碳与 Fe_3O_4 的交互反应，而使铜、铁等有价金属被氧化进入渣中，这种交互反应也是富氧顶吹浸没式喷枪熔炼最主要的传质方式，其反应方程式为：

$$Cu_2S+3Fe_3O_4 = Cu_2O+9FeO+SO_2$$

$$FeS+3Fe_3O_4 = 10FeO+SO_2$$

$$Fe_3O_4+C = 3FeO+CO$$

C　硫化物直接氧化

在现代强化熔炼中，炉料在高温强氧化情况下，高价硫化物除发生分解外，还可能被直接氧化。

$$2CuFeS_2+5/2O_2 = Cu_2S \cdot FeS+FeO+2SO_2$$

$$2FeS_2+11/2O_2 = Fe_2O_3+4SO_2$$

$$3FeS_2+8O_2 = Fe_3O_4+6SO_2$$

$$2CuS+O_2 = Cu_2S+SO_2$$

$$2Cu_2S+3O_2 = 2Cu_2O+2SO_2$$

在高氧势下，FeO 可继续氧化成 Fe_3O_4：

$$3FeO+1/2O_2 = Fe_3O_4$$

D　造锍反应

上列反应产生的 FeS 和 Cu_2O 在高温下将发生下列反应：

$$FeS(1)+Cu_2O(1) = FeO(1)+Cu_2S(1)$$

$$\Delta G^{\ominus} = -144750+13.05T \quad (J)$$

$$K = \frac{a_{(FeO)} \cdot a_{[Cu_2S]}}{a_{[FeS]} \cdot a_{(Cu_2O)}}$$

该反应的平衡常数 K 值很大（在 1250℃ 时，$\log K$ 为 9.86），表明反应显著地向右进行。一般来说，体系中只要有 FeS 存在，Cu_2O 就将变成 Cu_2S，进而与 FeS 形成铜锍（$FeS_{1.08}$-Cu_2S）。所以常常把上列反应视为造锍反应。

E 造渣反应

当 SiO_2 存在时，炉子中产生的 FeO 将按下列反应形成铁橄榄石炉渣：

$$2FeO+SiO_2 \rightleftharpoons (2FeO \cdot SiO_2)$$

$$\Delta G^{\ominus} = -32260+15.27T \quad (J)$$

此外，炉内的 Fe_3O_4，在高温下能够按下列反应与石英作用生成铁橄榄石炉渣。

$$FeS+3Fe_3O_4+5SiO_2 \rightleftharpoons 5(2FeO \cdot SiO_2)+SO_2$$

3.4.1.3 铜造锍熔炼有关反应的 $\Delta G^{\ominus}$-T 图

在造锍熔炼等一系列冶金作业中，都会发生许多化学反应，作为冶金工作者应该知道，在一定条件下，哪些反应可以进行，哪些反应不能进行，反应能进行到什么程度，反应在进行过程中有无热量的变化（是吸热，还是放热），改变条件对化学反应有什么影响，这类问题正是化学热力学要探讨的范围。化学热力学就是研究化学反应中能量的转化、化学反应的方向和限度，以及外界条件对化学反应方向和限度的影响的科学。

热力学中反应的吉布斯标准自由能变化是等温等压下过程能否自发进行的判据。如果过程自发进行，则过程的吉布斯自由能变化 $\Delta G<0$；反之，如果过程的吉布斯自由能变化 $\Delta G>0$，则过程不可能自发进行；当 $\Delta G=0$ 时，则过程正反两个方向进行的速度相等，也即过程达到平衡状态。实际冶金反应多在等温等压下进行，所以讨论 ΔG 对我们极为重要。

设反应为：

$$aA+bB=dD+hH$$

则反应的吉布斯自由能变化与温度存在下列关系：

$$\Delta G = \Delta G^{\ominus} + \Delta G_p$$

此式称为反应的等温方程式。

式中

$$\Delta G^{\ominus} = -RT\ln K_p$$

$$K_p = \frac{p_D^d \cdot p_H^h}{p_A^a \cdot p_B^b} \quad (称平衡常数表达式)$$

$$\Delta G_p = -RT\ln J_p$$

$$J_p = \frac{p_D'^d \cdot p_H'^h}{p_A'^a \cdot p_B'^b} \quad (称压力商)$$

$\Delta G^{\ominus}$ 为反应的标准吉布斯自由能变化，即反应在标准状态下进行时的自由能变化。所谓标准状态，在热力学中定义为：反应体系中原始物（A 和 B）和产物（D 和 H）的分压各为 101kPa 的情况。在此状态下，$p_A'=p_B'=p_D'=p_H'=101kPa$，所以 $\Delta G_p = -RT\ln\frac{1}{1}=0$。

从而有：

$$\Delta G = \Delta G^{\ominus} = -RT\ln K_{p}$$

或

$$\Delta G^{\ominus} = -RT\ln K_{p}$$

在恒压状态下，K_{p} 是一个定值。

等温方程将恒压下反应的自由能变化与反应的平衡常数，以及实际阶段体系中各物质的分压联系了起来。从反应的 K_{p} 和 J_{p} 值对比就可判断反应进行的方向：

若 $J_{p}<K_{p}$，则 $\Delta G<0$，反应自发向右进行；

若 $J_{p}>K_{p}$，则 $\Delta G>0$，反应不能自发向右进行；

若 $J_{p}=K_{p}$，则 $\Delta G=0$，反应向左和向右进行的速度相等，即反应达平衡状态。

从上述分析即可看出，要想使化学反应向右进行，可以采取以下措施：

（1）减小产物分压或增大反应物分压，使 $J_{p}<K_{p}$；

（2）改变温度，使 K_{p} 值增大，从而使 $J_{p}<K_{p}$。当然也可同时采用这两种措施，使 $J_{p}<K_{p}<0$。

图 3-4 示出了铜熔炼过程中有关反应的 $\Delta G^{\ominus}-T$ 关系，由图可以看出，有关造锍熔炼反应，例如 FeS 氧化成 FeO、Fe_3O_4；Cu_2S 氧化成 Cu_2O；以及 $Cu_2O+FeS \Longrightarrow Cu_2S+FeO$ 等向右进行反应的趋势大小；有关铜锍吹炼过程 $Cu_2S+2Cu_2O \Longrightarrow 6Cu+SO_2$，$Cu_2S+O_2 \Longrightarrow 2Cu+SO_2$ 向右进行的趋势大小；有关 SO_2 被 C，CO 还原制取元素硫的趋势；有关 FeS 还原 Fe_3O_4 的困难程度等。

3.4.1.4　M-S-O 系化学势图

M-S-O 系化学势图是用于表征金属硫化物 MS 在有 O_2 参与的化学平衡状态的一种热力学平衡状态图，广泛用于硫化矿冶金过程，如硫化精矿的焙烧、硫化精矿的造锍熔炼和锍的吹炼等。

在硫化物冶金过程中，当 M-S-O 系达到平衡时，各相中氧的化学势必须相等。在一定的温度下氧势与气相中氧的平衡分压的对数 $\ln p_{O_2}$ 成正比，同样可知 M-S-O 系平衡时的硫势是与气相中硫的平衡分压的对数 $\ln p_{O_2}$ 成正比，在一定的温度下，当 M-S-O 系平衡时，气相和凝聚相中各组分的稳定性与其化学势有关，也就是说与气相中的氧势（$\ln p_{O_2}$）和硫势（$\ln p_{S_2}$）有关。于是可以作出以 $\ln p_{S_2}$-$\ln p_{O_2}$ 为坐标的 M-S-O 系平衡状态图，亦称为硫势氧势图。

在一定的温度下 M-S-O 系以 $\ln p_{S_2}$-$\ln p_{O_2}$ 表示的化学势图如图 3-5 所示，图上的每一条线表示一平衡反应的平衡条件，如图中线 2 下面表示的平衡反应式：

$$M+O_2 \Longrightarrow MO_2$$

$$K = \frac{1}{p_{O_2}}, \quad \lg K = -\lg p_{O_2}$$

图 3-5 中的每一区域表示体系中各种物相的热力学稳定区。如线 1 和线 2 与横轴、纵轴所包围的区域是 M-S-O 系中 M 相稳定存在的区域。线 1，2，3 相交的 a 点是 MS、M、MO 三凝聚相共存的不变点。

平衡状态图的坐标，根据需要可以用 SO_2 和 SO_3 的分压或者 H_2S/H_2 的比值来代替 S_2

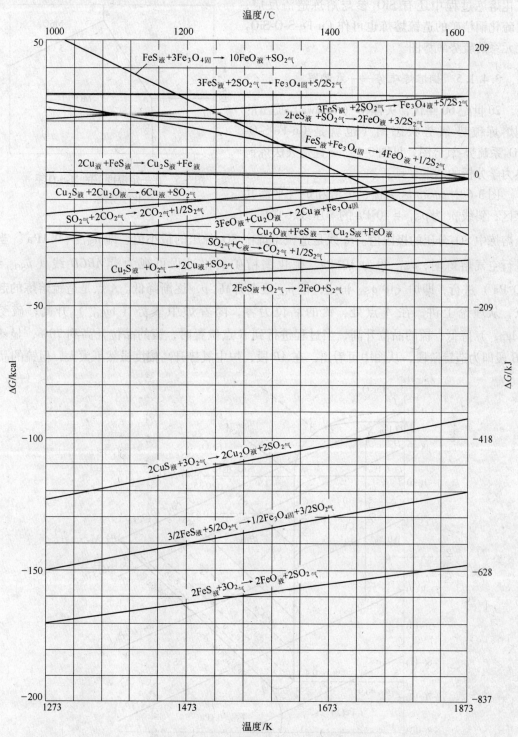

图 3-4　铜熔炼条件下有关反应的 $\Delta G^{\ominus}-T$ 图

分压。也可用 CO_2/CO 或 H_2O/H_2 的比值来代替 O_2 的分压。当有两种以上的金属硫化物同时参与同类反应时，便可将其叠加成四元系如 Cu-Fe-S-O 系、Cu-Ni-S-O 系等。如在 MS 的氧化熔炼过程中还有 SiO_2 参与熔炼造渣反应，则硫化铜精矿的造锍熔炼也可作 $Cu\text{-}Fe\text{-}S\text{-}O\text{-}SiO_2$ 五元系的硫势氧势图。

3.4.1.5 铜熔炼硫势——氧势图

20 世纪 60 年代，矢泽彬（Yazawa）提出的铜熔炼硫势-氧势状态图（也就是 $Cu\text{-}Fe\text{-}S\text{-}O\text{-}SiO_2$ 系硫势-氧势图，见图 3-6）一直是火法炼铜热力学分析的基本工具。

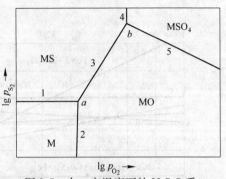

图 3-5　在一定温度下的 M-S-O 系化学势图

图 3-6 中 $pqrstp$ 区为锍、炉渣和炉气平衡共存区，斜线 pt 为 $p_{SO_2} = 10^5\,Pa$ 的等压线，它是造锍熔炼中 SO_2 分压的极限值。rq 线是造锍熔炼中 SO_2 分压的最小值，即 $p_{SO_2} = 0.1\,Pa$。当进行空气熔炼时，p_{SO_2} 约为 $10^4\,Pa$，硫化铜精矿氧化过程可视为沿 $ABCD$ 线（$p_{SO_2} = 10^4\,Pa$）进行，即炉气中 p_{SO_2} 恒定，但 p_{O_2} 逐渐升高，p_{S_2} 逐渐降低。A 点是造锍熔炼的起点，从理论上讲，在 A 点处，锍的品位为零，随着炉中氧势（$\lg p_{O_2}$）升高，硫势（$\lg p_{S_2}$）降低，锍的品位升高，当过程进行到 B 点位置时，锍的品位升高到 70%，显然 AB 段即为造锍阶段，从图中可看出，在 AB 段，炉中氧势升高幅度虽然不太大，但锍的品

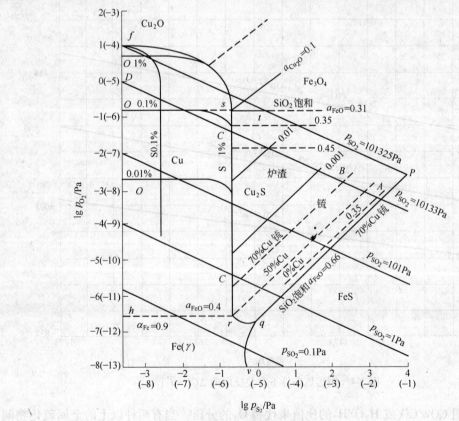

图 3-6　铜熔炼氧势-硫势状态图（1573K）

位升高幅度大，从 B 点开始，随着氧势的继续升高，锍的品位虽然也升高，但升高的幅度不大，可以认为从 B 点开始过程转入锍吹炼第二周期（造铜期），当氧势升高到 C 点时炉中开始产出金属铜。这时粗铜、锍、炉渣和烟气四相共存，直到锍全部转为金属铜，即造铜期结束。当氧势进一步升高时，超过 C 点，过程进入粗铜火法精炼的氧化期，由此可见，$ABCD$ 这条直线能表示从铜精矿到精铜的全过程。

图 3-6 中的 st 线相当于铁硅酸盐炉渣中的 SiO_2 和 Fe_3O_4 是饱和的，其中 a_{FeO} 为 0.31。高于此线，铁硅酸盐炉渣不是稳定的，会析出固体 Fe_3O_4。qr 线表示铜锍、炉渣与 SiO_2 和 γ-Fe 的平衡，相当于造锍熔炼的极限情况，是在低的 p_{S_2}，p_{O_2} 和 p_{SO_2} 还原条件下进行的，可以看作是炉渣的贫化过程。rs 线表示 Cu_2S 脱硫转变为液态铜，即铜锍的吹炼阶段，渣层上氧压的变化范围很大，从与 γ-Fe 平衡的 r 点 $p_{O_2} = 10^{-6.6} Pa$ 变化到 s 点的 $p_{O_2} = 10^{-0.8} Pa$，同时渣中饱和了 Fe_3O_4。

应用图 3-6 氧势-硫势图来分析铜熔炼过程的热力学是简明的。但是用它来分析一些实际生产会遇到一些难以说清楚的问题。例如各炼铜厂进行熔炼时，虽然硫的分压变化很大，但产出的铜锍品位相同，其中硫含量应该不同，但在实际生产中，硫含量差别不大。又如图 3-6 表示当氧势相同时，可以产出不同品位的锍，这就意味着产出的平衡炉渣相中 Fe_3O_4 含量相同时，可以产出相同品位的锍；生产数据表明，锍的品位不同时，渣中含 Fe_3O_4 的量也不同。鉴于这些问题，斯吕德哈（R. Sridhart）等人对世界上 42 家炼铜厂的生产数据，铜锍中铁含量与硫含量、铁含量与氧势、炉渣中的 Fe_3O_4 含量与氧势，以及渣含铜与铜锍含铁的关系，并结合有关热力学数据与实验室测定数据进行分析整理，提出了一种新型的比较实用的氧势-硫势图，又称 STS 图（见图 3-7）。

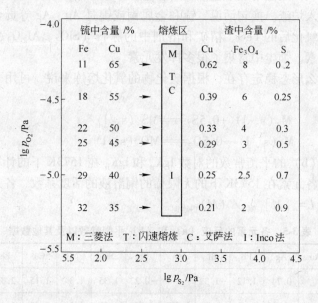

图 3-7 铜熔炼的氧势-硫势图（STS）（1573K）

图 3-7 表示了各冶炼厂进行铜精矿造锍熔炼生产时，产出的铜锍品位与过程进行的硫势、氧势的关系，以及产出相应的炉渣中 Fe_3O_4，Cu_2S 的含量。图中标示的熔炼区，硫势

的变化范围很窄，$\lg p_{S_2}$ 值为 2.5~3.0，而氧势的变化范围很大，$\lg p_{O_2}$ 值为 -5.2~-4.2。熔炼区中的符号标示了几种熔炼方法所处的硫势与氧势的位置，利用此图可以方便且较准确地预测和评价造锍熔炼过程。在应用这个图来评估生产结果时，其偏差在工业应用允许的范围内。某些炼铜厂的实际生产数据与 STS 图预测的数据列于表 3-4 中。

表 3-4　某些炼铜厂的实际数据与 STS 图预测数据比较

厂名与冶炼方法	斯昌德哈状态图数值/%						工厂实际数值/%				比　较
	Cu	S	[Fe]	(Fe$_3$O$_4$)	(Cu)	(S)	[Fe]	(Fe$_3$O$_4$)	(Cu)	(S)	
玉野闪速炉	60	23	14.5	7	0.51	0.23	15	6	0.55	0.8	基本吻合
菲利浦闪速炉	62	24	18.9	7.4	0.54	0.22	14		1.0	0.33~1.3	夹杂 Cu 为 0.46
奇诺闪速炉	55	24.2	18	6	0.39	0.25	18		0.7		夹杂 Cu 为 0.31
因科闪速炉	45	25	26	3	0.29	0.5	26	8	0.57		夹杂 Cu 为 0.28
直岛三菱炉	65.7	21.9	<11	~8	0.62	0.2	9.2		0.6	0.3	基本吻合
迈阿密艾萨炉	58	23.81	14.5	~7	0.51	0.23	15.9		0.6	0.3	基本吻合
安纳康达电炉	52	24.2[①]	20	5	0.36	0.27	20		0.75		夹杂 Cu 为 0.39

①按（S%）= 28.0-0.00125×[Cu%]^2 算出。

3.4.2　造锍熔炼过程中杂质的行为

用铜原料进行造锍熔炼时，除了铁与硫以外，其他伴生的元素还有 Co、Pb、Zn、As、Sb、Bi、Se、Te、Au、Ag 和铂族元素等，其中的贵金属总是富集在铜镍金属相中，然后用电解精炼过程回收。其他的元素应该在熔炼过程中，不同程度地或者挥发进入气相，或者以氧化物形态进入炉渣。换句话说，锍和金属铜或镍是 Au、Ag 等贵金属的捕集剂；而炉渣则捕集了优先氧化后的 FeO、精矿和溶剂中的脉石（SiO$_2$、Al$_2$O$_3$、CaO 等）以及精矿中的少量杂质元素。烟尘中富集了很多挥发元素。

杂质金属以什么形态稳定存在，根据硫化物的氧化熔炼来说，可用下列两反应的热力学计算来讨论：

$$M（s、l）+0.5S_2 {=\!=\!=} MS（s、l） \tag{a}$$

$$M（s、l）+0.5O_2 {=\!=\!=} MO（s、l） \tag{b}$$

反应（a）和（b）的平衡常数的对数 $\lg K_a$ 和 $\lg K_b$ 在 1573K 下的计算结果列入表 3-5 中，表中还列出了各元素在 1573K 下的无限稀的铜溶液的活度系数、各元素在熔铜和白冰铜之间的分配系数 $L = [M]_{(铜)} / (M)_{白冰铜}$。

表 3-5　各元素的反应（a）和（b）平衡常数以及其他数据

元素	Cu	Au	Ag	Pb	Bi	As	Sb	Sn	Ni	Co	Fe	Zn	Se	Te
$\lg K_a$	2.88		0.74	1.12	-1.32	—	-0.22	1.35	1.34	1.15	2.39	3.27		
$\lg K_b$	2.61	-4.62	<2.25	2.42	1.63	3.525	3.49	4.00	3.18	3.90	5.40	6.16	-1.23	0.83
$\gamma^0 M$	1	0.36	2.9	5.1	2.5	0.0008	0.017	0.13	2.6	3.6	12.6	0.18	0.0034	0.04
$[M] / (M)$	—	172	2.4	11.5	3.1	9.0	13.6	9.3	3.1	1.12	0.20	0.97	0.74	0.11

　　根据 $\lg K_a$、$\lg K_b$ 的数据，假定在 1573K 下 $a_M = a_{MS} = a_{MO}$，便可作出各元素稳定态 S-O 位化学位图，如图 3-8 所示。由此可估计出这些元素在冶炼过程中的变化趋势。在 $p_{SO_2} = 10kPa$ 的熔炼条件下，锌和铁趋向于变为氧化物入渣。钴则要在更高的氧位下才可被氧化，然后再富集在吹炼的转炉渣中。铋、银、铅、镍、锑等可能以金属态存在。假定 $a_{FeO} = 0.35$，$a_M + a_{MS} + a_{MO} = 100\%$，沿 $p_{SO_2} = 10kPa$ 的等 p_{SO_2} 线可推导出它们的活度。对于冰铜品位为 25%~70% 时的热力学推算结果表明，硫化亚铜是最稳定的。这也是提出铜精矿造锍熔炼的根据。冰铜品位稍高一些，镍和铅、钴可以硫化物形态入冰铜，铋、锑、银、铅和镍以金属形态溶于冰铜中。Sb、Pb、Bi 是精炼过程中的

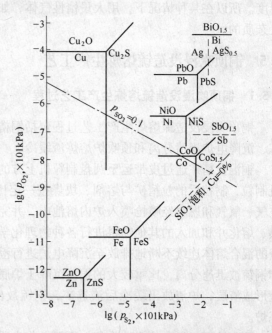

图 3-8　1573K 下各种 M-S-O 系的硫氧位图

有害元素，用氧化作用使它们造渣分离，是有较大困难的。Ni 富集在冰铜中回收，Sn 和 Co 亦如此，但趋向于氧化而随渣损失掉。锌和铁几乎全部氧化入渣。

　　各元素与铜分离的程度，即它们入渣的总量，取决于它们的热力学稳定性、氧化物在渣中的活度系数以及产出的渣量。在熔炼的过程中，产出大量的炉渣（即提高冰铜品位），虽有利于铅和锑更多地氧化入渣，但 Cu 和 Ni 随渣的损失也就增多。所以通过炼出更高品位的冰铜来脱杂也是不适宜的。由于富氧空气的应用，强化了熔炼过程，炼出了更高品位的冰铜或含硫多的粗铜，改变了常规炼铜中杂质变化的一般规律，特别是 As、Sb、Bi 的脱除就比常规熔炼脱除得少。

　　精矿中的伴生元素也可能以金属、硫化物或氧化物的形态存在，可在熔炼高温状态下挥发除去。常见的金属元素 As、Sb、Bi 它们可以形成多种挥发物质，如单原子或多原子元素、硫化物和氧化物，这就造成计算中的不可靠性。所以研究的结论是不一致的。一般来说可以这样认为，随着熔炼生产冰铜品位的升高，硫化物挥发的分压是降低的，氧化物挥发的分压则是升高的。这是由于体系的氧位升高和硫位降低所致。至于元素挥发的分压则随冰铜品位的升高，有可能升高也有可能降低。例如砷随冰铜品位升高时，以元素挥发的分压是降低的。就较贵的金属如铅来说，其挥发的分压是随冰铜品位升高而升高的。

　　许多伴生元素一般在铜相中的溶解比冰铜相要大，对于给定的浓度来说，其活度系数和分压相应都低一些。例如砷，当形成金属铜相后，其分压显著降低，这是与砷在液体铜中的活度系数很小相一致的。由于铅在液体铜中的溶解度比在冰铜中大，故同样浓度铅的蒸气压就会降低。

　　一般来说，用挥发来分离伴生的元素可在铜熔炼中的各个阶段进行，在某一阶段，如果元素或化合物具有较大的分压，就可以在此阶段使其挥发出来。在多数情况下，造锍熔炼阶段可用挥发法除去较多的杂质。这就要求在熔炼时有大量的烟气流过，并尽可能提高

温度。所以在某种情况下，用大量惰性气体，如循环烟气流过炉中，是有利于除去某些挥发杂质的。

3.5　铜顶吹浸没造锍熔炼生产工艺

3.5.1　铜顶吹浸没造锍熔炼生产工艺过程

铜顶吹浸没造锍熔炼生产工艺过程包括铜精矿配料、圆盘制粒、熔炼配料、顶吹炉熔炼、沉降电炉澄清分离和顶吹炉熔炼渣缓冷。

铜混合精矿通过皮带运至圆盘制粒机上方的精矿仓，混合精矿经计量后进入圆盘制粒机制粒，制粒后的粒精矿与熔剂、块煤按一定比例配料后经皮带运输机加入顶吹熔炼炉；空气、氧气和燃料经喷枪喷入炉内熔池中，并完全搅动熔池，使加入炉内的精矿被迅速加热、熔化并和加入的其他物料进行各种物理化学反应，完成造锍和造渣反应，铜锍以及炉渣的混合熔体连续不断地排放至沉降电炉进行澄清分离，由于炉渣与铜锍密度不同，炉渣和铜锍被迅速分离，比重较大的铜锍沉降于炉底形成铜锍层，比重小的炉渣处于铜锍层之上形成渣层；炉渣放出缓冷后渣选矿，铜锍放出后进入水淬系统进行水淬或直接进入吹炼炉。

顶吹炉烟气经余热锅炉冷却，再经电收尘器除尘净化后送化工厂生产硫酸。沉降电炉产出的烟气经水冷烟道冷却、电收尘器除尘净化后送酸厂生产硫酸。顶吹熔炼炉工艺流程及设备连接示意如图 3-9 和图 3-10 所示。

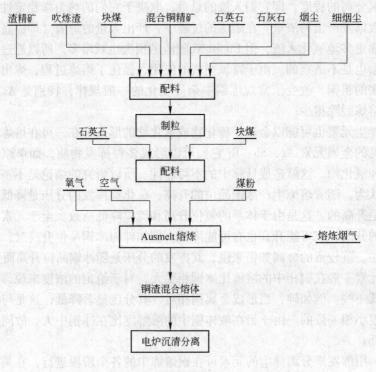

图 3-9　顶吹熔炼炉工艺流程图

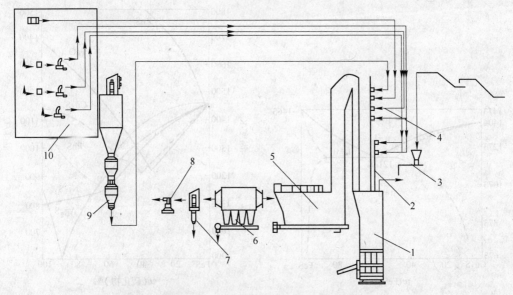

图 3-10　顶吹熔炼炉设备连接示意图

1—顶吹熔炼炉；2—保温烧嘴；3—炉顶给料；4—喷枪；5—锅炉；6—电收尘；
7—布袋收尘；8—引风机；9—粉煤给料系统；10—喷枪及烧嘴供风系统

3.5.2　造锍熔炼的产品——铜锍、渣、烟尘和烟气

3.5.2.1　铜锍

铜锍是重金属硫化物的共熔体。从工业生产产出的铜锍看，其中除主要成分 Cu、Fe 和 S 外，还含有少量 Ni、Co、Pb、Zn、As、Sb、Bi、Ag、Se 和微量脉石成分。铜锍最重要的参数是它的品位，其典型范围 w（Cu）：45%~75% 之间（相当于 w（Cu_2S）：56%~94%）。此外还含有 2%~4% 的氧。一般认为熔融铜锍中的 Cu、Pb、Zn、Ni 等重金属是以硫化物形态存在（Cu_2S、PbS、ZnS、Ni_3S_2）。而 Fe 除以 FeS 形态存在外，还以氧化物（FeO 或 Fe_3O_4）形态存在。

在高温熔炼条件下造锍反应可表示为：

$$[FeS] + (Cu_2O) \rule{1.5cm}{0.4pt} (FeO) + [Cu_2S]$$

$$\Delta G^{\ominus} = -144750 + 13.05T \quad (J)$$

$$K = \frac{a_{(FeO)} \cdot a_{[Cu_2S]}}{a_{[FeS]} \cdot a_{(Cu_2O)}}$$

该反应的平衡常数在 1250℃ 时的 $\lg K$ 为 9.86，说明反应在熔炼温度下急剧地向右进行。一般来说只要体系中有 FeS 存在，Cu_2O 就将转变为 Cu_2S，而 Cu_2S 和 FeS 便会互溶形成铜锍（$FeS_{1.08} - Cu_2S$）。两者的相平衡关系如图 3-11 所示。该二元系在熔炼高温下（1200℃），两种硫化物均为液相，完全互溶为均质溶液，并且是稳定的，不会进一步分解。

FeS 能与许多金属硫化物形成共熔体的重叠液相线，其简图见图 3-12。FeS-MS 共熔的这种特性，就是重金属矿物原料造锍熔炼的重要依据。

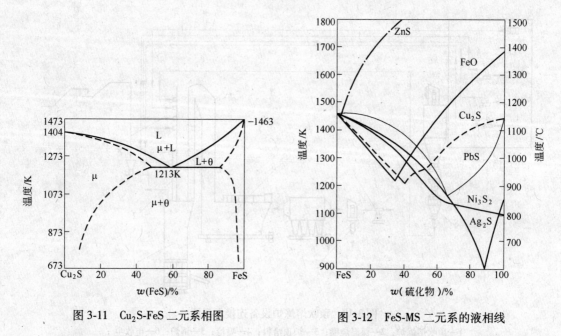

图 3-11　Cu₂S-FeS 二元系相图　　　　　图 3-12　FeS-MS 二元系的液相线

熔融铜锍在冷却过程中将发生一系列复杂的相变过程。铜锍中的固态物相如表 3-6 所示。

表 3-6　固相铜锍中的物相

元素/%	斑铜矿固溶体 I	斑铜矿固溶体 II	磁硫铁矿固溶体	金属铜	闪锌矿	磁铁矿
Fe	13.3~15.3	3.7~7.6	56.0~64.0	1.1~1.7	24.3~35.8	62~63.3
Cu	60.8~63.5	65.5~77.3	1.5~2.4	97.0~99.0	1.4~10.6	0.6~0.7
S	22.6~28.1	18.9~26.6	30.8~39.4	痕量	32.5~35.3	0.5~1.0
Zn	—	—	—	—	19.8~34.2	1.3~1.6

从表 3-6 可知，固相铜锍中主要物相有斑铜矿、斑铜矿固溶体、磁硫铁矿固溶体及少量游离态的羽毛铜，在含 $w(Cu)$：30%~60% 的铜锍中往往可以看到这种微细的金属铜。当铜锍含 Cu 高于 60% 时，渣中的含 Cu 会迅速增加。因此，熔炼操作过程中应尽量避免发生这种情况。然而，生产高品位的铜锍，会增加热量的产生，降低熔剂消耗，同时也可以减少随后吹炼中的渣量（提高吹炼炉处理能力及铜直收率），并且烟气中 SO_2 的浓度增加（降低烟气处理费）。另外，很多冶炼厂都要从熔炼渣中回收铜，因此，高品位的铜锍生产更加普遍。

铜锍黏度较低，大约是 0.003kg/(m·s)，因此，熔炼炉的操作温度大约是 1200~1250℃，这样可确保形成液态熔渣并使铜锍保持一定的过热度，在转运过程中，铜锍和渣处于熔融状态。随着 Cu₂S 含量的增加，Cu₂S-FeS 铜锍的表面张力的范围大约是 0.33~0.45N/m，温度对其影响较小。铜锍的密度范围是 3.9（纯 FeS）~5.2（纯 Cu₂S）g/cm³，随温度的升高，其密度有轻微减小。铜锍的电导性为 200~1000/Ω·cm。

3.5.2.2　渣

渣是一种氧化物熔体，通常包含 FeO、Fe₂O₃、SiO₂、Al₂O₃、CaO 和 MgO。现代铜精矿造锍熔炼的常见炉渣体系主要是 FeO-SiO₂、CaO-Fe₂O₃、FeO-Fe₂O₃-SiO₂、FeO-CaO-SiO₂ 和 FeO-Fe₂O₃-CaO 等体系。按其氧化物可分为：酸性渣、碱性渣和中性渣，最常见的酸性氧化物是 SiO₂。当这些氧化物熔化时，它们会聚合形成长的离子键结构，这些离子键使酸性渣的黏度升高，流动性变差，给铜冶炼造成困难。在酸性渣中加入碱性氧化物（如 CaO 和 MgO），长的离子键断裂变成较小的结构单元。因此，碱性渣的黏度低且对酸性氧化物有高的溶解度，加入碱性氧化物会降低渣的熔点，但有一定的限度。铜冶炼中一般会加入少量的碱性氧化物。

炉渣的性质对熔炼作业的进行有着十分重要的意义。熔炼过程都希望得到流动性好，即黏度小的炉渣。随着炉渣中 SiO₂ 含量的增加，黏度也增加。因此应加入碱性氧化物 CaO 及 FeO 等来破坏炉渣的网状结构，使其黏度降低。图 3-13 表示 1573K 时 FeO-CaO-SiO₂ 系熔体的等黏度线。一般有色冶金炉渣的黏度在 0.5Pa·s 以下便认为是流动性良好的炉渣，1Pa·s 以上其流动性便很差。

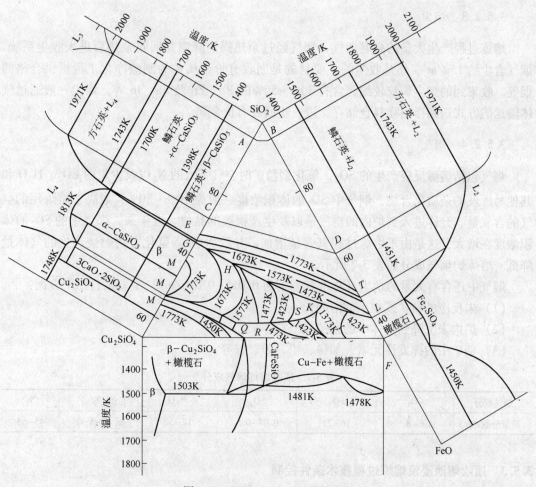

图 3-13　FeO-SiO₂-CaO 系状态图

结合炉渣的熔点与黏度来分析，FeO·SiO₂-2FeO·SiO₂ 组成的炉渣具有较低熔点和较小的黏度。在此基础上增加过多的 FeO 量，虽可降低黏度，但熔点升高了。再提高 SiO₂ 的含量更是不利，不仅熔点升高，黏度也增大。炉渣的黏度是随固相成分的析出而显著增大。所以应调整炉渣的组分以得到低熔点的炉渣，使其在熔炼温度下得到均一的熔体。添加氟化物（例如 CaF_2）对降低黏度非常有效。MgO、ZnS 在炉渣中的含量虽然不高，但也能使熔点升高，增大黏度。少量的 ZnO 和 FeO（Fe_3O_4）存在，会使炉渣中的黏度降低，过多的含量则会显著提高黏度。

　　熔渣的物理性质主要包括密度、黏度、表面张力和电导率等等。了解炉渣的物理性质不仅有助于了解熔渣的结构而且对熔炼过程的计算以及对反应速度、动力学分析都十分必要。特别是熔渣的黏度、表面张力与熔炼操作的优化及渣含金属损失、炉衬保护均密切相关。熔渣的密度在 $3.3 \sim 3.7g/cm^3$ 之间，随 Fe_2O_3 和 SiO_2 含量的增加，密度降低，随温度的升高，密度略有升高。黏度随 SiO_2 含量的增加而增加，表面张力约 $0.35 \sim 0.45N/m$ 随碱度增加而减小，温度对其影响不大。温度对渣的电导率影响非常大，在熔炼温度范围内，电导率在 $5 \sim 20/\Omega \cdot cm$ 之间波动，随着铜和铁氧化物含量以及碱度增加，电导率增大。

3.5.2.3　烟尘

　　熔炼过程产生大量的高温烟气，烟气经过余热锅炉降温并回收余热后进入收尘系统。烟气含尘约 $15g/m^3$，熔炼收尘的主要目的是回收有价金属并为制酸净化工段提供合格的烟气。收集到的烟尘颗粒较细，含有 $30\% \sim 50\%$ 的 Pb、Zn 及 Sn、In 等，烟尘一般通过气体输送的方式送到指定物料仓储存，进一步回收有价金属。

3.5.2.4　烟气

　　烟气包括熔炼反应产生的 SO_2，氧化铜精矿时空气带入的 N_2 以及少量的 CO_2、H_2O 和其他易挥发的杂质化合物，烟气中 SO_2 的体积浓度一般为 $10\% \sim 30\%$，取决于熔炼用的空气的含氧量、允许进入到炉内的空气量以及生产铜锍的品位。近年来，烟气中的 SO_2 的体积浓度在增大，这是由于熔炼过程氧含量增加，导致 N_2 和碳氢化合物燃烧产生的气体量降低。熔炼炉烟气成分如表 3-7 所示。

　　烟气中还含有大量的烟尘（标准状态下为 $0.015 \sim 0.3kg/m^3$）主要来自三个方面：
　　（1）未反应的精矿或细小的溶剂；
　　（2）炉内未沉降到熔体中的铜锍或渣粒；
　　（3）精矿中的挥发性元素，如锑、铅、砷、锌等。

表 3-7　顶吹熔炼烟气成分

烟气成分	CO_2	SO_2	SO_3	H_2O	O_2	N_2
质量分数/%	6~8	16~21	0.07~0.5	18~30	2~5	45~55

3.5.3　顶吹熔池浸没熔炼过程技术条件控制

　　顶吹浸没熔炼特点之一就是生产过程比较简单，控制容易，不复杂；过程连续进行，作业率高；烟气连续稳定；二氧化硫浓度高，烟气处理成本低。熔炼过程的控制目标主要是熔池温度、铜锍品位和炉渣的 Fe/SiO_2 比值等。

3.5.3.1 单位熔炼强度

单位熔炼强度是炉型设计和衡量冶炼工艺技术性能的一个非常重要的参数。它的大小决定了炉子熔炼的容积，对操作，喷溅、炉衬寿命等都有比较大的影响。单位熔炼强度太大，即炉膛反应容积小，满足不了冶炼反应所需要的空间，就容易造成喷溅和溢渣，给冶炼操作带来困难，降低金属直接回收率，并加剧铜锍与炉渣对炉衬的冲刷侵蚀，缩短炉寿命，同时也不利于提高鼓风强度，强化生产，限制了生产能力的提高。如果单位熔炼强度太小，势必增加炉子高度，相应增加厂房的高度。实践指出，炉子每增高 1m，厂房需增高 2m，从而导致车间的基建费用增加。确定单位熔炼强度时，要注意以下因素：

(1) 供氧强度（鼓风强度）。如果采用较大的鼓风强度，则炉内反应激烈，单位时间内从熔池排出的气体和升华硫多，若无足够的炉膛空间，则会导致喷溅增加，因此单位熔炼强度可选小一些；反之，可大些。

(2) 选择较低的铁硅比，单位熔炼强度可大一些，较高的铁硅比，容易使 FeO 氧化成 Fe_3O_4，生产泡沫渣，单位熔炼强度可低一些。

(3) 小炉子炉膛小，操作困难，单位熔炼强度应小一些；大炉子吹炼平稳，容易控制，单位熔炼强度可大一些。澳斯麦特/艾萨熔炼的工艺单位熔炼强度差别很大。近来有急剧增加的趋势。迈阿密冶炼厂直径为 3.6m 的炉子，精矿处理能力最高达到 1795t/d。表 3-8 列出了几个工厂的浸没熔池熔炼炉尺寸。

表 3-8 国内外几个工厂的顶吹炉尺寸

项 目	单位	云南	侯马	迈阿密	云南艾萨 180kt/a	艾萨 150kt/a	Rio Tinto
炉子内径 d	mm	4400	4400	3568	5000	2300	1574
圆柱体高度 H	mm		9000	13000（内）			4432
炉子总高	mm	15500	11965	13716	14000	10000	6901
熔池面高度 h	mm	1300	1200	1220~2130			
高宽比（H/D）		3.52	2.28				
喷枪直径	mm	355	250	500（外）	250	200	
熔体排放形式		连续	连续	每 30min 一次	间断		间断

3.5.3.2 入炉物料控制

进料控制的关键是保持进料系统良好的运行状态，使入炉物料的准确性和连续性达到整体配料要求和工艺条件是非常重要的。针对不同的物料，控制合理的物料配比和进料率对于生产控制是很重要的。进料期间，应避免产生明显的扬尘颗粒。不推荐投入大块的湿精矿或者返尘，因为这会导致炉内不稳定气体逸出。

(1) 进料率。根据炉子最大产能控制进料。生产率取决于顶吹炉的进料率，进料率由操作员从顶吹炉控制系统中设定。操作员还需要使用控制系统（PCS）对不同的入炉物料设定进料率，实现产能要求。与顶吹熔炼相关的快速反应，要求平稳进料实现稳定作业，稳定的温度控制是延长耐火材料使用寿命的关键。控制方法要根据实际的主要入炉物料决定。根据风料比的要求，控制系统提供了充足的燃料/空气来达到预期效果。进料率失控的变化会导致喷枪流量变化，导致工艺控制不稳定。精心控制进料率，保持对其他关键性操作的控制以及必须遵守认可的工艺变量。进料率的增加会导致炉子控制系统自动增加空气和氧气量入炉。同时增加了工艺烟气量并可能改变烟气成分（也就是 SO_2），对烟气冷却和收尘系统的操作产生影响。

（2）入炉物料成分。理想、稳定的物料成分是为了确保产品和炉渣组成在所需的目标范围内。熔炼快速反应需要进料成分稳定，以便实现稳定操作。应尽量减小进料成分的变化，作为有效降低其导致操作不稳定而影响工艺过程控制的措施。通过配料、混料控制入炉物料的品位是减小物料成分变化的方法。

冶金技术人员根据入炉物料的平均成分来决定熔炼风量，这是进料的预见性工艺控制。通过更改熔炼风系数来调整实际物料成分的变化，但这是一个延时反馈，会导致产品质量、渣型和温度发生变化。

（3）入炉物料水分。除物料本身所含的水分以外，需在配料后添加水分制粒，以确保入炉物料充分混合凝聚结块，同时控制其水分含量均衡。

额外添加水至物料制备装置，混入物料搅拌机（圆盘制粒机）内，确保达到目标水分含量。该目的是使入炉物料无扬尘、潮湿但不黏结。

干料会导致：

1）物料扬尘和直接被携入烟气冷却和收尘装置中。

2）由于主要物料和熔池反应没有发生在渣相内，导致熔池过度氧化或减少。

3）由于温度问题，渣型和金属损失会导致产量减少。

添加湿料（水分过多）将使入炉物料潮湿结块，从而导致：

1）炉内不稳定的气流逸出（喷气）。

2）在进料口和进料转换装置中堵塞或堆积。

3）湿料进入时，炉内发生爆炸。

4）每吨入炉物料所需能耗增加。

（4）入炉物料尺寸。进料尺寸应在 $10 \sim 25mm$ 之间，其是直接投入炉内（即块煤）的最低限度。此外要进行物料制备，这也是结块物料离开制备装置入炉的尺寸。粉末不能直接投入炉内，因为它们会被携带进入烟气中，并影响工艺生产和产能。

3.5.3.3　工艺参数操作

（1）燃料添加率。燃料率是一个工艺变量，可根据生产情况进行调整。喷枪在位置 5 或位置 5 以下时，操作员可以对其进行调整。位置 4 的燃料率在试车期间设定，而且操作员对其不可更改。一名操作员可以设定位置 5、6 和工艺模式的燃料率。假设喷枪富氧浓度无变化，喷枪燃料率的增加，会导致炉子控制系统自动增加燃烧和熔炼空气的需求，从而使实际空气和氧气流量都得到增加。如果不进行正确控制，则会对烟气系统造成影响。

（2）空气量。空气总量是根据燃烧和熔炼的需求量来确定的。取决于燃烧所需的空气量和熔炼所需的空气量的总和。熔炼空气的需求量是熔池反应的空气需求量。这取决于熔炼风系数、进料率、熔炼风量。喷枪空气流量根据富氧设定值来计算。如果总的空气需求量低，那么喷枪在某一位置的最小空气流量会使喷枪富氧过载。

（3）富氧浓度。顶吹熔炼喷枪使用氧气来增加燃料燃烧和熔池反应的强度，降低总体烟气量。与单独的空气相比，更高的富氧浓度将会增加燃料燃烧（相较单独的空气）产生的有效热量。这能提高供热和工艺生产强度。

氧气量取决于氧气浓度的设定值和总体空气/氧气的需求量。如果空气需求总量太低，那么最小空气流量将会使喷枪富氧浓度过载。

喷枪燃料率和熔炼风系数恒定不变时，降低富氧浓度可导致空气流率的增加。这就导致低发热值或者炉子烟气大量的热损失，操作温度随之降低。喷枪空气流量中氮成分浓度的增加，使总体烟气量随之增加。

富氧可用于平衡喷枪总流量和炉子烟气量。调整参数可实现以下目标：

1）保持喷枪空气流量最小允许值或者在最小允许值以上，确保喷枪总是保持挂渣保护（该功能包含于 PCS 逻辑内）。

2）保持充足的喷枪空气流率使熔池得到充分搅拌。

3）尽量减少喷枪流量以便减少熔炼期间的烟气量。

（4）喷枪位置。喷枪在炉内进行移动，可以通过喷枪手操器手控操作或者通过工艺过程控制系统（PCS）进行自控。喷枪在炉子熔池内的正确位置对实现最佳的生产效能和操作过程非常重要。喷枪浸没渣池的最佳深度在 200~500mm 之间，这能实现熔池的充分搅拌和挂渣、利于快速反应和燃料燃烧放热快速传递至熔池。

正确的喷枪位置能够：

1）消除炉子温差并有助于延长耐火材料的寿命。

2）优化传输到炉子熔池的氧气参与燃烧、分解和熔炼反应的效率。

3）实现熔池充分搅拌，促进反应动力。

4）延长喷枪寿命。

枪位应根据熔池高度的变化而改变，操作员应关注喷枪背压、振动和噪声变化，这些现象可提示喷枪是否处于正确的位置。喷枪振动和噪声的变化还可能提示渣池状态或喷枪头部状态的变化，对此需要进一步研究。

3.5.3.4　炉子操作

A　熔池温度

在顶吹熔炼工艺中目标渣温度需要保持炉渣足够的流动性，实现炉渣充分混合便于后续操作。避免熔池温度过高，以尽量降低耐火材料的耗损速率和降低喷枪损坏概率。

控制熔池温度的主要方法是通过 PCS 调整燃料率、喷枪燃烧气体的富氧浓度或改变炉子进料率来实现。

对燃料率进行调整时（也就是减少燃料率降低熔池温度），PCS 会自动调整喷枪空气和氧气设定值的相应变化。

在需要的目标范围内，可以通过以下方法合理控制熔池温度：

（1）延长喷枪操作寿命。

（2）延长炉子耐火材料寿命。

（3）保持渣的流动性。

（4）减少炉瘤和堆积程度。

（5）实现高效生产。

熔池温度的监控是保持工艺控制的关键操作，可通过以下操作实现：

（1）排放期间，使用光学高温计或插入式热电偶测量渣温度。

（2）排放期间，使用光学高温计或插入式热电偶测量金属/冰铜温度。由于金属/冰铜在工艺过程期间是定期排放的，尽可能进行定期测量温度。

（3）排放和取样期间评估渣的流动性。

（4）使用安装耐火材料（安装在炉子上段炉壁或排烟冷却设备上）的热电偶推断熔池可能的温度。开炉期间，这些值通常用来评估与熔池相关的温度。

迈阿密厂的熔池温度控制在 1167~1171℃ 范围内，熔体温度是通过安置在炉衬内位于渣层和冰铜层之间的热电偶测量的。通过调节天然气的流量来控制温度的波动。

侯马冶炼厂的控制目标温度略高一些，为 1180±20℃，在炉子开始操作时需要1180℃。可以从粉煤率、富氧浓度以及加料量几方面根据需要来控制温度。

B　熔池深度

熔池深度的稳定对熔炼炉的正常操作起着很关键的作用。如果熔池高度超过正常高度200mm，必须立刻停止生产，否则会导致炉子的剧烈喷溅，并在烟气出口的上部、炉顶、加料口和喷枪孔等处形成渣堆积。此外，还会在熔池面上形成泡沫渣。当熔池高度低于正常值200mm 时，需要加入水淬渣熔化，以使熔体高度增加。这种情况在正常作业时不会发生，只有在炉子内物料排放完后再恢复生产时，才会遇到。

喷枪浸没深度不合适时，会造成熔渣喷溅。喷枪从炉顶开口处插入炉内，喷枪的末端只插到熔渣层，防止插入锍层，以免熔化。

C　铜锍品位

熔炼工艺生产的目标冰铜品位是熔炼工艺控制的一个关键参数。操作员通过熔炼风量和每种物料的熔炼风系数来控制熔炼风的需求量，以达到调整冰铜品位。如果所有参数可控，则调整影响冰铜品位的参数。

冰铜品位（即冰铜内含铜量）在硫化矿的熔炼工艺中是一个至关重要的参数。根据对物料的前馈分析，冶金技术人员可确定混合精矿所需的熔炼空气系数（SAF），实现所需的冰铜品位。根据对特殊进料分析的所有变化，对其还可以进行重新计算 SAF。

SAF 在工艺控制系统（PCS）上设定。该值根据实际进料率按 100% 的熔炼风量计算空气需求总量。冰铜品位根据熔炼风量的变化或调整而发生改变（如果没有发生其他变化时）。若入炉物料组分发生轻微波动，需要对其进行调整。

为达到目标冰铜品位，可以执行以下操作：

（1）如果冰铜品位低于所需设定值，需增加熔炼风系数。

（2）如果冰铜品位高于所需设定值，需减少熔炼风系数。

铜锍含铜品位一般控制在 60%±2%。锍品位的控制是通过调整风料比来实现的。

D　渣含铜

熔炼工艺目标渣含铜值应保持在目标范围内，才能实现满意的熔炉指标。渣含铜受三个主要因素影响：冰铜品位控制、渣型控制和熔池温度控制。这三个因素必须得到恰当控制，以获取所需的渣含铜量。

实现有效的炉渣含铜控制可稳定地控制冰铜品位。因此避免氧化率发生巨大改变，影响炉渣产率。

以下是渣品位控制重要性的原因：

（1）渣品位高会降低金属或者冰铜的产出率，并导致产生更多的氧化渣，这可能产生黏度高的渣。排放期间可能出现问题和导致炉渣泡沫化。

（2）渣品位低很可能会在金属相或冰铜相中存在大量的杂质。

E 渣型控制

实现对渣成分的有效控制可稳定地控制冰铜品位，因此避免铁氧化率发生较大的变化，影响炉渣产率。因贫化炉内不容易形成炉结，对熔炼炉渣中的 Fe_3O_4 含量应该限制在 10% 以下。若熔炼炉中 Fe_3O_4 含量控制不当，贫化炉内的磁铁氧化铁炉结生成后是很难消除的。

首先控制铁硅比 $w(Fe)/w(SiO_2)$。石英熔剂的添加与铁氧化量成正比，以实现目标铁硅比。冰铜品位低意味着渣内的 FeO 较少，因此，为了获得恰当的冰铜品位，需要调整低铁硅比，调整石英石的添加量。反之，高铁硅比时同样也需调整石英石的添加量。其次控制的参数是渣内石灰（CaO）的百分比含量。按充足的比例添加石灰石熔剂获取目标渣含钙量。

三价铁的含量，具体表示为磁铁矿，是控制其他参数诸如冰铜品位、渣中铁硅比和炉渣温度的产物，主要影响炉渣的特性。三价铁的含量可对液相温度和炉渣黏度产生重要影响。工艺操作期望的渣含磁铁矿量需控制在 5%~8% 范围内。磁铁矿的含量随冰铜品位和渣中 $w(Fe)/w(SiO_2)$ 含量的增加而增加。

操作员必须严格控制炉渣组分，原因有：

（1）黏性渣可能导致熔池泡沫化。

（2）渣内铁硅比高（>2）可能导致渣内尖晶石含量的增加。这就会增加渣黏度，产生炉结，需要更高的作业温度才能保持渣的流动性。

（3）渣内铁硅比低（<1）可能导致渣中石英饱和，随之降低渣的流动性，炉结增加，需要更高的作业温度。

（4）渣内的氧化钙含量低（<3%）将降低渣的流动性、增加炉瘤形成的可能性，从而要求更高的作业温度。

（5）渣型的控制可以通过使用反馈和前馈的控制回路来实现。

（6）前馈方法基于利用不同进料的物料平衡，估算熔剂的需求。

（7）反馈程序包含根据炉渣分析调整熔剂率，按需要的比例获取目标渣 $w(Fe)/w(SiO_2)$ 比和石灰含量。

3.5.3.5 烟气控制

工艺所产生的烟气量和成分受操作条件，尤其是受炉子进料率和喷枪流量的影响。炉子的烟气成分主要取决于操作条件。当工艺按其设计条件产出金属/冰铜和渣时，同时产出的烟气流量在烟气输送系统内。炉子烟气流量可能会明显改变、允许不受控的烟气增量进入系统。改变设计的喷枪流量或改变入炉物料湿度。

降低喷枪风富氧的含量会导致喷枪风（O_2 与 N_2 的混合物）重置的氧气成分，会使烟气总量增加。在改变熔炼条件和喷枪风富氧含量之前，炉子操作员应考虑到这些影响。

密封性能差和抽力增强时会增加漏风，增加烟气总量，从而影响到整体产能和尾气成分的稀释。下游设备中是依靠浓度效应而达到最佳性能的，因此，这样的稀释将影响到其功能和性能的表现。

在操作期间，必须控制炉子烟气量和成分，原因有：

（1）需要烟气量和成分一致来控制下游烟气收尘系统和烟气冷却系统（即炉子低浓度 SO_2 烟气会使制酸生产困难）。

（2）大量的烟气会导致炉子无组织排放，正如整体通风系统能力超过其极限能力一样。

3.5.4　铜在渣中的损失及其控制

火法炼铜生产过程的铜损失分为两方面：一是随烟气带走；二是随渣损失。随烟气带走的铜经收尘系统，可以回收 98%～99%，最终随烟气损失的铜约占加入铜量的 1%。随渣损失的铜是主要的。废渣含铜为 0.2%～0.5%，个别的高达 1%。每生产 1t 铜根据精矿品位的变化，产废渣量约 2～3t，有时达到 5～6t。随废渣含铜及废渣量的变化，渣铜损失的数量为产出铜量的 1%～3%。若以 2% 计，一个年产 10 万吨的铜厂，每年损失的铜量为 2000t，其价值是可观的。所以对渣铜损失应予以高度重视。

渣铜损失的形态有两种：一种是机械夹杂在渣中的冰铜粒子；一种是化学溶解在渣中的铜。延长熔炼过程放出的熔体澄清时间，降低炉渣的黏度和密度，便可以减少渣中机械夹杂的冰铜粒子。铜在弃渣中的损失是造成火法炼铜中铜损失的主要原因。传统的造锍熔炼法体系氧势较低，所产铜锍品位不高，渣含铜较低，一般约 0.2%～0.5%，难于再回收，故直接弃掉。对于现代的强氧化熔炼法而言，由于体系氧势高，铜锍品位高，渣含铜也高，需进行单独贫化处理。研究表明：反射炉、鼓风炉等传统熔炼法所产炉渣中机械夹杂和化学溶解引起的铜损失比例大致相似，而顶吹等新的强化熔炼法所产炉渣中铜损失比例差异较大，87.70%～90.70% 铜以机械夹杂的形式损失于炉渣中，9.30%～12.30% 铜以溶解形式损失于炉渣中，并且约 70% 的铜以硫化物形式溶于渣中，30% 的铜以氧化物形式溶于炉渣中。通常情况下，由于铜精矿品位、成分高低不同，每生产 1t 铜约产渣 2.5～7t，同时约有 7～20kg 铜损失于弃渣中，可见随炉渣损失的铜量相当大。为了减少铜随弃渣的损失，一方面要尽量减少炉渣的产量，另一方面要竭力降低渣含铜。

关于铜在渣中损失问题，多年来一直是铜冶金工作者研究的重要课题，重点是研究铜在渣中损失的形态，影响渣含铜的因素，寻求经济高效的炉渣贫化方法。

3.5.4.1　铜在渣中的夹带损失

据统计，一般渣中约有 25%～75% 的铜是以铜锍或铜的硫化物微滴形式夹带于渣中。这些微滴的来源是：

（1）有吹炼渣返回熔炼炉时，吹炼渣中夹带有大量细小铜硫化物。

（2）细小的固体硫化矿和细小的硫化物液体，在熔炼时未能下沉，掉落在熔渣面上，由于界面张力的关系被分散而夹带于熔渣中。

（3）温度降低，铜或铜硫化物在渣中溶解度下降，非常细的铜或铜硫化物从渣中析出，并分散于渣系中。

（4）SO_2 气泡的浮带作用。在体系氧势低的部位靠近炉底和炉壁的地方发生下列反应：

$$FeS(l) + 3Fe_3O_4(s) = 10FeO(l) + SO_2(g)$$

产生的 SO_2 气泡上附着铜锍膜，当 SO_2 气泡上浮时将铜锍膜传送到渣相中，随着 SO_2 气泡的破裂，铜锍膜也破裂并分散于渣相中。夹带在渣中的铜锍粒粒度范围很大，从几个微到 1 毫米左右。

3.5.4.2 铜在渣中的溶解损失

许多学者研究过铜在渣中的溶解损失。大多数学者认为，铜在渣中的溶解损失包括两部分，即铜氧化物的溶解和铜硫化物的溶解。研究表明，在锍品位较低（<30%）时，铜在渣中的溶解度随锍品位的升高而升高，当锍品位达到 30% 以上时（30%~60%），铜在渣中的溶解度随锍品位的升高而稍有下降，当锍品位超过 60% 时，渣中铜溶解量急剧上升。

3.5.4.3 影响渣含铜的因素

金属在渣中的损失有两种形式：化学溶解和机械夹杂。金属的化学溶解主要是以氧化物、金属或硫化物的形态溶解于渣中而造成的，对于顶吹熔炼来说，化学溶解形态主要是氧化物（MO），与体系的硫势、氧势以及锍品位有很大的关系。机械夹杂主要是金属在渣中的夹带损失状态，呈小球细粒分散，由锍的沉降特性决定，与渣的物理化学性质、温度及操作关系较大。归纳起来，影响金属在渣中含量的主要因素如下所述。

A 渣成分的影响

炉渣的成分直接影响渣的性质，包括渣的氧势、密度、黏度以及熔点等。其中三个主要成分是 Fe_3O_4、SiO_2 和碱性氧化物（CaO、MgO）。

（1）渣中的 Fe_3O_4。

1）当渣中 Fe_3O_4 含量增加时，表明渣的氧势增大。这将使有价金属更多地被氧化。因此，减少 Fe_3O_4 的含量，有助于从渣中回收铜等有价金属。

2）渣中存在 Fe_3O_4 对金属在渣中损失的另一影响是，Fe_3O_4 溶解在熔锍和渣中，将减少两者之间的界面张力，使得熔锍粒子广泛分散，甚至长时间沉淀后仍然无法沉降下去。所以，减少 Fe_3O_4 的量，可以加快熔锍颗粒在渣中的沉降。

（2）渣中的 SiO_2。

在渣含 SiO_2 为 42%~45% 时，铜在渣中的损失处于最小值，随着 SiO_2 含量的升高，铜的溶解损失降低，在 SiO_2 含量低于 42%~44% 前，铜的机械夹带损失降低，但超过 42%~44% 时，机械夹带损失再次升高。SiO_2 对机械夹带损失的这种影响与 SiO_2 的增加，从而增加了锍-渣界面张力有关，因为 SiO_2 升高，改善了锍微滴的聚合。但是当 SiO_2 含量超过 42% 时（渣温恒定），渣的黏度大大增加，从而阻碍了相的分离，这种作用的影响超过了相间张力作用的影响，结果使铜在渣中的机械夹带损失和总损失一起升高。增加 SiO_2 含量，对金属在渣中的损失存在两方面的矛盾：

1）增加渣的黏度，会增加夹带损失。

2）降低渣的比重、增大渣-锍之间的界面张力，又可降低锍和铜的夹带损失。

正常情况下，贫化电炉控制渣 $w(\mathrm{Fe})/w(\mathrm{SiO_2})$ 在 1.10~1.25。

（3）渣中的碱性氧化物。

渣含 CaO 低于 12%~13% 以前增加 CaO 含量，使渣中铜的溶解损失和机械夹带损失均下降。这是因为增加 CaO，既降低了渣的黏度，又降低了渣-锍相界面张力，而且降低溶解损失的作用更大些。有研究表明渣的碱性越强，渣含铜越少。

B　熔锍成分的影响

在炉气炉渣锍平衡体系中，锍品位越高，与之平衡的炉气氧势也越大，氧化态金属的损失也增高。实践表明，生产高品位锍时将增大金属的损失。兼从生产平衡和金属损失考虑，目前，沉降电炉控制铜锍品位在 60% 左右。

C　温度的影响

温度升高，可以使交互反应平衡常数增大，因而能使渣中 $\mathrm{Cu_2O}$ 溶解度降低。但这种影响不是主要的，重要的是改善渣锍分离的动力学条件、降低渣和锍的黏度，减少渣夹带的锍量。

D　铜锍和熔渣的密度的影响

铜锍与熔渣的密度差越大，熔渣的黏度越小，锍滴在渣相中的沉降速度越快，锍和渣相分离愈好，从而铜的夹带损失就少。

E　熔渣的黏度的影响

熔渣黏度低有利于降低铜的夹带损失，而渣的黏度与炉渣的组成密切相关，特别是渣的 $w(\mathrm{Fe})/w(\mathrm{SiO_2})$ 比，该值越小，渣的黏度越大，不利于锍滴的沉降，反之 $w(\mathrm{Fe})/w(\mathrm{SiO_2})$ 比大，渣的黏度低有利于锍低的沉降，减少铜的夹带损失。

F　表面张力的影响

铜锍（铜）与炉渣的表面张力和铜锍（铜）与熔渣的界面张力的影响。研究表明，在靠近炉底或炉壁的地方产生的 $\mathrm{SO_2}$ 气泡上浮时，可将铜锍带到渣相中。当 $\mathrm{SO_2}$ 气泡破裂时，铜锍滴将分散成许多微小的液滴，这些微滴难于汇聚变大，很难从渣相中沉降下去。气泡粘连锍滴的能力受铜锍和气相体系表面张力和界面张力的控制。一般情况下。锍-渣系的界面张力随锍品位的升高而升高，锍品位对铜-锍系界面张力影响较小。

3.5.5　熔炼炉渣贫化

沉降电炉与顶吹熔池浸没熔炼炉配套应用，用于对顶吹熔炼炉产出的锍渣混合物进行沉降分离，降低渣含铜。顶吹炉将熔炼后一定比例（或全部）的混合高温熔体，通过溜槽分别流入沉降电炉，进一步澄清分离，产生理化性能稳定的铜锍供吹炼使用，产生的经济技术指标较低的炉渣经缓冷后送选矿。沉降电炉炉体结构采用先进的弹性捆绑式结构，炉体耐火材料冷却采用先进的立体水冷技术，炉寿命长，各辅助系统具有自动化程度高、操作方便、适于处理高熔点炉料等优点。

经技术论证，沉降电炉用于处理顶吹炉高温熔体可行，并具有很多优越性：

（1）顶吹炉的强氧化气氛会使炉渣含有价金属上升，需要进行还原贫化，超大的沉降电炉可以完成该过程；

（2）沉降电炉的容积增大，炉渣的沉淀分离时间延长，利于机械夹带的有价金属沉淀；

（3）沉降电炉的存在，利于顶吹炉炉况的调整和控制，对物料的适应性更强；

（4）投资和运行维护费用低等。

沉降电炉工艺过程是围绕着冶炼过程的三大控制参数：冰铜温度、炉渣 $w(Fe)/w(SiO_2)$ 和冰铜品位来进行的。冶炼操作温度的控制是根据反应过程热平衡原理，通过物料的化验分析结果、熔炼氧气浓度、燃料和电能的补充达到控制的目的的；合理的炉渣组成是通过物料的合理配料来实现的；冰铜品位的控制是通过控制熔炼过程氧化的深度来实现的，具体是通过控制顶吹炉炉精矿的氧气单耗来实现的。

顶吹炉冰铜和炉渣从沉降电炉一端进入炉内后，由于冰铜和炉渣的不溶性和密度差异而逐步澄清分离，产出物化性能稳定的铜锍从侧墙的冰铜放出口排出，进行水碎或包子倒运进入吹炼炉；产出的炉渣从沉降电炉另一端的炉渣放出口排出，用渣包车运至渣缓冷场，经缓冷破碎后送选矿回收渣中含铜；产出高温烟气经降温、除尘后，进行制酸。

顶吹熔炼炉的铜锍和炉渣混合熔体进入沉降电炉后，主要是完成沉降分离的过程，在整个还原气氛的过程中几乎无脱硫氧化反应，故沉降电炉的铜锍品位自身变化很小，沉降电炉铜锍品位的高低主要由顶吹炉铜锍品位来确定，要想大范围的调整沉降电炉冰铜品位，只有通过调整顶吹炉铜锍品位的手段来达到大范围调整沉降电炉冰铜品位的目的。

顶吹炉炉渣中含有氧化态的有价金属和冰铜液滴，炉渣进入沉降电炉后，在向炉后流动过程中需要进一步提高温度，降低炉渣黏度，便于澄清分离。沉降电炉需要补充热能，通过电极，向炉内补充热量，以满足生产对温度的要求。电能是在渣层内转变为热能的，由此提供了沉降过程的主要能量来源。插入渣中的电极在附近熔融炉渣的过渡接触处的电能利用率为 40%~80%，在这里发生呈局部分散的微弧放电，当电极插入不深时，这种形式的电能利用率可达到 80%，现场观察到的是电极在渣面上打明弧，但这时大部分热量已被炉气带走。当增加电极插入渣中深度时，电极周围的电能利用率可降到 40%~50%，炉子功率的其余部分，由于炉渣本身电阻的作用转变为热能。利用这部分热能，在电极周围形成高温区，使得炉渣过热并膨胀上浮，形成炉渣对流。上浮的炉渣与渣中仍在分离沉降的熔锍颗粒产生逆流运动，形成很好的界面条件。在渣型适宜的情况下，熔锍小颗粒聚集成大颗粒，依靠与炉渣间比重的不同，下沉进入铜锍层，完成混合熔体的沉降过程。

3.5.6 熔炼技术指标

3.5.6.1 澳斯麦特/艾萨熔炼的生产指标

表 3-9 列出了目前国内外铜精矿熔炼的澳斯麦特/艾萨法生产厂家的技术经济指标。

表 3-9 目前国内外铜精矿顶吹熔池浸没熔炼生产厂家的技术经济指标

项 目		单位	美国某工厂	澳大利亚某工厂	中国某工厂
1. 工艺流程			艾萨熔炼-贫化电炉-PS 转炉	艾萨熔炼-贫化电炉-PS 转炉	澳斯麦特熔炼-贫化炉-澳斯麦特炉吹炼
2. 精矿成分	Cu	%	27.5~29.0	24.5	17~23.6
	Fe	%	26~28.5	25.7	26~29
	S	%	31.5~33.25	27.6	29~32
	SiO_2	%	4~5	16.1	5~13
	水分	%	9.5~10.25		7~12

项　目	单位	美国某工厂	澳大利亚某工厂	中国某工厂
3. 燃料率	%		煤 5.5	煤 5.8
4. 处理精矿量	t/h	平均76.46，最高95.46	98（另加返回料14）	90（另加返回料15）
5. 喷枪供风量	m^3/min	425~566	840	450~860
6. 喷枪供氧量	m^3/min	283		185
7. 富氧浓度	%	47~52	42~52	45~55
8. 炉子烟气量	m^3/h	76000		
9. 熔池温度		1166~1171		1300~1600
10. 炉子作业率	%	>94		
11. 炉寿命	月	>15	>18	
12. 喷枪头更换周期	d	15		8
13. 烟气 SO_2 浓度	%	12.4		12~18
14. 锍品位	%	56~59	57.8	55~60
15. 炉渣含铜	%	0.5~0.8	0.59	0.6~0.8
16. 炉渣含 Fe_3O_4	%	8~10		5~8
17. 炉渣中 $w(Fe)$ / $w(SiO_2)$		1.35~1.45	1.1	1.1~1.3
18. 炉渣中 $w(SiO_2)$ / $w(CaO)$		6	5.25	4~6
19. 炉渣中 $w(Fe^{3+})$ / $w(Fe^{2+})$		0.2		0.16
20. 贫化渣温度	℃	1199~1206		1150~1180
21. 喷枪出口压力	kPa	50	50	150

3.5.6.2　熔炼过程的元素分配

造锍熔炼处理的原料中除 Fe 和 S 外还伴有其他杂质如 Au、Ag、Ni、Co、Zn、Pb、Sn、As、Sb、Bi、Hg、Se 等。这些元素在造锍过程中将以不同的形式分别进入炉渣、锍和烟气中。这些元素以何种形式，多少数量进入以上各相，主要取决于热力学参数、动力学因素和工艺操作条件。研究表明，除 Au、Ag 等贵金属几乎全部进入锍相外，其他杂质主要以造渣或挥发两种机理脱除。杂质可以金属蒸气挥发，也可以硫化物或氧化物形式挥发，进入气相中。至于各种杂质在渣中存在的形态也为很多学者研究过，普遍认为 Zn、Pb、As、Sb 和 Bi，其金属硫化物在 1200℃ 下有较高的饱和蒸气压，在熔炼过程中挥发进入烟气，在余热锅炉和收尘装置中被回收，返回到顶吹炉内或开路处理。与其他熔炼方法相比较，杂质元素的分配走向基本相同。影响杂质分配的主要因素还在于锍品位，只能在同样的锍品位条件下作具体的比较。Au、Ag、Bi、As、Sb、Se、Te 等，它们的氧化物和硫化物均不稳定，可以单原子形态溶于渣中，S、Se 和 Te 可形成稳定的氧化物，可以分子形态溶于渣中。但少量 Au、Ag 和 Pt 等贵金属在硫化矿中有极少量以氯化物形态存在，它们可溶于渣中，不过其量极少。主要成分分配详见表 3-10。

表 3-10 顶吹浸没熔池熔炼工艺的元素分配比 （质量分数，%）

元素	Ag	Au	Pb	Zn	As	Sb	Bi	Ni	Se	Cu
铜锍中	90	89	62	14	31	79	31	60	—	96
烟尘中	1	1	21	17	54	6	49	0	—	1
炉渣中	9	10	17	69	15	15	20	40	—	3

3.5.6.3 物料平衡

表 3-11 是顶吹熔炼工艺生产过程物料平衡。

表 3-11 顶吹熔炼生产过程物料平衡

名 称	加入量/t	成分/$t \cdot d^{-1}$					
		Cu	Fe	S	CaO	SiO_2	其他
精矿	1500	341	420	450	32	124	133
返回料	248	35	94	7	0.7	8	103.3
石英石	180				0.5	162	17.5
石灰石	18				9.5	—	8.5
块煤	26		0.3			2.5	23.2
粉煤	42		0.5			4.2	37.3
合 计	2014	376	514.8	457	42.7	300.7	322.8
产出	产出量/t	Cu	Fe	S	CaO	SiO_2	其他
铜锍	611	367	86	134	—	—	24
炉渣	1035	6.7	425	5.8	42.5	298.3	256.7
烟尘	33	1.6	2.8	2.1	—	—	26.5
烟气				315			
损失		0.7	1	0.1	0.2	2.4	
合 计	—	376	514.8	457	42.7	300.7	—

3.5.6.4 热平衡

表 3-12 中列出顶吹熔炼总热平衡。

表 3-12 顶吹熔炼的总热平衡

热收入	单位/$MJ \cdot h^{-1}$	比例/%	热支出	单位/$MJ \cdot h^{-1}$	比例/%
硫化物反应热	200903		铜锍带走热	24825	
燃料燃烧热	48798		炉渣带走热	60835	
喷枪空气物理热	15143		烟气带走热	119457	

热收入	单位/MJ·h⁻¹	比例/%	热支出	单位/MJ·h⁻¹	比例/%
物料带入热	36303		烟尘带走热	1602	
			碳酸盐分解热	36998	
			水分蒸发热	42476	
			熔化热	2160	
			热损失	12794	
总热收入	301147	100	总热支出	301147	100

3.6　铜顶吹浸没铜锍吹炼的基本原理

3.6.1　概述

硫化铜精矿经造锍熔炼产出的铜锍是炼铜过程中的中间产物，其主要成分（质量分数，%）为：Cu：30~65，Fe：10~40，S：20~25，还富含贵金属金与银。铜锍吹炼的目的是把铜锍中的硫和铁几乎全部氧化除去而得到粗铜，金、银及铂族元素等贵金属熔于铜中。

目前熔炼炉产生的铜锍的吹炼过程大多数由 PS 转炉完成，一般采用多台配置、交替作业、占地面积大，操作工作中需要机械或人工清理封口，操作判断主要凭经验，作业过程需要多次进料和排渣，物料转运需要包子和吊车配合，不但具有较大的安全隐患，作业过程中烟气容易逸散，难收集，环境污染较大。20 世纪 80 年代，先后有三菱法和闪速吹炼技术成功应用到冰铜吹炼，其他新的连续吹炼工艺和设备也在不断地研究和开发。三菱法和闪速吹炼技术投资高，闪速吹炼技术要求入炉冰铜原料必须经过水碎、干燥、磨碎等工序，会增加投资和能耗，同时冰铜的大量周转增加了铜的损失。顶吹吹炼新工艺于 19 世纪就已成功应用于生产，此工艺对原料的适应性强，可以处理冷料和热料，冷料不需要干燥和磨碎、流程更为简洁，投资更省，有比较明显的技术优势。

顶吹炉工艺属富氧顶吹浸没式喷枪技术，是典型的熔池吹炼技术，其技术实质在于使用了浸没于熔池的垂直喷枪，喷枪喷入熔池的高速气流的搅拌掺混作用可以使物料和熔渣更好地混合，使炉内的反应高效、剧烈的进行。喷枪在内部空气的冷却作用下使外表挂渣，可保护喷枪免受高温烟气和熔渣的烧损和侵蚀，在喷枪喷入富氧空气的同时，也可通过喷枪喷入粉煤来补充热量，通过调节喷枪中的氧气和燃料比率，并结合给料中还原剂煤的加入量来控制吹炼的氧化和还原的程度，使整个吹炼过程始终可控。

铜锍吹炼是硫化铜精矿火法冶炼工艺流程中极为重要的工序。在吹炼过程中，金、银及铂族元素等贵金属几乎全部富集于粗铜中，为之后方便、有效地回收提取创造了良好的条件。

顶吹熔池浸没吹炼是近年发展起来的吹炼工艺。熔炼炉产出的铜锍可以是熔融状态或水淬固体颗粒状进入顶吹吹炼炉，取决于顶吹吹炼工艺的选择。铜锍化学成分如表 3-13 所示。

表 3-13 铜锍化学成分

成 分	Cu	Fe	S	CaO	SiO$_2$	Zn	Pb	MgO	Al$_2$O$_3$	As
含 量 (质量分数)/%	55~60	14~18	20~22			0.5~1	1.5			0.07

3.6.2 主要物理化学反应

造锍熔炼产出的铜锍品位通常在 30%~65%，其主要组分是 Cu$_2$S 和 FeS。这两种硫化物在吹炼氧化气氛下的氧化趋势及先后顺序，已在造锍熔炼的基本原理中叙述过，用 $\Delta G^\ominus$ 与温度的关系图也可以清楚地说明吹炼时发生的变化过程（见图 3-14 和图 3-15）。

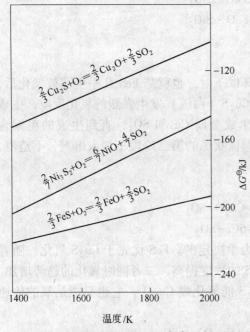

图 3-14 硫化物氧化反应的 $\Delta G^\ominus$-T 关系图

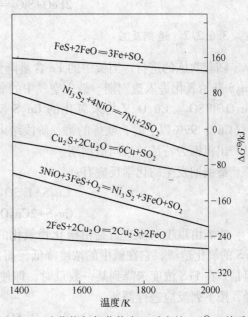

图 3-15 硫化物与氧化物交互反应的 $\Delta G^\ominus$-T 关系图

铜锍吹炼通常在 1150~1300℃ 的温度下进行，Fe、Cu、Ni 的硫化物都是自发的氧化反应，所以在吹炼温度下都可能被氧化成氧化物。但从图 3-14 中可看出，FeS 的氧化 $\Delta G^\ominus$ 比 Cu$_2$S 更负，因此，FeS 首先被氧化成 FeO，并以加入的石英熔剂造渣，即在吹炼的第一阶段是 FeS 的氧化造渣，称为造渣期。

由于在造渣期铜锍中的 FeS 不断地进行氧化造渣，Cu$_2$S 的浓度便会上升，Cu$_2$S 氧化的趋势增大。但是，有 FeS 存在时会把 Cu$_2$O 转变为 Cu$_2$S，所以在造渣期只要 FeS 还未氧化完，Cu$_2$S 便会保留在铜锍中。待 FeS 氧化造渣完后，才转入 Cu$_2$S 氧化的造铜期。

在熔炼过程中，完成了铜与部分或绝大部分铁的分离。最后要除去铜锍中的铁和硫以及其他杂质，从而获得粗铜，还需要对铜锍进行吹炼。吹炼是对 Cu-Fe-S 铜锍的氧化生产粗铜（w(Cu) = 98.5%）。用富氧空气或空气来氧化铜锍中的 Fe 和 S，生成 FeO 和 SO$_2$ 气体。FeO 与加入的石英熔剂反应造渣，使锍中含铜量逐渐升高。吹炼过程分为两个阶段，即造渣期和造铜期。

吹炼工艺可以用以下反应式表示：

$$Cu-Fe-S + O_2 + SiO_2 \longrightarrow Cu + [2FeO \cdot SiO_2 \cdot Fe_3O_4] + SO_2$$

3.6.2.1　造渣反应

由于在造渣期铜锍中的 FeS 不断地进行氧化造渣，Cu_2S 的浓度便会上升，Cu_2S 氧化的趋势增大。但是，有 FeS 存在时会把 Cu_2O 转变为 Cu_2S。所以在造渣期只要 FeS 还未氧化完，Cu_2S 便会保留在铜锍中。待 FeS 氧化造渣完成后，才转入 Cu_2S 氧化的造铜期。这个阶段持续到锍中含 Cu 为 75% 以上，这时的锍常被称为白锍。铜锍吹炼的第一阶段以产出大量炉渣为特征，故叫造渣期，反应方程式为：

$$2FeS + 3O_2 =\!\!=\!\!= 2FeO + 2SO_2$$
$$2FeO + SiO_2 =\!\!=\!\!= 2FeO \cdot SiO_2$$

3.6.2.2　造铜反应

随着吹炼的进行，当锍中的 Fe 含量降到 1% 以下时，也就是 FeS 几乎全部被氧化后，Cu_2S 开始氧化进入造铜期。鼓入空气中的氧与 Cu_2S（白锍）发生强烈的氧化反应，生成 Cu_2O 和 SO_2。Cu_2O 又与未氧化的 Cu_2S 反应生成金属 Cu 和 SO_2，直到生成的粗铜含 $w(Cu)$：99% 以上时，吹炼的第二阶段结束。铜锍吹炼的第二阶段不加入熔剂、不造渣，以产出粗铜为特征，故叫造铜期。

造铜期发生的化学反应有：

$$Cu_2S + 1.5O_2 =\!\!=\!\!= Cu_2O + SO_2$$
$$Cu_2S + 2Cu_2O =\!\!=\!\!= 6Cu + SO_2$$

吹炼由以上两步进行是由硫化物氧化的热力学决定的。FeS 优先于 Cu_2S 氧化。随着 FeS 的氧化造渣，它在锍中的浓度降低，而 Cu_2S 的浓度提高，二者同时氧化的趋势增加。但是，在 FeS 浓度未降到某一数量时，即使 Cu_2S 能氧化成 Cu_2O，它也只能是氧的传递者，按下列反应进行循环：

$$[Cu_2S] + 1.5O_2 =\!\!=\!\!= (Cu_2O) + SO_2$$
$$(Cu_2O) + [FeS] =\!\!=\!\!= [Cu_2S] + (FeO)$$

(Cu_2O) 作为氧化 [FeS] 的氧传递者的作用会随着 [FeS] 浓度的降低而减弱。在吹炼温度（1200~1300℃）下，只有当熔体中 Cu_2S 浓度约为 FeS 浓度的 2500~7800 倍时，Cu_2S 才能与 FeS 共同氧化或优先氧化。实践中，白锍中的 Fe 含量降到 1% 以下，也就是要等锍中的 FeS 几乎全部氧化之后，Cu_2S 才开始氧化。Cu_2O 才能与 Cu_2S 反应生成金属 Cu。

造铜期吹炼开始时，并不会立即出现金属铜相，该过程可以用 $Cu-Cu_2S-Cu_2O$ 体系状态图 3-16 来说明。

从图 3-16 可以看出，从 A 点开始，Cu_2S 氧化，生成的金属铜溶解在 Cu_2S 中，形成均一的液相（L_2），即溶解有铜的 Cu_2S 相。此时熔体组成在 A-B 范围内变化，随着吹炼过程的进行，Cu_2S 相中溶解的 Cu 相逐渐增多，当达到 B 点时，Cu_2S 相中溶解的铜量达到饱和状态。在 1200℃ 时，Cu_2S 溶解铜的饱和量为 10%。超过 B 点后，熔体组成进入 B-C 段，此时熔体出现两相共存，其中一相是 Cu_2S 溶解 Cu 的 L_2 相，另一相是 Cu 溶解 Cu_2S 的 L_1

相，两相互不相溶，依密度不同而分层，密度大的 L_1 相沉底，密度小的 L_2 相浮于上层。在吹炼温度下继续进行吹炼，两相的组成不变，但是两相的相对量发生了变化，L_1 相越来越多，L_2 相越来越少。这时应适当转动炉体，缩小风口浸入熔体的深度，使风送入上层 L_2 硫化亚铜熔体中。当吹炼进行到 C 点位置，L_2 相消失，体系内只溶解少量 Cu_2S 的 L_1 金属铜相，进一步吹炼，L_1 相中的 Cu_2S 进一步氧化，铜的纯度进一步提高，直到含铜品位达到 98.5% 以上，吹炼结束。

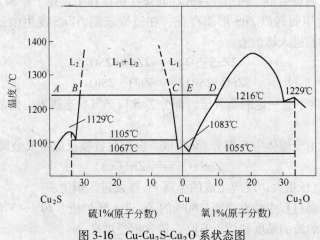

图 3-16 Cu-Cu$_2$S-Cu$_2$O 系状态图

在造铜末期，必须准确地判断造铜期的终点，否则容易将金属铜氧化成氧化亚铜（Cu_2O），这就是铜过吹事故。如已过吹，可缓慢地加入少许热铜锍，使 Cu_2O 还原为金属铜，但熔体铜锍的加入必须缓慢，否则 Cu_2S 与 Cu_2O 激烈反应会引起爆炸事故。

但是，铜锍吹炼作业的分步进行，会带来一系列的问题，如作业率低，烟气逸散量大，烟气 SO_2 浓度和温度波动大，给制酸带来诸多问题。同时，炉温波动大，使炉衬寿命大大缩短。为此，实现锍的连续吹炼成为了火法炼铜追求的目标。铜锍进行连续吹炼时，熔池中存在炉渣、铜锍、白锍和金属铜四种熔体。研究表明，这四种熔体的密度各异，且互溶性有限。所以，可以在熔池中形成分离较好的四层熔体或三层熔体（铜锍与白锍的密度差不多，也可混合为一层）。连续吹炼在实践上有不同的做法：一种是将造渣期主要的除铁造渣任务归入强氧化熔炼阶段，让吹炼接受的原料为高品位低铁锍，乃至白锍；另一种方法是将多次重复的停风-放渣-进锍-吹炼作业连续化，可视为缩短吹炼的造渣期为零。连续获得白锍后，连续地氧化 Cu_2S 后获得含 $w(Cu)$ 99% 以上的粗铜。顶吹浸没连续吹炼工艺为后者。

3.6.3 杂质在吹炼过程中的行为

铜锍的主要成分是 Cu_2S 和 FeS，还含有少量的杂质 Ni、Pb、Zn、As、Sb、Bi 及贵金属，这些杂质元素在吹炼过程中的行为现分述如下：

（1）镍：铜锍中的镍主要以 Ni_3S_2 的形态存在，在 1300℃ 吹炼温度下，Ni_3S_2 氧化的顺序是在 FeS 之后，在 Cu_2S 之前（见图 3-16）。在造渣期即使有部分 Ni_3S_2 氧化成 NiO，也会发生如下硫化反应：

$$3NiO+3FeS+O_2 \!=\!\!=\!\! Ni_3S_2+3FeO+SO_2$$

在造铜期，从图中可以看出 Ni_3S_2 与 NiO 的交互反应只能在 1700℃ 以上才能进行，在转炉吹炼的温度下不可能产出金属镍。但是，当熔体中有大量 Cu 和 Cu_2O 时，少量 Ni_3S_2 可按下列反应：

$$Ni_3S_2+4Cu \!=\!\!=\!\! 3Ni+2Cu_2S$$
$$Ni_3S_2+4Cu_2O \!=\!\!=\!\! 8Cu+3Ni+2SO_2$$

反应生成的金属镍会溶于铜中。因此在转炉吹炼过程中，难于将镍大量除去。

（2）锌：铜锍中的锌以 ZnS 形态存在，在造渣末期，ZnS 发生激烈的氧化反应并造渣，以硅酸盐的形态进入转炉渣。

$$2ZnS+3O_2 \!=\!\!=\!\! 2ZnO+2SO_2$$
$$ZnO+2SiO_2 \!=\!\!=\!\! ZnO \cdot 2SiO_2$$

ZnS 在吹炼温度下有一定的蒸气压，部分 ZnS 以蒸气状态挥发，然后被氧化以 ZnO 形态进入烟尘。

在造铜初期，由于熔体中有部分 Cu 生成，会发生置换反应生成金属 Zn：

$$ZnS+Cu \!=\!\!=\!\! Zn+CuS$$

由于 Zn 的蒸气压很大，反应生成的金属 Zn 挥发进入烟尘。

在整个转炉吹炼过程中约有 70%~80% 的 Zn 进入转炉渣，20%~30% 进入烟尘。渣中 ZnO 含量高会使转炉渣的黏度和熔点升高，渣含铜量增高。

（3）铅：铜锍中的 PbS 是在造渣末期出现的，铜锍中的 FeS 被大量氧化造渣后，才被氧化，随后与 SiO_2 造渣：

$$PbS+1.5O_2 \!=\!\!=\!\! PbO+SO_2$$
$$2PbO+SiO_2 \!=\!\!=\!\! 2PbO \cdot SiO_2$$

由于 PbS 沸点较低（1280℃），在吹炼温度下，有相当数量的 PbS 直接从熔体挥发，然后被氧化为 PbO 而进入烟尘。

在造铜末期，PbS 与 PbO 发生交互反应：

$$PbS+2PbO \!=\!\!=\!\! 3Pb+SO_2$$

由于 Pb 易挥发，反应生成的 Pb 大部分进入气相，并被炉气氧化成 $PbSO_4$ 和 PbO。因此铜锍中的铅大部分都进入烟尘，只有极少量的铅留在粗铜中。

（4）砷、锑的硫化物在吹炼过程中，大部分被氧化成 As_2O_3 和 Sb_2O_3，经挥发除去，少部分以 As_2O_5 和 Sb_2O_5 形式进入炉渣。只有少量砷和锑以铜的砷化物和锑化物形态留在粗铜中。

在吹炼温度下，Bi_2S_3 有一定的蒸气压，部分挥发，部分被氧化成 Bi_2O_3 后挥发。未挥发的 Bi_2S_3 和 Bi_2O_3 发生交互反应，生成金属 Bi。在 1100℃ 时，铋的蒸气压为 900Pa，显著挥发。铋及其化合物的行为，决定了在转炉吹炼条件下，大约有 90% 以上的铋进入烟尘，少量残留在粗铜中。转炉烟尘是生产铋的原料。

3.7　铜顶吹浸没铜锍吹炼生产工艺

3.7.1　铜顶吹浸没铜锍吹炼生产工艺过程

铜顶吹浸没造锍熔炼生产工艺过程包括铜锍配料、铜锍吹炼、烟气回收、粗铜精炼、吹炼渣水淬。顶吹吹炼炉的工艺流程如图 3-17 所示。

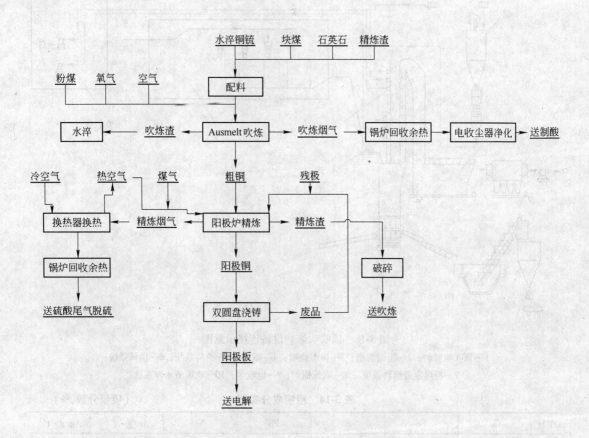

图 3-17 顶吹吹炼炉工艺流程图

目前熔炼炉产生的铜锍的吹炼过程大多数由 PS 转炉完成，一般采用多台配置、交替作业、占地面积大，作业过程需要多次进料和排渣，物料转运需要包子和吊车配合，具有较大的安全隐患，作业过程中烟气容易逸散，难收集，环境污染较大。20 世纪 80 年代，先后有三菱法和闪速吹炼技术成功应用到冰铜吹炼，顶吹吹炼等其他新的吹炼工艺和设备也在不断地研究和开发。顶吹式吹炼炉是指喷枪（风口）由炉顶插入，有浸没（于熔体中）式和非浸没式（亦称吊吹）两种，铜锍顶吹吹炼工艺是 20 世纪逐渐工业化应用的新工艺。澳斯麦特吹炼的首次工业应用是在我国的中条山有色金属公司候马冶炼厂，1999 年建成投产。本书介绍在澳斯麦特法顶吹熔炼基础上发展而成的浸没式顶吹熔炼工艺。顶吹吹炼炉设备连接示意如图 3-18 所示。

3.7.2 顶吹熔池浸没吹炼产物——粗铜、渣、烟尘和烟气

3.7.2.1 粗铜

粗铜的具体组成和杂质含量的多少与原料、冷料和熔剂的成分有关。表 3-14 为粗铜成分实例。

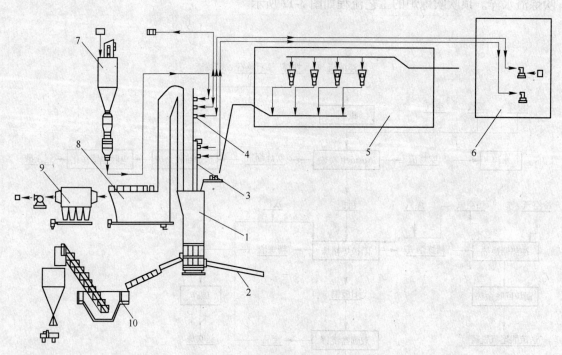

图 3-18 顶吹吹炼炉设备连接示意图

1—顶吹吹炼炉；2—粗铜溜槽；3—保温烧嘴；4—喷枪；5—给料系统；6—供风系统；

7—粉煤定量给料系统；8—吹炼锅炉；9—电收尘；10—吹炼渣水淬系统

表 3-14 粗铜成分实例 （质量分数,%）

序号	Cu	Fe	S	Pb	Ni	Au/g·t^{-1}	Ag/g·t^{-1}
1	98						
2	98.5	0.01~0.03	0.01~0.4	0.1~0.2	<0.2	150	<2500
3	99.3	0.1	0.2	0.02	0.055		
4	99.1~99.3	0.01	<0.1	0.003~0.03	0.03~0.3	15	160
5	99.3	0.016	0.022	0.01~0.1		30	400
6	99.65	0.0014		0.06	0.033		
7	98.5	0.06	0.1	0.12	0.08	55	1000
8	99.14	0.003	0.022	0.041			

3.7.2.2 渣

顶吹炉渣含铜较多，通常为 13%~18%。炉渣中的铜大都以氧化物的形态存在，少量以氧化物和金属铜形态存在。转炉渣中的铜必须加以回收。顶吹吹炼渣一般通过水淬返回到熔炼的配料系统或根据熔炼工艺的不同直接将炉渣以液体状态直接加入到熔炼炉内。

如果原料中含有钴，在吹炼过程中，钴的硫化物主要在造渣末期被氧化造渣。因此造渣末期产出的炉渣可以作为提取钴的原料。表 3-15 为顶吹吹炼炉渣成分实例。

表 3-15　顶吹吹炼渣成分实例　　　　　　　　（质量分数，%）

序　号	Cu	Fe	SiO$_2$	S
1	16	43~46	32.21	0.82
2	14~18	40~45	26~30	0.5~1.0
3	13	48	28~36	0.3
4	15.3	42~44	30~35	

3.7.2.3　烟尘

顶吹吹炼炉烟尘的主要成分是细颗粒的石英、铜锍及某些高温下挥发的化合物，如 PbO、ZnO、As$_2$O$_3$、Sb$_2$O$_3$ 等。顶吹吹炼炉烟尘率一般为铜锍量的 1%~2.5%。通常，顶吹炉锅炉出口烟气含尘为 26~40g/m^3。通过电收尘后烟气含尘为 26~40g/m^3，烟尘颗粒大小不同，其成分不同。粗颗粒烟尘含铜较高，可返回到配料工序，而细颗粒烟尘含挥发性金属较多，应当单独处理，以便回收其中的有价金属。顶吹炉烟尘成分实例列于表 3-16 中。

表 3-16　顶吹吹炼炉烟尘成分实例

尘类	Cu	Pb	Zn	SiO$_2$	Fe	S	Bi	As	Se	Sb
锅炉尘 1	31.8	7.12	2.8	10.8	11.4	11.7	0.42		0.04	0.07
锅炉尘 2	7.2	14	7.5	9.2	8.2	3	0.6			
电收尘 2	4~5	8~12	8~15	3~6	2~3		1~5	2~3		
电收尘 2	2.16	29.5	9.9				6.23	3.68	Te 0.04	Cd 0.53

3.7.2.4　烟气

由于顶吹炉的操作制度分为间断吹炼作业和连续吹炼作业。连续吹炼作业时，吹炼烟气量波动不大，烟气中 SO$_2$ 浓度为 16%~18%。间断吹炼作业时，开始进料时烟气中 SO$_2$ 的浓度会逐渐升高；造渣期结束转入造铜期时，烟气量和烟气中 SO$_2$ 浓度短时间内有较大波动，主要是因为工艺转换，工艺风变化所致，但持续时间一般只有 2~5min；造铜期时，烟气中 SO$_2$ 浓度降到 4%~6% 时，标志造铜期结束，如图 3-19 所示。

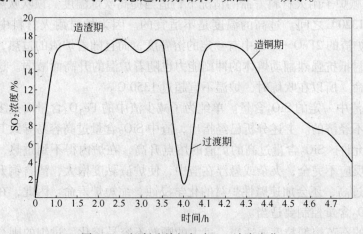

图 3-19　间断吹炼烟气中 SO$_2$ 浓度变化

3.7.3　吹炼过程技术条件控制

吹炼是有关中高品位铜锍进行脱硫后回收最终金属的一项操作。吹炼是一个硫化物氧化的过程，与铜处理相联系。在两段式吹炼工艺中，硫化亚铁在第一阶段先发生氧化反应，在第二阶段进一步脱硫，以满足下一步冶炼的要求。吹炼工艺是一个氧化的过程，利用喷枪注入可控的吹炼风，可避免有用的金属氧化成渣。氧化铁进入渣相，而二氧化硫进入气相。吹炼第一段目的在于通过顶吹炉喷枪注入可控的吹炼空气（富氧空气）来完全氧化铜锍中的硫化亚铁，硫化物的氧化是一个放热反应，反应过程中会释放出热能。在大部分吹炼操作中，有少量有用的金属同时发生氧化，以氧化物的形式进入渣相中。

$$FeS\ (l)（铜锍）+ 1.5O_2\ (g) \longrightarrow FeO\ (l) + SO_2\ (g)$$

虽然上述反应为氧气和硫化物之间发生的直接反应，但是氧气先把铁氧化成磁铁矿，然后磁铁矿再转变为硫化物。这样，渣和工艺控制可以通过渣的磁性来判断。加入少量还原煤可控制渣的磁铁矿含量。氧化铁同加入的硅石熔剂结合可确保渣的流动性。硅石作为吸热材料有利于工艺的控制。吹炼在第一段时将渣定期排出，并回收至熔炼工艺或其他冶金回收工艺中。

吹炼第二阶段，通过顶吹炉喷枪注入可控的吹炼空气来氧化剩下的铜锍金属硫化物，正如吹炼第一阶段，氧化反应释放出大量的能量，必须通过控制系统调整吹炼空气量来进行控制。一般而言，本阶段不再加入熔剂，产出最终高品位金属。最后炉渣中金属含量过高可导致系统发生过氧化反应。因此必须将炉渣返回至下一批次进行金属回收。

连续铜吹炼工艺同二段式吹炼工艺的第一阶段相似。在连续吹炼工艺中，向熔池内吹入足量的风和氧气，使黄铁矿和铜的硫化物发生氧化反应。为了保持炉渣的流动性，把 $w(Fe)/w(SiO_2)$ 比率和渣的 CaO 含量作为目标，对连续铜吹炼可确定一个改进后的渣化学环境。由于连续吹炼所产生的氧化反应更为剧烈，因此铜的损失量也就更多。

顶吹吹炼过程技术条件控制同顶吹熔炼过程技术条件控制类似。

3.7.4　吹炼过程中的 Fe_3O_4 控制

关于在吹炼作业中，控制 Fe_3O_4 的措施和途径主要有：

（1）在兼顾炉子耐火材料寿命的情况下，适当提高吹炼温度。顶吹吹炼炉正常吹炼的温度在 1280~1320℃ 之间。过高的温度是不适宜的。因为炉衬耐火材料中的主要成分是 MgO，它在转炉渣的 $2FeO \cdot SiO_2$ 中有一定的溶解度，而且随着炉渣的过热，其溶解度也增加。同时，炉衬抵抗强烈翻动熔体的冲刷能力也随着炉温的升高而减弱。这样就会较明显的缩短转炉寿命。所以在吹炼时，炉温不宜超过 1350℃。

（2）保持渣中一定的 SiO_2 含量。单纯为了减少渣中的 Fe_3O_4 含量而过多地加入石英熔剂是不适当和不经济的。上述分析已经指出，渣中 SiO_2 含量过高容易导致其固体析出，为吹炼温度所不允许。SiO_2 含量过高的炉渣的熔点升高，在炉内得不到过热，甚至过量的石英熔剂在炉内反应不完全，夹杂或悬浮在渣中，使炉渣黏度增大，渣含铜升高。此外，炉渣中 SiO_2 含量过高，还会加速碱性炉衬的化学浸蚀，缩短炉寿命。因此，在吹炼第一阶段（造渣期），SiO_2 含量控制要适当。

加入炉内的石英熔剂粒度要适当，过大的颗粒不容易熔化，过细的则会进入烟尘，最好在 10~15mm 间。

顶吹吹炼炉渣中 SiO_2 的含量一般控制在 22%~28%。相应的 Fe_3O_4 含量为 32%~40%。

造铜期结束后，产出的粗铜含铜量大于 98.5%。粗铜中的含硫量和含氧量与吹炼程度有关，如表 3-17 所示。

表 3-17 吹炼程度对粗铜含硫量与含氧量的影响

吹炼程度	O/%	S/%	表面状态
吹炼不足	0.141	0.412	蜂窝状
吹炼适当	0.321	0.04	中泡
稍为过吹	0.561	0.035	大泡

3.7.5 吹炼期间杂质的去除及其在产物中的分配

3.7.5.1 吹炼过程中杂质元素的行为

一般铜锍中的主要杂质有 Ni、Pb、Zn、Bi 及贵金属。它们在吹炼过程中的行为分述如下。

A Ni_3S_2 在吹炼过程中的变化

Ni_3S_2 是高温下稳定的镍的硫化物。在吹炼温度下，Ni_3S_2 氧化的顺序是在 FeS 之后，Cu_2S 氧化之前。

当熔体中有 FeS 存在时，NiO 能被 FeS 硫化成 Ni_3S_2：

$$3NiO(s) + 3FeS(l) + O_2 \rule[0.5ex]{2em}{0.4pt} Ni_3S_2(l) + 3FeO(l) + SO_2$$

因此，只有在 FeS 浓度降低到很小时，Ni_3S_2 才按下式被氧化：

$$Ni_3S_2 + 3.5O_2 \rule[0.5ex]{2em}{0.4pt} 3NiO + 2SO_2 + 1186kJ$$

不过，氧化反应的速度很慢，NiO 不能完全入渣。

在铜锍吹炼温度下，由于 Ni_3S_2 与 NiO 交互反应的 SO_2 平衡压力很小，不能生成金属镍。但是，（在造铜期）当熔体内有大量铜和 Cu_2O 时，少量 Ni_3S_2 可按下式反应生成金属镍：

$$Ni_3S_2(l) + 4Cu(l) \rule[0.5ex]{2em}{0.4pt} 3Ni + 2Cu_2S(l)$$

$$Ni_3S_2(l) + 4Cu_2O(l) \rule[0.5ex]{2em}{0.4pt} 8Cu(l) + 3Ni + 2SO_2$$

在铜锍的吹炼过程中，难于将镍大量除去，粗铜中 Ni 含量仍有 0.1%~0.7%。

B ZnS 在吹炼过程中的变化

在铜锍吹炼过程中，锌以金属 Zn、ZnS 和 ZnO 三种形态分别进入烟尘和炉渣中。

以 ZnO 形态进入吹炼渣中：在吹炼的造渣末期，锍中大部分 FeS 氧化之后，ZnS 按下列反应氧化造渣：

$$ZnS + 1.5O_2 \rule[0.5ex]{2em}{0.4pt} ZnO + SO_2$$

$$\Delta G^\ominus = -521540 + 120T \quad (J)$$

$$ZnO + 2SiO_2 \rule[0.5ex]{2em}{0.4pt} ZnO \cdot 2SiO_2$$

$$ZnO + SiO_2 \rule[0.5ex]{2em}{0.4pt} ZnO \cdot SiO_2$$

由 FeS 与 ZnS 氧化反应的标准自由焓变化可知，ZnS 的氧化反应几乎与 FeS 一样剧烈，并具有大致相同的反应速度。因此，锍中的一部分 ZnS 氧化成 ZnO 并以硅酸盐或含锌铁橄榄石的形态进入转炉渣中。炉渣中 ZnO 含量有时可高达 20%。含 ZnO 高的转炉渣，黏度和熔点都比较高，使渣含铜增高。

以 ZnS 形态进入烟尘：在吹炼温度下，ZnS 具有一定的蒸气压。锌在吹炼的第 1 周期主要以 ZnS 形态挥发。不同组成的锍与炉渣中的 ZnS 蒸气压列于表 3-18 中。

表 3-18　吹炼产物上 ZnS 的蒸气压　　　　　　　（Pa）

名　称	成分（质量分数）/%				P_{ZnS} /Pa
	Cu	Fe	Pb	Zn	
锍 1	42.77	20.00	5.44	6.56	228.0
锍 2	46.30	14.67	6.46	5.32	222.6
锍 3	50.90	12.32	6.63	3.77	209.3
锍 4	65.30	4.82	4.98	2.98	197.3
锍 5	76.13	3.30	3.36	2.78	197.3
炉渣 1	5.80	39.19	3.50	10.50	85.3
炉渣 2	1.85	40.86	4.45	11.85	68.0

以金属 Zn 形态进入烟尘：金属锌呈蒸气形态挥发是由于在吹炼温度下发生下列反应的结果：

$$ZnS + 2ZnO \Longrightarrow 3Zn(g) + SO_2$$

在吹炼温度下，ZnO 与 ZnS 反应生成的锌蒸气平衡压力很大，在吹炼条件下，反应能顺利向右进行。

在铜锍吹炼的造渣末期造铜初期，由于熔体内有金属铜生成，将发生下面的反应：

$$ZnS + 2Cu \Longrightarrow Cu_2S + Zn（g）$$

在各温度下该反应的锌蒸气压为：

温度/℃　　1000　　　1100　　　1200　　　1300

p_{Zn}/Pa　　6850　　12159　　25331　　46610

从数据可以看出，ZnS 与 Cu 反应的锌蒸气压随温度升高而增大。由于烟气中锌蒸气的分压很小，所以金属 Cu 与 ZnS 的反应能顺利地向生成锌蒸气的方向进行。

生产实践表明，锍中的锌约有 20%~30% 进入顶吹炉渣，70%~80% 进入烟尘。

C　PbS 在吹炼过程中的变化

在锍吹炼的造渣期，熔体中 PbS 的 25%~30% 被氧化造渣，40%~50% 直接挥发进入烟气，25%~30% 进入白铜锍中。

PbS 的氧化反应在 FeS 之后、Cu_2S 之前进行，即在造渣末期，大量 FeS 被氧化造渣之后，PbS 才被氧化，并与 SiO_2 造渣。

$$PbS + \frac{3}{2}O_2 \Longrightarrow PbO + SO_2$$

$$2PbO + SiO_2 \Longrightarrow 2PbO \cdot SiO_2$$

由于 PbS 沸点较低（1280℃），在吹炼温度下，有相当数量的 PbS 直接从熔体中挥发出来进入炉气中。不同锍成分上的 PbS 蒸气压列于表 3-19。

表 3-19 不同锍成分上的 PbS 蒸气压

名　称	成分（质量分数）/%					p_{PbS}/Pa			
	Cu	Pb	Zn	Fe	S	1000℃	1100℃	1175℃	1200℃
锍 1	22.33	14.32	6.63	37.00	17.37	226.6	933.2	1426.6	3239.7
锍 2	38.40	7.31	7.60	18.20	19.60	53.3	133.3	946.6	2173.2

在吹炼的造铜末期，白锍中的 PbS 与 PbO 反应生成金属铅，并挥发：

$$PbS + 2PbO = 3Pb + SO_2$$

在 1000℃ 时，$p_{SO_2} = 206.7kPa$。可见，反应的 SO_2 平衡压力很大，所以在吹炼条件下，反应能激烈地向生成金属铅的方向进行。由于金属铅易挥发，反应生成的铅大部分进入气相，并被炉气氧化成 $PbSO_4$ 和 PbO。只有极少量的铅留在粗铜中。

D　Bi_2S_3 在吹炼过程中的变化

Bi_2S_3 易挥发，在吹炼温度下 Bi_2S_3 具有一定的挥发性。

锍中的 Bi_2S_3 在吹炼时被氧化成 Bi_2O_3：

$$2Bi_2S_3 + 9O_2 = 2Bi_2O_3 + 6SO_2$$

Bi_2O_3 在不同温度下的饱和蒸气压为：

温度/℃　　1100　　　1150　　　1200　　　1250　　　1300

$p_{Bi_2O_3}$/Pa　26.93　　61.99　　130.66　　262.65　　510.62

生成的 Bi_2O_3 可与 Bi_2S_3 反应生成金属铋：

$$2Bi_2O_3 + Bi_2S_3 = 6Bi + 3SO_2$$

在 1000℃ 以上，反应强烈地向生成金属铋的方向进行。金属铋的熔点为 271℃，沸点为 1506℃。在 271~1680℃ 范围内，蒸气压与温度的关系为：

$$lgp_{Bi} = -10.4 \times 10^3 T^{-1} - 1.26lgT + 11.48 \quad (kPa)$$

在 1100℃ 时，铋的蒸气压约为 900Pa。

由于以上铋及其化合物的行为，所以在吹炼温度下铋会显著挥发，大约有 90% 以上进入烟尘，只有少量留在粗铜中。

E　砷、锑化合物在吹炼过程中的变化

在吹炼过程中砷和锑的硫化物大部分被氧化成 As_2O_3、Sb_2O_3，并挥发，少量被氧化成 As_2O_5、Sb_2O_5 进入炉渣。只有少量砷和锑以铜的砷化物和锑化物形态留在粗铜中。

F　贵金属在吹炼过程中的变化

在吹炼过程中金、银等贵金属基本上以金属形态进入粗铜相中。只有少量随铜进入转炉渣中。

3.7.5.2　杂质元素在吹炼产物中的分配

表 3-20 列出了 P-S 转炉吹炼与顶吹炉吹炼（锍品位 $w(Cu) < 60\%$）时，某些杂质元素在粗铜、炉渣和烟尘中的典型分配情况。同时与顶吹炉吹炼的结果进行了比较。从表中数据可以看出，在 P-S 转炉中，具有挥发性的元素（如 Ge、Bi、Pb、As、Sb、Sn 等）大部分进入烟气，并以烟尘的形式在电收尘器中收集下来。这部分烟尘应当单独处理，以回收其中的有价元素。

表 3-20　在 P-S 转炉和顶吹炉中进行锍吹炼的杂质元素分配比较

元素	分配比例/%					
	粗铜／半粗铜		炉　渣		烟　尘	
	P-S 转炉	顶吹炉	P-S 转炉	顶吹炉	P-S 转炉	顶吹炉
Cu		82.6~90	1.5	16~18		1.4
S		4.0		1.6		94.4
Pb	5	22.2	10	66.1	85	11.7
Ni	75	55.1	25	42.6		1.4
Bi	5	64.5		1.6	95	33.9
Sb	20	83.7	20	15.4	60	1.40
Se	60	27.1	30	4.9	10	68
Te	60	47.2	30	6.3	10	46.5
As	15	99.0	10	0.90	75	0.10
Zn	0	0.16	70	97.0	30	2.4

3.7.5.3　吹炼终点的控制

铜锍顶吹吹炼终点通过烟气 SO_2 在线分析仪进行控制，随着造铜期的结束，烟气中 SO_2 浓度逐渐降低，实践表明，当 SO_2 在线分析仪浓度显示降低到 4%~6% 时，粗铜中含 S 小于 0.5%。

3.7.6　顶吹熔池浸没吹炼技术经济指标

3.7.6.1　铜锍吹炼主要技术经济指标

铜锍顶吹炉间断吹炼的各项技术经济指标列于表 3-21。

表 3-21　铜锍吹炼主要技术经济指标

名　称		单　位	技术经济指标	备　注
吹炼炉规格		m^3	$\phi 5m$, $h=15.5m$	
吹炼炉数量		台	1	
年工作时间		d/a	300	
粗铜产量		t/a	130000	
粗铜品位：Cu		%	98.5	
送风时率		%	88	
每炉作业时间		h	8	
吹炼一周期风量		m^3/h	30541	
其中	空气	m^3/h	25227	
	氧气	m^3/h	5314	
吹炼二周期风量		m^3/h	23272	

名　称	单　位	技术经济指标	备　注
吹炼一周期富氧浓度	%	34.3	
吹炼渣量	t/a	70000	吹炼渣返熔炼
吹炼炉渣含铜	%	16~18	
吹炼一周期烟气量	m³/h	35918	余热锅炉入口
一周期烟气含SO₂	%	16~18	
吹炼二周期烟气量	m³/h	31171	余热锅炉入口
二周期烟气含SO₂	%	14	

3.7.6.2　顶吹吹炼热平衡

顶吹吹炼造渣期的热平衡列于表3-22。表3-23为造铜期热平衡。

表3-22　造渣期热平衡

项　目	热收入		项　目	热支出	
	kJ	%		kJ	%
铜锍带入热	11821	1.50	白铜锍显热	161239	20.44
鼓风显热	11059	1.40	渣显热	129696	16.44
熔剂显热	1082	0.14	烟气显热	346925	44.00
反应热	470455	59.65	熔化热	56721	7.20
块煤燃烧热	166528	21.11	热损失	94200	11.92
燃料燃烧	127836	16.20			
共　计	788781	100.00	共　计	788781	100.00

表3-23　造铜期热平衡

项　目	热收入		项　目	热支出	
	kJ	%		kJ	%
白金属显热	161239	57.50	粗铜显热	114668	40.90
鼓风显热	4424	1.60	烟气显热	128309	45.70
氧化热	74731	26.60	热损失	37680	13.40
块煤燃烧热	6681	2.40			
燃料燃烧热	33582	11.90			
共　计	280657	100.00	共　计	280657	100.00

3.8　铜顶吹炉熔炼、吹炼实践

3.8.1　顶吹熔炼炉、吹炼炉喷枪操作

顶吹浸没熔炼炉、吹炼炉喷枪在炉内移动，可以通过喷枪手操器手控操作或者通过工

艺控制系统（DCS）自动控制。喷枪在炉子熔池内的正确位置对实现最佳工艺操作非常重要。喷枪浸没渣池的最佳深度在 200~500mm 之间，这有助于实现熔池的充分搅拌、挂渣、快速反应和燃料燃烧放热快速传递至熔池。

正确的喷枪位置能够：

（1）消除炉子温差并有助于延长耐火材料的寿命。

（2）优化传输到炉子熔池的氧气参与燃烧、分解和熔炼反应的效率。

（3）实现熔池充分搅拌，促进反应动力。

（4）延长喷枪寿命。

云南某冶炼厂的喷枪工作参数如表 3-24 所示。

表 3-24　云南某冶炼厂的喷枪工作参数

最大气体流量/$m^3 \cdot s^{-1}$	8
最大出口压力/kPa	160
最大富氧浓度/%	60
正常富氧浓度/%	50~55
喷枪浸没端寿命/d	5~10
氧利用率/%	>97

3.8.1.1　顶吹炉喷枪位置

顶吹炉 DCS 控制系统为喷枪设置了 1~6 号和 6 号枪位以下七个喷枪位置，各个喷枪位置的功用见表 3-25。

表 3-25　喷枪位置功能表

序号	枪　位	描　述
1	位置 1	换枪位
2	位置 2	喷枪入口位
3	位置 3	吹扫位
4	位置 4	点火位
5	位置 5	保温位
6	位置 6	挂渣位
7	位置 6 以下	工作位

顶吹炉 DCS 控制系统为 1~6 号，各个枪位设置了对应的喷枪启动和停止的喷枪流量，喷枪位置都设定在 DCS 系统中，显示在 DCS 图面上的喷枪流量表中。喷枪在 6 号枪位之下时有两种可供选择的工艺模式，即：待命模式和工艺模式。在每一个枪位的±25mm 左右的范围内都存在一个喷枪位置死区，喷枪在某个枪位的死区时，DCS 系统将喷枪位置识别为对应的枪位，只有喷枪离开死区后，才能识别下一个目标喷枪位置。

喷枪位置是根据 2 个冗余位置变送器定位的。也安装了几个限位开关。这些限位开关用于行程限位和联锁。

3.8.1.2 喷枪控制模式和喷枪位置确定

A 喷枪控制模式

顶吹炉 DCS 控制系统按照由高到低的优先级顺序设置了如下五种喷枪控制模式,第(1)种控制模式为最高优先级,第(5)种控制模式为最低一级。高于当前控制模式的所有控制模式都优先当前控制模式,并由 DCS 控制系统取消当前模式。控制模式分别为:

(1)手操器控制。

(2)喷枪卷扬紧急提升。

(3)慢速提升和下降。

(4)喷枪加长或消耗。

(5)预设枪位选择。

DCS 到喷枪卷扬的命令为提升、下降和速度,由这些命令控制喷枪卷扬的变频驱动器并为喷枪卷扬供电,卷扬电机由一级或多级减速机和卷扬滚筒连接,变频驱动器也控制卷扬电机外侧末端的圆盘制动器。卷扬的超速通过驱动紧急制动器的鼓形译码器进行检测。卷扬仪表盘上有一个小的 PLC,用于控制卷扬超速系统,并监控紧急停车及其他故障,反馈给 DCS。手动悬垂控制器直接与喷枪卷扬仪表盘连接。

喷枪在炉子内的位置是通过 DCS 控制的喷枪卷扬控制的。操作者可以使用喷枪手动控制悬垂控制器和在 Ausmelt 的 DCS 画面上改变喷枪位置,同样,在喷枪移动期间,可以从仪表盘上给定小位移的提升和降低的命令。

所有 DCS 限制提升和下降连锁及喷枪卷扬紧急停车都适用于上述所有控制模式,如果需要喷枪继续操作,在连锁条件清除后应马上自动恢复动作。

(1)手操器控制。使用手操控制器提升或降低按钮,是通过直接对变频驱动器作用来控制喷枪位置的,和顶吹炉的 DCS 无关。

手操控制器按钮一动作,喷枪位置的变化就显示在操作员的界面上。适当地按下悬垂控制器向上或向下按钮,卷扬将提升或下降喷枪,并且限制提升或下降的连锁是正常的。轻按悬垂控制器按钮,卷扬速度将很慢,重按悬垂控制器按钮卷扬将跳到高速。

(2)喷枪卷扬紧急提升。ESD(紧急停车)会将喷枪紧急提升至 3 号枪位。

(3)慢速提升和下降。设置于喷枪画面上的慢速提升、下降和停止按钮,允许操作者慢速提升和下降喷枪。按喷枪画面上的慢速提升、下降按钮,喷枪速度将是最大速度的 5%。

(4)喷枪加长或消耗。在 DCS 图面上使用鼠标,点击向上和向下的箭头允许喷枪加长和消耗(小距离上升和下降)。每次鼠标点击向上和向下箭头时将启动一个在 20mm、50mm 和 200mm 三个可选范围内的喷枪位置变化,系统是通过组态变化来改变增加的尺寸,操作者通过三个预设按钮中的一个来选择喷枪的加长或消耗。

(5)预设枪位选择。预设按钮用于给喷枪卷扬提供一个喷枪位置设定值,点击预设按钮后,DCS 系统将自动将喷枪提升或降低至选定的预设位置。预设按钮设置在 DCS 画面中。它们用于选择预设喷枪在 1~6 号枪位的启动和停止。当喷枪操作在 6 号枪位以下时,喷枪操作只能用悬垂控制器从 6 号枪位手动降低到 6 号枪位以下。

B　喷枪位置确定

(1) 喷枪位置显示。DCS 喷枪画面上有 1~6 号喷枪位置的显示，喷枪移动以目标指示器的闪烁显示出来，因此喷枪迫近的位置其指示器将闪烁，当喷枪在一个指定的位置时显示该位置的指示器，当喷枪在两个位置之间时同时显示这两个指示器。

(2) 准许的位置选择。对准的喷枪位置选择方法的准确描述为：在 1 号枪位，2 号枪位是可选的；在 2 号枪位，1 号、3 号和 4 号枪位是可选的；在 3 号枪位，2 号和 4 号枪位是可选的；在 4 号枪位，3 号和 5 号枪位是可选的；在 5 号枪位，3 号、4 号和 6 号枪位是可选的；在 6 号枪位，3 号、4 号和 5 号枪位是可选的；在位置 6 以下，枪位 3 号、4 号、5 号和 6 号是可选的。预设枪位可以从画面上选择。

3.8.2　到达喷枪设定点的枪位控制原理

3.8.2.1　当前喷枪小车位置的确定

喷枪卷扬滚筒上的两个位置编码器用于判断喷枪小车位置，喷枪位置的测量非常关键，所以用了两套编码器，以提供冗余并允许交叉检查。从喷枪小车的位置可以推断出喷枪的位置，当一套编码器位置出现故障时，DCS 系统将自动转换到另外一套编码器上。喷枪小车的行程范围大约为 25000 mm。在新喷枪头接触到炉底时的位置就定义为零基准。注意，当喷枪头正好在炉底上部时，导向柱上的缓冲器会停止喷枪小车。

3.8.2.2　喷枪卷扬位置控制器

喷枪卷扬位置控制器是一个三级调速器，是根据当前位置和设定位置之间的偏差来确定喷枪提升方向和卷扬提升速度的，正偏差使喷枪的提升电机向上运行，而负偏差使喷枪的提升电机向下运行，在偏差超过最小的上升和下降偏差之前 DCS 会阻止喷枪移动。

3.8.2.3　变频驱动器的速度设定值——速度的变化范围

喷枪的提升电机速度由位置偏差和速度极限来确定，DCS 系统通过模拟信号向变频驱动器发送高速、中速、低速、停止和低速的慢速提升或慢速下降卷扬移动速度指令信号，当改变速度时，必须有速度的变化范围以防止模拟输出值做阶跃变化。

3.8.3　喷枪流量控制和工艺模型选择

3.8.3.1　需要控制的喷枪流量和喷枪流量控制

正常生产时，顶吹炉燃煤喷枪内流过的介质包括：煤粉、载煤氮气或载煤压缩空气、内管氧气和外管喷枪风；所有流经喷枪的介质都由顶吹炉 DCS 系统控制，以确保系统安全。

喷枪流量控制主要由喷枪位置决定。DCS 系统在喷枪表中设置了 1~6 号各个喷枪位置下各种介质的流量设定值，各个喷枪位置的流量是根据安全需要、喷枪冷却要求和热平衡计算求得的，在 DCS 系统组态时就在喷枪主表中的各个枪位设置了喷枪的最小流量范围，操作人员可以根据实际工况条件输入需要的喷枪流量，如果输入的喷枪流量小于该位置的最小喷枪流量，则 DCS 系统自动将喷枪流量设定为最小的喷枪流量。喷枪在移动过程中，喷枪流量和喷枪各个通道内的流体流量都是由 DCS 系统自动控制的，用喷枪的当前位置和当前的工艺模式作为输入数据进行流量的计算，两个喷枪位置之间的流量是由 DCS 系统根据两个位置喷枪流量值，把起始位置的喷枪流量作为起始值逐渐调整到下一个位置最低点所需的值，是按照一定的斜率来调整的，调整斜率由起始位置的设定值和下一最低位置的设定值线性内插值来确定的。避免喷枪流量有跳跃式变化。在 6 号枪位以下，喷枪流量由工艺模式给定，当选择待命工艺模式时，喷枪流量就按照喷枪主表中的待命模式来控制，当选择吹炼模式时，喷枪流量由精矿处理量、设定的燃料量、吹炼系数和燃料系数等条件确定。

为了保证安全，喷枪在撤出炉内之前，在喷枪到达 3 号枪位时，都会由 DCS 系统自动开启喷枪阀站的吹扫系统，吹扫喷枪内管的残余氧气和残留燃料，内管残余氧气的吹扫的风量来自喷枪风主管道，喷枪风与氧气管道由吹扫管道连通，连通管道上设置了吹扫阀门，吹扫阀的开启、关闭和开度由 DCS 系统根据吹扫需要自动控制；在保温过程中，为了防止燃烧的烟气从喷枪头部倒灌入喷枪内管的氧气通道中，和吹扫喷枪一样，DCS 系统将开启吹扫阀门向喷枪内管供给吹扫风量。燃煤由 3 号枪位以下到达 3 号枪位后，DCS 系统首先停止煤粉喷吹系统向喷枪供给煤粉，由载煤氮气或载煤压缩空气来吹扫残余燃煤。

3.8.3.2 喷枪表、喷枪控制画面和喷枪表画面

"喷枪表"显示在喷枪主控制画面上，其中显示各个枪位时的喷枪位置，喷枪在各个枪位的喷枪流量设定值、输出值和测量值，当喷枪在某一指定位置时加亮喷枪的枪位和流量，两个枪位之间的流量是按照一定的斜率增加的。在 6 号枪位以下，喷枪流量由工艺模式给定。

3.8.4 紧急停车（ESD）和工艺停车（PSD）

3.8.4.1 概述

当出现影响工艺效率和工艺安全控制问题时，将启动紧急停车或工艺停车（ESD 或 PSD）。一次 ESD 将停止所有流体并将喷枪提至 3 号枪位，一次 PSD 将提升喷枪至 5 号枪位。在探测到以下系统有问题时，将引起喷枪或工艺停车。

（1）任何喷枪流量的控制或测量问题；

（2）任何入炉物料的控制或测量问题；

（3）炉子温度和烟道温度；

（4）炉子冷却水流量问题；

（5）烟气处理系统问题。

ESD 启动后将会发生如下现象：

（1）停止向炉内输送所有物料；

（2）按照喷枪流量连锁停止喷枪流量；

（3）在"无流量"标识为非激活状态时吹扫喷枪燃料和氧气；

（4）将喷枪撤回到 3 号枪位。

DCS 系统为 ESD 和 PSD 启动程序装有报警装置，以提供跳闸情况的预警，并使操作人员可以识别 ESD 或 PSD 跳闸的原因。

启动 ESD 条件是一直保持闭锁状态，且只能由操作人员在下列条件全部具备时才能复位：

（1）引起 ESD 的条件已经得到校正；

（2）喷枪在 3 号或 3 号枪位以上。

因为 2 号枪位所有的启动程序都是禁止的，因此可以在 2 号枪位复位 ESD。

若其他连锁许可，在 ESD 激活状态下可以提升喷枪，也可以下降喷枪，但只能从 2 号位下降到 3 号位。

喷枪在 3 号或 3 号枪位以上，ESD 被复位的时候，将重新启动该位置的喷枪流量，但不能启动机器或设备。

当最初的 ESD 仍然是激活状态时，系统将自动复位由其导致的 ESD 条件。

一旦 ESD 条件被校正且 ESD 系统已复位，操作人员可以降低喷枪来重启动喷枪操作或将喷枪从炉内撤出。

3.8.4.2　ESD 和 PSD 启动程序

因为延时而保持激活状态的第一个启动程序将会导致一次 ESD 或 PSD，在启动 ESD 前，在延时显示的几秒钟内延时条件必须连续满足跳闸条件。

用 ESD 画面、现场手动开关、任何 ESD 条件和报警清单都能启动 ESD。

PSD 可由操作人员选择 5 号枪位来启动或由 DCS 启动。

限制位置指的是喷枪位置。当喷枪在显示的位置以上时，每个启动程序发出的 ESD 都将被限制。

用以上所列 ESD 启动程序启动 ESD 时都会发出报警。

3.8.4.3　"无流量"ESD 启动程序

"无流量"ESD 由下列条件启动：

（1）列于表中的 ESD 手动开关；

（2）DCS 画面启动的 ESD；

（3）10s 的炉子移动平均压力为正压。

"无流量"ESD 的输出结果与 ESD 完全一样，并设有"无流量"标记。在 DCS 中，将所有无流量 ESD 的启动程序和 ESD 的启动程序列在一起，如果 ESD 已经被激活，"无流量"启动程序仍然设有"无流量"标记。"无流量"标记将会：

（1）立即连锁并停止所有喷枪流量；

（2）中断并防止再次启动喷枪燃料吹扫；

（3）中断并防止再次启动喷枪氧气吹扫。

"无流量"标记在下列情况下被清除：

（1）当 ESD 被复位成功时；

（2）操作人员在"无流量"ESD 之后选择吹扫喷枪；

（3）应用手动吹扫程序；

（4）当未吹扫的喷枪在2号枪位且由操作人员选择撤出喷枪时。

"ESD"状态在控制画面表单页眉上用颜色变化显示：

（1）当启动程序激活（数字或模拟设定值）且不被限制时，ESD画面上的标签变红。ESD启动程序将被闭锁并在画面上用颜色的变化显示描述内容。在复位ESD之前，ESD启动程序应保持闭锁状态。

（2）标签列始终显示当前状态，而描述列将显示导致ESD的原因。

（3）PSD启动程序将在另一个单独画面上和类似于ESD启动程序的方式显示。

3.8.4.4 ESD 结果

激活状态的ESD将同时完成以下动作：

（1）停止向炉内加料。

（2）按照喷枪流量连锁停止喷枪流量。

（3）如果喷枪位置低于3号枪位，启动喷枪紧急提升到3号枪位。

（4）操作ESD汽笛报警。

（5）通过ESD按钮闪烁为红色在所有画面上显示出ESD为激活状态。

（6）在ESD画面上显示ESD启动程序。

当喷枪到达6号枪位时，工艺模式改变成"无"。

如果"无流量"标记不是激活状态，那么：

（1）吹扫喷枪燃料。

（2）燃料吹扫期间限制提升将是激活状态。

（3）吹扫喷枪内管氧气——将在燃料吹扫完成后开始。

（4）在氧气吹扫期间，限制提升将是激活状态。

如果"无流量"标记是激活状态，那么：

（1）喷枪内管吹扫被连锁。

（2）喷枪燃料吹扫被连锁。

本节列出的所有ESD结果都被保留到复位ESD之前，汽笛报警可从ESD画面上消除。

3.8.4.5 ESD 期间的操作员提醒

当下列条件都具备时会出现一个弹出式画面以给操作人员提示：

（1）喷枪在3号或3号枪位以上。

（2）吹扫程序未运行。

（3）ESD是激活状态。

DCS提示操作人员：ESD是激活状态，喷枪3号位，喷枪没有冷却。并弹出如下几个供操作人员选择的方案，只要操作者选择一种方案，弹出的提示窗口应从画面上消失。

（1）把喷枪提升到2号枪位。

（2）ESD复位，以重新启动喷枪（重新启动流量）。

（3）吹扫喷枪（在3号枪位可用手动吹扫按钮）。

3.8.4.6 操作者选择提升喷枪

如果操作者选择提升喷枪，喷枪会自动选择 2 号枪位，并将喷枪提升到 2 号位。在 2号枪位的限制提升将确保喷枪在 ESD 复位之前不能撤出。由于在 2 号枪位所有启动程序被禁止，因此可以在 2 号枪位复位 ESD。弹出画面将为操作人员描述 2 号位的喷枪条件，这些条件不可选择只能复位 ESD。假如 ESD 初启程序或其他 ESD 启动程序仍是激活状态，喷枪移动到相应的禁止位置以下时，ESD 将重新启动。

假如 ESD 已经为"无流量"或吹扫有问题，或程序超时，喷枪将不被吹扫。在满足下列条件之前限制提升将阻止喷枪被撤出：

（1）完成喷枪吹扫，或在安全的时候，通过 ESD 复位和降低喷枪到 3 号位，然后启动手动吹扫；

（2）由操作人员负责确认喷枪未被吹扫。

3.8.4.7 操作员选择复位 ESD 和重新启动喷枪操作

如果操作者选择复位且重新启动 ESD，ESD 画面将自动打开。当按下 ESD 复位按钮时，如果 ESD 未能复位，再次出现操作员提示画面，如果 ESD 复位成功则：

（1）"无流量"标识被清除；

（2）将允许喷枪流量重新启动，喷枪流量由喷枪主表设定；

（3）于是喷枪降低到重新启动操作位置。

3.8.4.8 喷枪"未吹扫"且操作人员选择了吹扫

如果喷枪燃料和氧气未吹扫且操作者选择了吹扫，则：

（1）DCS 系统请求操作人员确认。如果确认不正确，将再次出现操作人员提示；

（2）一旦确认完成，"无流量"标识会被清除；

（3）一旦"无流量"标识被清除，自动启动手动吹扫；

（4）吹扫完成后，将再次出现操作人员提示。

3.8.4.9 PSD 结果

PSD 激活将会：

（1）启动报警；

（2）启动喷枪提升并将其提到 5 号枪位；

（3）在 ESD/PSD 画面上显示 PSD 启动程序，任何降低喷枪命令都会取消该显示。

PSD 条件是不闭锁的。一旦启动喷枪提升，操作人员有完全的控制权，不需要操作人员复位。

3.8.4.10 ESD 复位

在全部满足以下条件之前复位按钮将是连锁状态，以防止 ESD 复位，当满足下列条件后，操作人员可以从 ESD 控制画面上复位 ESD 条件：

（1）所有 ESD 启动程序都是非激活状态，或 ESD 启动程序被喷枪位置限制；

（2）喷枪在 3 号或 3 号枪位以上。

当 ESD 复位成功，则：

（1）"无流量"标识将被清除；

（2）喷枪流量将根据喷枪位置重新启动；

（3）没有自动开启的机器（如给料系统）；

（4）所有 ESD 锁定将被取消（包括汽笛的消声）。

3.8.5 喷枪插入熔池深度控制

顶吹炉吹炼过程中必须保持喷枪在熔池内处于一个正确的位置。喷枪背压控制器通过提升和降低把压力保持在设置范围，自动地调整喷枪正确的位置。

确定喷枪位置的 5 种方法：

（1）喷枪空气/氧气背压；

（2）熔体温度；

（3）顶吹炉喷枪的运动情况；

（4）炉体及附近建筑物的振动情况；

（5）喷枪的声音。

3.8.5.1 喷枪空气/氧气背压

喷枪空气/氧气背压取决于：

（1）喷枪在熔池中的深度；

（2）用于加热熔池的燃煤量（燃煤越多，背压就越大）。

喷枪在熔池中的位置越深，喷枪空气/氧气背压就越大。同样，喷枪在熔池中的位置越浅，喷枪空气/氧气背压也就越小。

随着喷枪空气/氧气背压的实际值在喷枪空气/氧气背压的设置值间的偏移，熔池内的喷枪上下移动。喷枪空气/氧气背压应该按标准设置。

为了自动控制喷枪在熔池中的高度，需要使用背压控制器自动控制喷枪在熔池中的高度。

背压控制器对喷枪的位置控制，可以按要求给喷枪的卷扬机输出一个升或降的信号，此控制用于升降机的速度极低，为慢速。

操作人员把背压控制器的设定值设定在正常的工艺条件下（具体数据须经反复试验获得）的范围值，当实际测量值出现 0.1kPa（具体数据须经反复试验获得）的偏差，就会产生一个上升或下降的信号。

当以下条件全部满足时，喷枪的背压控制器的自动控制才会允许启动。

（1）当处于吹炼状态；

（2）喷枪位置在 6 号位以下；

（3）喷枪不处于"自动提升"或"快速提升"的状态。

3.8.5.2 熔体温度

在熔体排放时如果出现温度突然下降，很可能就是喷枪已经脱离熔池。此时如果继续操作可能会造成熔池冻结，特别是位于加料口下方的区域。当熔池温度骤然下降而排放口还处于打开状态时，必须立即把喷枪下降到熔池中。

3.8.5.3　喷枪的运行情况

如果顶吹炉喷枪在熔池中，它会在两边不停地摆动。当喷枪脱离熔池时或喷枪插入熔池太深时，这种摆动才会停止。如果摆动已经停止，需要对喷枪进行相应的调整。

喷枪吹炼时，喷枪插入熔池的深度以 100~300mm 比较适宜，可以通过喷枪的声音来判断喷枪插入熔池的深度；喷枪插入熔渣时声音会变得比较沉闷，细小的喷溅颗粒减少。

3.8.5.4　炉体及附近建筑物的振动情况

将空气和氧气鼓入顶吹炉熔池需要耗费大量的能量，如果喷枪插入熔池太深，反作用力就会使炉体及周围建筑物摇晃，出现这种情况需要提升喷枪。

3.8.5.5　喷枪噪声

给熔池加热时，如果喷枪在熔池里，那么会发出响亮的气泡声。当喷枪脱离熔池时这种气泡声会减弱或消失。

3.9　常见故障处理

3.9.1　泡沫炉渣

形成泡沫炉渣是富氧浸没喷枪熔炼、吹炼工艺的最常见故障之一，导致富氧顶吹炉泡沫炉渣的主要原因包括：

（1）炉渣黏度过大，不能使工艺烟气及时逸出而起泡，形成泡沫渣；

（2）瞬间在熔池内产生大量的烟气，起泡形成泡沫渣。

炉渣黏度过大就不能使产生的烟气及时逸出排走，烟气聚集在熔池内，当烟气聚集到一定程度时，使熔池内的气泡压力达到足以冲破炉渣层的阻力后突然释放，大量的炉渣会随烟气和起泡而迅速上升从炉顶冒出。导致炉渣黏度过大的主要原因有：

（1）炉渣温度过低；

（2）渣型远离控制目标，比如 SiO_2 含量过高等；

（3）炉渣过氧化，使炉渣中的 Fe_3O_4 含量过高；

（4）炉渣中的其他高熔点难熔物质含量过高。

根据富氧顶吹铜熔炼炉传质传热原理，其炉渣始终处于一定的过氧化状态之下，在过氧化的熔融炉渣突然加入大量的含水硫化物精矿，水分会迅速蒸发，Fe_3O_4 和加入的物料中硫化物和 C 质燃料又要在熔池中发生剧烈的还原反应，必然会产生大量的水蒸气和烟气。富氧顶吹熔炼炉内瞬间产生大量工艺烟气的主要原因有：

（1）在过氧化的炉渣中瞬间加入大量物料；

（2）因工艺故障，导致炉内有堆积的料坡，且料坡坍塌；

（3）瞬间加入过量的燃料爆燃。

泡沫渣是极度危险的事故，轻微的泡沫渣，炉渣将溢出炉外，烧毁炉顶设施；炉渣泡沫程度较严重时将有可能导致炉渣直接从炉顶孔洞喷出，发生恶性喷炉事故，烧毁炉渣喷吹区域内的任何设施，危及操作区域内的操作人员生命安全，因此操作过程中必须杜绝泡沫炉渣事故发生。

众多富氧顶吹熔炼工艺生产实践表明，只要工艺配置合理，连锁控制得当，加上操作人员的精心操作，泡沫炉渣是完全可以避免的。

富氧顶吹铜熔炼、吹炼工程设计时借鉴了国内外其他类似工艺厂家工艺配置，糅合了多年铜熔炼生产实践经验的工艺配置，能够确保所有入炉物料、气流和燃料的连续、均匀和稳定供给且准确计量，工艺配置合理完善；同时配置了强大的 DCS 控制系统，严格按照富氧顶吹熔炼工艺原理和要求编程，具有可靠的连锁和交互限制功能，可防止炉渣过氧化或燃料爆燃现象。

3.9.2 喷枪系统操作过程中的常见故障

喷枪系统操作过程中的故障主要包括喷枪头结渣、喷枪弯曲等。

3.9.2.1 枪头结渣

正常操作时在枪头部位会凝固一层挂渣以保护喷枪。但是在低温操作条件下，或者在喷枪风空气管道里有冷凝水时，可在喷枪头部形成很厚的凝固渣层，导致喷枪头部出现结渣故障；严重时会在喷枪头部形成椭圆形结渣，可将其称之为"足球"。"足球"形结渣会导致喷枪空气背压上升，降低喷枪声音，严重时会缩小喷枪出口面积，影响喷枪空气、氧气、燃料等流体的流量，应停产处理。避免和消除喷枪头部结渣的方法为：

1）严格控制熔炼过程温度，使喷枪头部凝固的渣层厚度基本恒定，可避免头部形成结渣；

2）定期排放喷枪风管道内的冷凝水；

3）若喷枪头部有过量结渣，可适当提高熔炼过程温度，逐步消除头部结渣；

4）若喷枪头部已形成"足球"形结渣，在适当提高熔炼过程位置的同时，在一定的范围内上下移动喷枪，可逐步消除或减小"足球"结渣现象；

5）若通过上述操作还不能除去"足球"，则停止加料过程，将喷枪提升到 2 号枪位人工清除；

6）若已形成"足球"形结渣，在喷枪由 3 号枪位提升到 2 号枪位的过程中，必须现场确认结渣尺寸大小，避免结渣尺寸过大损伤膜式壁炉顶，而且必须在将"足球"形结渣清理完之后才能将喷枪提升到 1 号枪位，避免损伤膜式壁炉顶。

3.9.2.2 喷枪的弯曲

在生产过程中，喷枪面对加料口的一面将接受从加料机抛入炉内物料的冲击和冷却，喷枪在这种冲击和冷却的作用之下必然会弯曲，而且弯曲形成的弓背必然在远离加料口的方向。喷枪弯曲会导致喷枪搅拌熔池的位置偏离炉体中心，使炉内出现搅拌不均匀现象，弯曲比较严重时还会影响喷枪从炉内提升到炉外，需在提升过程中进行必要的校直。通过适当调整加料机位置可使物料冲击喷枪的位置变化，因此可通过摸索合理的物料冲击喷枪的位置来缓解喷枪弯曲，同时保证使用喷枪的校直也可以避免喷枪的过度弯曲。

3.9.3　余热锅炉故障

3.9.3.1　黏结

富氧顶吹炉余热锅炉由上升段、过渡段、下降段和水平段组成，其中过渡段处于上升和下降段的连接段。最常见的余热锅炉故障之一是黏结。

熔炼产出的工艺烟气中夹带了一定的熔融和半熔融状态的烟尘，还有部分没有完全燃烧的单体硫或燃料挥发分，烟尘和挥发分随烟气在锅炉内上升的过程中逐步冷却凝固，大部分凝固的烟尘随烟气进入收尘系统被回收，少量的烟尘将黏结在余热锅炉膜式壁上，黏结物累积到一定程度后将影响余热锅炉换热效果和烟气的顺利排除，因此余热锅炉配置有大量的振打设施，应尽力消除其表面的黏结物。

在余热锅炉的上升段入口，烟气温度最高，接近熔炼过程温度，烟尘基本为熔融态，因此黏结的可能性最大，但是正是由于温度接近熔炼温度，当黏结物达到一定程度之后就会形成一个熔化和黏结的动态平衡，在正常状态之下，上升段入口不会形成影响烟气畅通的黏结物；在余热锅炉的上升段，仍有大量烟尘为熔融或半熔融状态，但是由于余热锅炉上升段内壁光滑，烟气速度大，且有众多的振打，因此在正常状况之下不会形成影响烟气通畅的黏结物；过渡段为上升和下降段的连接，是黏结最严重的部位，在设计上是通过提高上升段高度，加强上升段对烟气的冷却强度，使烟气在达到过渡段时烟气的温度低于烟尘的熔点，避免过渡段过度黏结；由于过渡段以后的烟气温度低于烟尘的熔点，因此在余热锅炉的下降段和水平段内黏结很少。

因此控制余热锅炉黏结的最有效手段就是：始终保持熔炼过程稳定，反应良好，尽量降低烟气中的烟尘含量；始终将烟气量和烟气温度控制在设计的范围之内，确保烟气在过渡段的温度低于烟尘的熔点；确保余热锅炉的有效振打。

锅炉黏结严重的直接表象是排烟系统负压失衡，即黏结位置到排烟机之间的负压绝对值远大于正常值，而炉内到黏结部位之前的负压绝对值却远低于正常值。另外一个可能的表象就是余热锅炉的蒸汽产量显著降低，烟气量增大，且烟气中的 SO_2 浓度显著降低。

当余热锅炉严重黏结后，需中断生产，降低黏结物的柔性，开启振打系统振动清理，若通过振打无法清除时，需人工清除。

3.9.3.2　余热锅炉漏水

漏水是余热锅炉另外一个常见故障。

导致锅炉漏水的原因很多，很复杂，包含设计、制造和使用管理等各个方面，在此不做详述。

锅炉漏水分泄漏和爆管两种，一旦锅炉漏水，都必须焊接处理，因此必须立即中断生产，插入水冷闸板，为检修创造条件。

生产过程中，不易发现小量的锅炉漏水，漏水将被蒸发进入烟气；但是系统不能蒸发瞬间涌入的大量漏水，漏水将直接落入炉内熔池表面，这是极度危险的事故。小量的泄漏不能及时发现会很快扩大为大量泄漏的漏点，爆管也会导致涌入大量的水。漏水入炉后被汽化，必然会使炉内出现正压现象，为能及时发现大量漏水事故，避免事故扩大，在 DCS

系统上设置了连续正压的极端紧急停车系统，即极端 ESD，可快速中断生产，立即切断供往炉内的流体。

3.9.4 顶吹炉熔体泄漏

任何冶金炉都有渗漏熔体的可能，一般来说，在下列条件之下易导致熔体渗漏：

(1) 耐火材料消耗殆尽，不足以约束高温熔体的冲击；

(2) 耐火材料因粉化等原因导致耐火材料强度和耐火度降低；

(3) 因炉体异常变形，在耐火材料砌体内形成了裂缝；

(4) 砌筑质量差，砌体内有较大的间隙或孔洞；

(5) 冶金炉过热操作，可提高熔体的渗透性。

为了保证在极端危险的情况之下能够紧急停车，在熔体排放的楼层、炉顶加料楼层和控制室操作台之上设置了蘑菇头 ESD 启动开关，该开关启动后将由控制系统直接将喷枪提升到 3 号枪位，并停止喷枪中的流体和燃料供给，停止加料系统。一旦发生熔体渗漏，操作人员需就近按下蘑菇头 ESD 启动开关，中断生产，躲避于安全的区域或立柱之后观察渗漏状况和位置，若渗漏量较小且泄漏的是熔渣，则可采取使用压缩风和水冷却的方式，若泄漏的是低铜锍，则需要立即关闭泄漏部位水套的冷却水，在确认不会发生爆炸的前提之下，使用压缩风管冷却泄漏位置或强行堵口。

3.9.5 生料

所谓生料就是加入炉内没有完全融化的物料。出现生料则说明工艺参数或工艺条件已经不能满足连续熔炼的条件，需要调整参数，校正工艺条件。

一般状况下，刚出现生料时熔池表面温度会降低，设置于炉内检测反应温度热电偶温度会降低，只要适当调整喷枪位置或增加一定量的补充燃料就可以消除；极端的条件下，熔池表面已经有大量的生料，生料已经影响了喷枪对熔池的有效搅动，甚至将熔池表面冻结，喷枪只能搅动表面冻结层以下的熔池，导致下部熔池过热，而上部表层冻结或局部冻结的状况，会诱发重大的安全事故：熔池表面堆积大量生料，而熔池下部是过热的，当冻结的表层不能承担生料的重量时，则会坍塌，使堆积的生料瞬间和过热、过氧化的熔体混合导致喷炉。

导致生料出现的原因很多，可概括为以下几种：

(1) 枪位不合适或者喷枪烧损严重，使熔池搅动不均匀或搅动熔池的强度降低，影响物料和熔池的完全混合程度，导致生料出现；

(2) 补充的热量太小，使反应温度较低，物料不能被完全融化；

(3) 物料成分有较大的变化。

课后思考与习题

1. 澳斯麦特/艾萨法造锍熔炼过程主要控制哪些技术条件，生产上是怎样控制的？

2. 铜锍的吹炼过程为何能分为两个周期？

3. 铜顶吹浸没熔炼工艺中造锍熔炼过程主要发生哪些反应?

4. 酸性炉渣和碱性炉渣各有何特点?

5. 火法炼铜工艺中铜在渣中的损失有几种形态?

6. 分析 Fe_3O_4 在整个铜火法冶炼过程中的行为及其影响,以及如何抑制其形成。

7. 分析吹炼过程中除 Fe、S 外其他主要杂质的行为。

8. 熔池熔炼产出的炉渣为何含铜较高?

4 铅顶吹浸没熔炼技术

4.1 概述

铅是人类史前金属。公元前 1600~1400 年，铅已成为常见金属。欧洲炼铅最早的国家是西班牙和希腊。公元前 7000~5000 年，埃及人先后发现了金、银和铅。罗马在公元前已能炼铅和制造铅管、铅皮和铅币。我国古代铅字写作"鈆"。我国约在公元前 2000 年就已用铅造币，称为铅刀。商代青铜器铸造已用铅，即铅青铜。古代的铅往往与铜制成合金使用。至 19 世纪中叶，人类发现铅具有抗酸、抗碱、防潮、比重大、能吸收放射性射线以及能制造各种合金和蓄电池等新性质和新用途之后，炼铅工业才获得重大发展。

在直接炼铅法没有实现工业化前，铅冶炼工艺主要是通过改进烧结机和鼓风炉的生产工艺设备，通过预热鼓风、提高氧气浓度、借鉴高炉喷吹粉煤的工艺，试图在粗铅的冶炼工艺上有所突破，但收效甚微，没有彻底改变硫化铅矿 SO_2 制酸和铅生产的污染问题。

近 30 年来，冶金工作者力图通过 PbS 受控氧化，即按反应式 $PbS+O_2=Pb+SO_2$ 的途径来实现硫化铅精矿的直接熔炼，以简化生产流程，降低生产成本，利用氧化反应的热能以降低能耗，产出高浓度的 SO_2 烟气用于制酸，减小对环境的污染。在 20 世纪 80 年代，水口山第三冶炼厂在尺寸为 2234mm×7980mm 的氧化反应炉中进行半工业试验成功后，推广应用到河南豫光金铅公司和安徽池州两家铅厂生产，从而形成了氧气底吹熔炼-鼓风炉还原铅氧化渣的炼铅新工艺，并在中国铅冶金工厂技术改造和产业提升中得到广泛应用。其他国内外的直接炼铅方法也在工艺和设备等方面进行不断地改进和完善。铅的全火法精炼工艺在我国运用很少，但铅的电解工艺采用大极板电解技术，并实现了电解过程的机械化和自动化。电解槽的生产运用技术也取得了一些成果。伴随我国汽车工业的发展，在国家政策的推动下，铅的再生资源得到生产商和冶金工作者的高度重视。铅的湿法冶金一直没有看到规模化建厂的报导。

预计，硫化铅精矿的直接熔炼，将逐步取代传统的烧结-鼓风炉粗铅生产工艺。

4.1.1 铅的性质

4.1.1.1 铅的物理性质

铅是蓝色的金属，新的断面具有灿烂的金属光泽。金属铅结晶属于等轴晶系，其物理性质方面的特点为硬度小、密度大、熔点低、沸点高、展性好、延性差、对电与热的传导性能差、高温下容易挥发、在液态下流动性大。这些性质如表 4-1 所示。

表 4-1 铅的主要物理性质

项目	相对原子量	密度（20℃）	熔点	沸点	比电阻（20~40℃）	导热系数（100℃）	硬度（莫氏）	熔化潜热	平均热容（-100℃）	气化潜热	表面张力（327.5℃）	黏度（340℃）
单位	—	g/cm³	℃	℃	μΩ/cm²	J/(cm·s·℃)		J/g	J/(g·℃)	J/g	Pa/cm	Pa·s
数量	207.21	11.3437	327.43	1525	20.648	0.339	1.5	26.17	0.1505	840	44.40	0.189

铅的熔点 327.43℃。在低于熔点 3~10℃ 的温度下，铅变得很脆，用力摇动时，可制成铅粒，作试金用铅。铅的沸点 1525℃，其挥发性强，在 500~550℃ 时，便有显著的挥发。高温时铅的挥发量大，导致铅的损失。铅的蒸气有毒，在生产过程中，必须具有完善的收尘设备，加强劳动保护，保证原料中铅的回收和防止铅中毒。铅的密度在固态时为 11.34g/cm³。液态时的密度随温度的升高而降低，327℃ 为 10.654g/cm³，850℃ 时为 10.079g/cm³。液态铅的流动性好，渗透性强，黏度随温度升高而降低，流动性增大，因此在修建炉子时，应注意防止漏铅。铅的硬度小，纯铅的莫氏硬度为 1.5。铅中因少量的 Cu、As、Sb、Zn、碱金属和碱土金属的存在，硬度增大，韧性降低。铅的展性很好，延性差。可压轧成铅皮，捶成铅箔，但却不能拉成丝。铅的导热、导电性能差，导热率为 0.083cal/(cm·s·C)，在 20~40℃ 时的比电阻为 20.648M.a/cm。铅的蒸气压与温度的关系如表 4-2 所示。

表 4-2　　铅的蒸气压与温度的关系

温度/℃	620	710	820	960	1130	1290	1360	1415	1525
蒸气压/kPa	1.33×10^{-4}	1.33×10^{-3}	1.33×10^{-2}	1.33×10^{-1}	1.33	6.7	13.3	38.5	101.3

可见，在高温下铅的挥发程度很大，所以在火法炼铅过程中容易导致铅的挥发损失和环境污染，炼铅厂必须设置完善的收尘设备。

4.1.1.2　铅的化学性质

铅的元素符号是 Pb、相对原子量为 207.19，原子价为 +2 及 +4 价。常温时，铅在干燥的空气中不易发生化学变化，但在潮湿及含有 CO_2 的空气中则会失去光泽，表面形成一层暗灰色的次氧化铅（PbO_2）薄膜，此薄膜会慢慢地转化成碱性碳酸铅（$3PbCO_3 \cdot Pb(OH)_2$）可防止内部继续氧化，不影响铅的内在质量。

铅在空气中加热熔化时，最初氧化成 Pb_2O_3，表面现彩虹，再升高温度生成黄丹（PbO），继续加热到 330~450℃ 时，PbO 转变为 Pb_2O_3，温度上升至 450~470℃ 时，生成红丹（Pb_3O_4）。所有铅氧化物（除 PbO 外）在高温下都是不稳定的，当温度高于 600℃ 时，均会离解成 PbO 及 O_2，CO_2 对铅的氧化作用不大。浸没在水中（无空气）的铅很少被腐蚀。

铅易溶于硝酸（HNO_3）、氟硼酸（HBF_4）、硅氟酸（H_2SiF_6）、醋酸（CH_3COOH）及硝酸银（$AgNO_3$）等的溶液中。难溶于稀盐酸（HCl）及硫酸（H_2SO_4）溶液中，缓溶于沸盐酸及发烟硫酸中。铅对碱亚硝酸、氨和氨盐、氯和氯溶液、氢氰酸、磷酸酐、熔融硼砂、氯化钾、大多数有机酸及油类等是稳定的。

4.1.2　主要铅化合物的性质

4.1.2.1　硫化铅

硫化铅（PbS）在自然界以方铅矿的形式存在，色黑（结晶状态呈灰色），具有金属光泽。PbS 含 w（Pb）86.6%，密度 7.4~7.6g/cm³，熔点 1135℃，熔化后具有很强的流动性，可透过黏土质材料而不起侵蚀作用，易渗入砖缝。

PbS 在 600℃时已开始挥发，其蒸气压与温度的关系如表 4-3 所示。

表 4-3　PbS 蒸气压与温度的关系

温度/℃	852	928	975	1074	1108	1160	1221	1281
蒸气压/kPa	1.033	0.267	1.33	7.99	13.3	26.7	53.3	101.3

PbS 的离解压很小，1000℃时仅为 16.8Pa。但 PbS 中的 Pb 可被对硫亲和力大的金属置换，如温度高于 1000℃时，铁可置换 PbS 中的铅（$PbS+Fe \rightleftharpoons FeS+Pb$）。这就是炼铅常见的"沉淀反应"。PbS 可与 FeS、Cu_2S 等金属硫化物形成锍，CaO、BaO 对 PbS 具有分解作用（$4PbS+4CaO \rightleftharpoons 4Pb+3CaS+CaSO_4$）；在还原气氛下，可发生下列反应：$2PbS+CaO+C$（CO）$\rightleftharpoons Pb+PbS \cdot CaS+CO$（$CO_2$）。当炉料中存在大量的 CaS 时，会降低铅的回收率，因为 CaS 将与 PbS 形成稳定的 $CaS \cdot PbS$。

在铅的熔点附近，PbS 不溶于铅，随着温度的升高，PbS 在铅中的溶解度增加。到 1040℃时，PbS 与 Pb 的熔合体分为两层，上层含 $w(PbS)$ 89.5%，$w(Pb)$ 10.5%；下层含 $w(PbS)$ 19.4%，$w(Pb)$ 80.6%。当冷却时 PbS 以纯净的结晶体从 Pb-PbS 熔合体中析出，这是鼓风炉熔炼中炉结形成的原因之一。PbS 溶解于 HNO_3 及 $FeCl_3$ 的水溶液中，所以 HNO_3 和 $FeCl_3$ 均可用来作方铅矿的浸出剂。

PbS 几乎不与 C 和 CO 发生作用。PbS 在空气中加热时生成 PbO 和 $PbSO_4$，其开始氧化温度为 360~380℃。

4.1.2.2　氧化铅

氧化铅（PbO）又名密陀僧，熔点 886℃，沸点 1472℃，有两种同素异形体：属于正方晶系的红密陀僧和斜方晶系的黄密陀僧。熔化的密陀僧急冷时呈黄色，缓冷时呈红色，前者在高温下稳定，两者的相变点为 450~500℃。PbO 在不同温度下的平衡蒸气压如表 4-4 所示。

表 4-4　PbO 在不同温度下的平衡蒸气压

温度/℃	943	1039	1085	1222	1265	1330	1402	1472
蒸气压/kPa	0.133	0.667	1.33	7.99	13.3	26.7	53.3	101.3

PbO 是强氧化剂，能氧化 Te、S、As、Sb、Bi 和 Zn 等。PbO 是两性氧化物，既可与 SiO_2、Fe_2O_3 结合生成硅酸盐或铁酸盐；也可与 CaO，MgO 等形成铅酸盐（如 $PbO_2+CaO \rightleftharpoons CaPbO_3$）；还可与 Al_2O_3 结合生成铝酸盐。PbO 对硅砖和黏土砖的侵蚀作用很强。所有的铅酸盐都不稳定，在高温下离解并放出氧气。

PbO 是良好的助熔剂，它可与许多金属氧化物形成易熔的共晶体或化合物。在 PbO 过剩的情况下，难熔的金属氧化物即使不形成化合物也会变成易熔物。此种作用在炼铅过程中具有重要意义。PbO 属于难离解的稳定化合物，但容易被 C 和 CO 还原。

4.1.2.3　硫酸铅

硫酸铅（$PbSO_4$）的密度为 $6.34g/cm^3$，熔点为 1170℃。$PbSO_4$ 是比较稳定的化合物，

开始分解的温度为 850℃，而激烈分解的温度为 905℃。PbS、ZnS 和 Cu_2S 等的存在可促进 $PbSO_4$ 的分解，并促使其开始分解的温度降低。例如 $PbSO_4+PbS$ 系中，反应开始温度为 630℃。$PbSO_4$ 和 PbO 均能与 PbS 发生相互反应生成金属铅，是硫化铅精矿直接熔炼的反应之一。

4.1.2.4　氯化铅

氯化铅（$PbCl_2$）为白色，其熔点为 498℃，沸点为 954℃，密度为 5.91 g/cm^3。$PbCl_2$ 在水溶液中的溶解度甚小，25℃时仅为 1.07%，100℃时才为 3.2%。但 $PbCl_2$ 可溶解于碱金属和碱土金属的氯化物（如 $NaCl$ 等）的水溶液中。$PbCl_2$ 在 $NaCl$ 水溶液中的溶解度随温度和 $NaCl$ 浓度的提高而增大，当有 $CaCl_2$ 存在时，其溶解度更大。例如，在 50℃下 $NaCl$ 饱和溶液中铅的最大溶解度为 42g/L；当有 $CaCl_2$ 存在下的 $NaCl$ 饱和溶液加热至 100℃时，则铅的溶解度可达 100~110g/L。

4.1.3　铅的用途

铅主要用于制造合金，按照性能和用途铅合金可分为：耐蚀合金，用于蓄电池栅板、电缆护套、化工设备及管道等；焊料合金用于电子工业、高温焊料、电解槽耐蚀件等；电池合金用于生产干电池；轴承合金用于各种轴承生产；模具合金用于塑料及机械工业用模型。用作颜料的铅化合物有铅白、铅丹、铅黄及密陀僧；盐基性硫酸铅、磷酸铅和硬脂酸铅用作聚氯乙烯的稳定剂。另外，铅对 X 射线及 γ 射线具有良好的吸收能力，广泛用作 X 光机和原子能装置的防护材料。目前，国内外正研究将铅应用于电动汽车和电动自行车（动力电池）、重力水准测量装置、核废料包装物、氢气防护屏、微电子和超导材料，有的已进入实用阶段。在上述诸用途中，铅酸动力电池近年来发展迅猛，用于铅酸蓄电池的铅占全部铅消费的 70% 以上，其次是衬里和电缆护套，还有颜料和化工产品。预计今后 10 年蓄电池用铅要达到铅消费量的 80% 以上。

4.1.4　铅的消费

以中国为代表的"金砖四国"（中国、印度、巴西和俄罗斯）经济的持续增长对原材料的需求大幅度增加。铅蓄电池消费将大幅度增长。汽车、电动车、备用贮能电源和其他工业用电源的增长将推动铅蓄电池消费的增长。铅蓄电池消费铅占精铅消费量的 60% 以上，铅消费最大增长点依然是汽车工业需用的蓄电池，并向高功率发展，北美、欧洲、日本计划在 2020 年前将汽车蓄电池由 12V/14V 向 36V/42V 变化。西方发达国家铅消费量中蓄电池耗铅比重已升至 80%。目前中国蓄电池耗铅比重约 70% 左右，今后还会有较大发展。

铅消费增加较多的还有机械制造业需用的轴承合金、模具合金、焊料合金等。彩电及计算机玻壳、颜料、涂料用氧化铅也会有适度增长。至于电缆护套、防腐用铅基本维持现状，用量不会有太多增加，但核电用防护铅将有所增长。今后 15 年，估计铅消费量年平均增长率保持在 3.5% 左右。随着核电工业的发展和生活水平的提高，铅防护玻璃、铅砖、铅板、铅防护门、窗、铅衣、帽等的需求将会有进一步的增加。

4.1.5 炼铅的原料

4.1.5.1 原生铅原料

炼铅的原料是铅精矿，而铅精矿是从铅矿石中精选出来的，铅矿石是由含铅矿物、共生矿物和脉石组成，铅矿石按其成分不同可分为硫化铅矿和氧化铅矿两大类。铅矿石是由含铅矿物、共生矿物和脉石组成，它是炼铅的主要原料。铅矿石分为硫化矿和氧化矿两大类。分布最广的是硫化矿（方铅矿 PbS），属原生矿，也是炼铅的主要矿石，多与辉银矿（Ag_2S）、闪锌矿（ZnS）共生。含银高者称银铅矿，含锌高者称铅锌矿。此外，共生矿物还有黄铁矿 FeS_2、黄铜矿 $CuFeS_2$、辉铋矿 Bi_2S_3 和其他硫化矿物。脉石成分有石灰石、石英石、重晶石等。矿石中还含有 Sb、Cd、Au 及少量 In、Tl、Te 等元素。氧化铅矿主要由白铅矿（$PbCO_3$）和铅矾（$PbSO_4$）组成，属次生矿，它是原生矿受风化作用或含有碳酸盐的地下水的作用而逐渐产生的，常出现在铅矿床的上层，或与硫化矿共存而形成复合矿。铅在氧化矿床中的储量比在硫化矿床中少得多，故对炼铅工业来说，氧化矿意义较小，铅冶金的主要原料来源于硫化矿。

矿石一般含铅不高，现代开采的矿石含铅一般为 3%～9%，最低含铅量在 0.4%～1.5%，必须进行选矿富集，得到适合冶炼要求的铅精矿。铅矿物的物理化学性质见表 4-5。

表 4-5 铅矿物的物理化学性质

矿物名称	分 子 式	主要元素或氧化物		密度 /t·m⁻³	莫氏硬度
		名称	含量（质量分数）/%		
铅	Pb	Pb	100	11.3	1.5
方铅矿	PbS	Pb	86.6	7.4～7.6	2.5～2.7
白铅矿	$PbCO_3$	Pb	77.5	6.4～6.6	3.0～3.5
铅矾	$PbSO_4$	Pb	68.3	6.1～6.4	2.7～3.0
脆硫锑铅矿	$Pb_4FeSb_6S_{14}$	Pb	40.1	5.5～5.6	2.5～3.0
车轮矿	$CuPbSbS_3$	Pb	42.5	5.7～5.9	2.5～3.0
砷铅矿	（Pb，Cl）$Pb_4As_3O_{12}$	Pb	69.7	7.0～7.3	3.5
水白铅矿	$2PbCO_3 \cdot Pb(OH)_2$	Pb	80.5	6.14	1.0～2.0
磷氯铅矿	$Pb_5Cl(PO_4)_3$	Pb	76.4	6.9～7.1	4.0
青铅矿	$PbCuSO_4(OH)_2$	Pb	5.1	5.3～5.5	2.5
硫锑铅矿	$Pb_5Sb_4S_{11}$	Pb	55.4	6.23	2.5～3.0
硫砷铅矿	$Pb_5As_2S_5$	Pb	57.0	5.5	3.0
硫铅镍矿	$Ni_3Pb_2S_2$	Pb	63.3	8.85	4.0
硒铅矿	PbSe	Pb	72.4	8.0～8.2	2.5～3.0
钒铅矿	$Pb_5(VO_4)_3Cl$	Pb	67.7		
铅铁矾	$PbFe_6(SO_4)_4(OH)_{12}$	Pb	18.3		
圆柱锡矿	$6PbS_6 \cdot SnS_2 \cdot Sb_2S_3$	Pb	35.0	5.4	2.5～3

4.1.5.2　再生铅原料

再生铅原料主要是废铅蓄电池、废旧铅板、铅管和铅合金制品，其次为电缆废铅皮、废印刷合金和少量铅灰、铅渣等粒状含铅物料。这些原料来源不一，铅品位波动大。从铅再生资源的原料结构看，铅酸蓄电池占铅再生原料的70%以上，表4-6是我国某厂处理铅废料的化学成分表。

表4-6　铅废料化学成分　　　　　　　　　（质量分数，%）

物料名称	Pb	Sb	Sn	Cu	Bi	比例/%
铅蓄电池极板	85~94	2~6	0.03~0.5	0.03~0.3	<0.1	71
压延铅板（管）	79	<0.5	0.01~0.03	0.1	0.2~0.5	8.5
铅锑合金	85~92	3~8	0.1~1.0	0.1~0.8		15~27
电缆铅皮	96~99	0.11~0.6	0.4~0.5	0.018~0.31		3.8
印刷铅合金	98~99	0.05~0.24	0.05~0.02	0.02~0.13		1.68

铅蓄电池的正极是由含锑3%~8%的铅锑合金制成的板栅和填料，使用报废后的成分（见表4-7）。

表4-7　废旧铅蓄电池原料的化学成分

名　　称	化学成分（质量分数）/%						外观颜色
	总Pb	Pb	PbO	PbO_2	$PbSO_4$	Sb	
极板	92~95	92~95	微量	—	微量	3~6	灰
正极填料	76.28	0	8.59	44.75	31.82	0.54	红褐
负极填料	78.55	18.95	29.30	0	21.45	0.50	灰
混合填料	81.9	17.22	16.92	26.80	31.50	—	褐

我国的铅锌矿资源十分丰富，遍布全国二十多个省及自治区，现在开采的铅矿产地有辽宁、山东、甘肃、云南、贵州、广东、广西、江苏、湖南、江西、四川等地，我国铅矿标准如表4-8所示。

表4-8　铅精矿的质量标准（YS/T319-1997）

品　级	Pb(质量分数，不小于)/%	杂质（质量分数，不大于）/%				
		Cu	Zn	As	MgO	Al_2O_3
一级品	70	1.2	4	0.2	1.0	2.0
二级品	65	1.5	5	0.3	1.5	2.5
三级品	55	2.0	6	0.4	1.5	3.0
四级品	45	2.5	7	0.6	2.0	4.0

注：1. 铅精矿中的金、银为有价元素，应报出分析结果；

2. 其他类型的铅精矿的杂质要求，由供需双方商定；

3. 铅精矿的水分应不大于12%，冬季应不大于8%；

4. 铅精矿的粒度应小于150μm；

5. 铅精矿中不应混入外来夹杂物，同批铅精矿应混匀，主品位差应不大于5%。

4.2 铅顶吹炉直接熔炼工艺概况

顶吹熔炼直接炼铅可采用相连接的两台炉子操作，在不同炉内分别完成氧化熔炼和铅渣还原，实现连续生产；也可以将氧化熔炼和铅渣还原两过程在同一台炉中进行，间断操作。但目前存在的问题是在直接熔炼炉的还原阶段，因为还原所需的粉煤量是根据富铅渣品位严格控制的，由于渣含铅的波动范围大，从而引起炉温变化幅度大，会加剧炉墙耐火砖的损坏，同时烟尘率也较高。顶吹熔炼方法在 20 世纪 80 年代工业应用中获得成功后，澳大利亚芒特艾萨矿业公司和澳斯麦特公司均持有该项技术的专有权和销售权，由于各自的独立发展，在技术上形成了各自的特点。

顶吹熔炼法包括艾萨法和澳斯麦特法，熔炼方法的核心是顶吹浸没喷枪技术，故又称为浸没熔炼，其共同特点是：

（1）采用钢外壳、内衬耐火材料的圆柱形固定式炉体；

（2）采用可升降的顶吹浸没式喷枪将氧气/空气和燃料（粉煤、燃料油和天然气均可）垂直浸没喷射进入炉内熔体中；

（3）采用炉顶加料，块状、粉状物料均可入炉；

（4）采用辅助燃烧喷嘴补充热量；

（5）炉子上部一侧呈喇叭扩大形，设排烟口连接余热锅炉和电收尘器，以回收余热，净化烟气。

顶吹熔炼法用于粗铅冶炼，较传统冶炼工艺具有以下优点：

（1）原料适应性强，不仅可以处理铅精矿，还可处理二次含铅物料、锌浸出渣，进行铅渣的烟化；

（2）取消了传统的铅烧结过程，消除了粉尘和 SO_2 烟气的低空污染，使操作环境大为改善；

（3）采用氧气（富氧 30%~40%）顶吹熔炼，因炉体密闭，漏风较少，烟气量大为减少，提高了烟气 SO_2 浓度，为实现制酸工艺提供了条件；

（4）对入炉料的粒度、水分等要求不严格，备料过程简单，混合料制粒入炉后可显著减少被出炉烟气带走的粉尘量，从而降低烟尘率；

（5）顶吹炼铅设备系熔池熔炼，风从炉顶插入的喷枪送入熔池，熔炼强度及热利用率均较高；

（6）立式圆筒形炉体占地面积小，只是厂房空间要求高，在场地受限的老厂改造中，配置比较容易。

我国从澳大利亚引进的艾萨法炼铅采用艾萨炉顶吹富氧熔炼-鼓风炉还原富铅渣的联合流程。该工艺流程如图 4-1 所示。艾萨炉作业是一个高度自动化的控制过程，从炉料的配料、上料、熔炼过程气氛和温度的控制以及设备运行状况的监控等作业主要都由主控制室控制，通过 DCS 系统完成。

澳斯麦特技术也被称为顶吹浸没喷枪熔炼技术，它是由澳大利亚澳斯麦特公司在赛罗熔炼技术的基础上开发成功的有色金属强化熔炼技术。

几十年来，众多冶金企业不断通过改进技术来实现硫化铅精矿的直接熔炼，随之，国内外大型铅生产企业直接炼铅方法的工艺和设备也在不断地改进。2003 年，云南弛宏锌锗

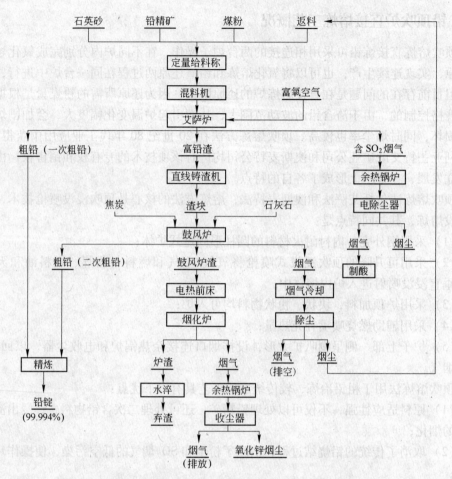

图 4-1　艾萨炉顶吹富氧熔炼-鼓风炉还原富铅渣炼铅工艺流程

股份有限公司引进艾萨法-鼓风炉-烟化炉铅生产工艺。2007 年，云南锡业公司引进了在一座顶吹熔炼炉内实现硫化铅精矿氧化-还原-烟化三段直接炼铅工艺，在澳斯麦特技术的基础上，自主研发了更适应于云锡公司生产发展需要的铅顶吹炉，并在 2010 年粗铅生产达到生产能力，实现连续制酸工艺目标，对硫化铅精矿的直接熔炼工艺作出工业化典范。

4.3　顶吹浸没熔炼工艺

金属硫化物精矿不经焙烧或烧结焙烧直接生产出金属的熔炼方法称为直接熔炼。硫化铅精矿直接熔炼方法可分为两类：

（1）把精矿喷入灼热的炉膛空间，在悬浮状态下进行氧化熔炼，然后在沉淀池中进行还原和澄清分离，如基夫赛特法。这种熔炼反应主要发生在炉膛空间的熔炼方式称为闪速熔炼。

（2）把精矿直接加入鼓风翻腾的熔体中进行熔炼，如 QSL 法、水口山法、澳斯麦特法和艾萨法等。这种熔炼反应主要发生在熔池内的熔炼方式称为熔池熔炼。

对硫化铅精矿来说，这种粒度仅为几十微米的浮选精矿因其粒度小，比表面积大，化学反应和熔化过程都有可能快速进行，充分利用硫化铅精矿粒子的化学活性和氧化热，采用高效、节能、少污染的直接熔炼流程处理是最合理的。

4.3.1 硫化铅精矿直接熔炼的原理

在铅精矿的直接熔炼中，根据原料主成分 PbS 的含量，控制氧的供给量与 PbS 的加入量的比例（简称为氧/料比），从而决定了金属硫化物受控氧化发生的程度。实际上，PbS 氧化生成金属铅有两种主要途径：

（1）PbS 直接氧化生成金属铅，较多发生在冶金反应器的炉膛空间内；

（2）PbS 与 PbO 发生交互反应生成金属铅，较多发生在反应器的熔池中。

为使氧化熔炼过程尽可能脱除硫（包括溶解在金属铅中的硫），有更多的 PbO 生成是不可避免的，在操作上合理控制氧/料比就成为直接熔炼的关键。

在理论上，可借助 Pb-S-O 系硫势-氧势化学势图（见图 4-2）进行讨论。

在图 4-2 中，横坐标和纵坐标分别代表 Pb-S-O 系中的硫势和氧势，并用多相体系中硫的平衡分压和氧的平衡分压表示，其对数值分别为 $\lg p_{S_2}$ 和 $\lg p_{O_2}$。图中间一条黑实线（折线）将该体系分成上下两个稳定区（又称优势区）。上部 PbO-PbSO$_4$ 为熔盐，代表 PbS 氧化生成的烧结焙烧产物。在该区域，随着硫势或 SO$_2$ 势增大，烧结产物中的硫酸盐增多；图下部为 Pb-PbS 共晶物的稳定区，由于 Pb 和 PbS 的互溶度很大，如图 4-2 所示，在低氧势、高硫势的条件下，金属铅相中的硫可达 13%，但由于直接熔炼会产生大量的铅蒸气、铅粉尘，且熔炼产物不是粗铅含硫高就是炉渣含铅高，致使许多直接熔炼方法都不成功。这就形成了平衡于纵坐标的等硫量（S%）线。随着硫势降低，意味着粗铅中更多的硫被氧化生成 SO$_2$ 进入气相。

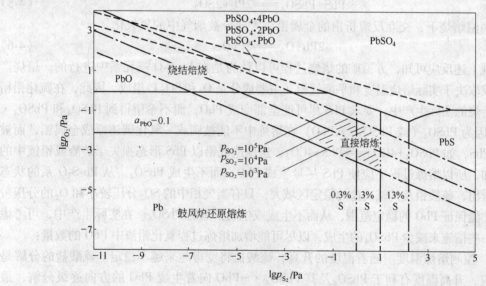

图 4-2 1200℃时 Pb-S-O 系硫势-氧势图

图 4-2 示出了直接炼铅在平衡相图中的位置，如斜阴影线区所示。直接熔炼由于采用了氧气或富氧空气强化冶金过程，烟气量少，其 SO$_2$ 浓度一般在 10% 以上（相当于 $p_{SO_2} \geqslant$ 10Pa）。在"直接熔炼"区域，只要控制较低的氧势（$\lg p_{O_2} < -1$），即使在 p_{SO_2} 为 $10^5 \sim 10^3$ Pa 条件下，PbS 直接氧化仍可产出含 $w(S) < 0.3\%$ 的粗铅。目前直接熔炼的方法都是在高氧势

（相当于 $\lg p_{O_2}=-1\sim-2$）下进行氧化熔炼，产出含硫合格的粗铅，同时得到含铅高的炉渣，这种渣含铅可能比鼓风炉渣高一个数量级，含 $w(PbO)$ 达到 40%～50%，因此必须再在低氧势下还原，以提高铅的回收率。冶金工作者通过 Pb-S-O 系化学势图的研究，找到了获得成分稳定的金属铅的操作条件，但也明确指出，直接熔炼要么产出高硫铅，要么形成高铅渣；要获得含硫低的合格粗铅，就必须还原处理含铅高的直接熔炼炉渣。

4.3.2　主要物理化学变化

4.3.2.1　硫化铅精矿熔炼的化学反应

铅精矿熔炼可以借鉴焙烧时的原理进行分析，只是在熔炼过程中反应速率和氧的分压会有所不同，但原理是一样的。

铅精矿的主要成分是方铅矿（PbS），占精矿组成的 60%～80%。精矿的焙烧主要是 PbS 发生氧化反应，生成氧化物（PbO），也可能生成硫酸盐或碱式硫酸盐（$PbSO_4$、$PbSO_4 \cdot PbO \cdot PbSO_4 \cdot 2PbO$、$PbSO_4 \cdot 4PbO$），还可能生成金属铅（Pb）。

$$2PbS+3O_2 =\!\!=\!\!= 2PbO+2SO_2 \tag{4-1}$$

$$PbS+2O_2 =\!\!=\!\!= PbSO_4 \tag{4-2}$$

$$PbS+O_2 =\!\!=\!\!= Pb+SO_2 \tag{4-3}$$

上述反应生成的 PbO 和 $PbSO_4$（包括碱式硫酸铅），与未氧化的 PbS 之间，发生下列各种交互反应，如：

$$PbS+2PbO =\!\!=\!\!= 3Pb+SO_2 \tag{4-4}$$

$$PbS+PbSO_4 =\!\!=\!\!= 2Pb+2SO_2 \tag{4-5}$$

在高温焙烧下，交互反应析出的金属铅，大部分被烟气中的氧氧化。

$$2Pb+O_2 =\!\!=\!\!= 2PbO \tag{4-6}$$

综观上述反应可知，方铅矿的焙烧过程可以认为是在 Pb-S-O 三元系中进行的，焙烧产物的形成取决于实际焙烧温度和平衡气相（主要成分是 O_2 和 SO_2）组成。因此，在硫化铅精矿烧结焙烧的实际生产中，要求 PbS 尽可能全部变成 PbO，而不希望得到 $PbSO_4$ 和 $PbSO_4 \cdot mPbO$，因为 $PbSO_4$（或 $PbSO_4 \cdot mPbO$）在熔炼中不能被碳或一氧化碳还原成金属铅，而被还原成 PbS，如 $PbSO_4+4CO =\!\!=\!\!= PbS+4CO_2$，这就造成铅以 PbS 形态损失于炉渣或铅锍中的数量增加，所以熔炼过程中应使 PbS 尽量生成 PbO，而不生成 $PbSO_4$。从 Pb-S-O 系的状态图可以看出，硫酸铅及其碱式盐的稳定区域大，只有当气相中的 SO_2 分压较小和 O_2 的分压较大时，才能保证 PbO 的稳定范围，从而不生成或生成少量的 $PbSO_4$。在实际生产中，可考虑用下面一些措施来减少 $PbSO_4$ 的生成，以尽可能增加熔炼过程氧化铅渣中 PbO 的数量：

（1）控制熔炼温度。随着温度的升高，硫酸盐将变得越来越不稳定。硫酸盐的分解是吸热反应，升高温度有利于 $PbSO_4$ 及其 $PbSO_4 \cdot mPbO$ 向着生成 PbO 的方向逐级分解，最后生成稳定的 PbO（见图 4-3）。因此，熔炼过程温度实际上是在 800～1000℃下进行的。

（2）将熔剂（石灰石、石英砂和铁矿石等）配料与铅精矿一起加入炉料中，有助于减少 $PbSO_4$ 的生成，提高脱硫率。

（3）改进熔炼过程的控制参数，使熔炼过程中的 O_2 和氧化反应生成的 SO_2 迅速达到或离开 PbO 精矿颗粒的反应界面，即降低反应界面的 p_{SO_2} 和提高 p_{O_2}，均有利于 PbO 的生成。

还值得注意的是，在较低的 p_{SO_2} 和 p_{O_2} 数值范围内（见图4-3中的左下方区域）是金属铅的稳定区域，如前面关于 PbS 的氧化反应所述，金属铅的生成反应有两种可能：一是 PbS 直接氧化，二是 PbS 和 PbO、PbSO₄ 发生交互反应。这也是 PbS 精矿直接炼铅新工艺的理论依据。

硫化铅焙烧产物中铅的形态随温度的变化见图4-4。

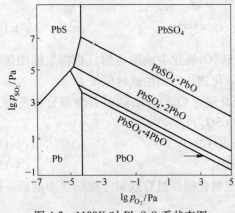

图 4-3　1100K 时 Pb-S-O 系状态图

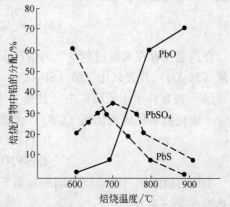

图 4-4　硫化铅焙烧产物中铅的形态随温度的变化

4.3.2.2　硫化铅精矿杂质金属硫化物在熔炼过程中的行为

(1) 铁的硫化物黄铁矿（FeS_2）和磁硫铁矿（Fe_nS_{n+1}）是硫化铅精矿中的必然伴生物。当加热到 300℃ 以上时，黄铁矿和磁硫铁矿都发生分解而产生硫的蒸气。

$$FeS_2 = FeS + \frac{1}{2}S_2 \tag{4-7}$$

$$Fe_nS_{n+1} = nFeS + \frac{1}{2}S_2 \tag{4-8}$$

(2) 铜在硫化铅精矿中，以黄铜矿（$CuFeS_2$）、铜蓝（CuS）和辉铜矿（Cu_2S）等形态存在。熔炼时，铜的各种硫化物多变为氧化物，最终以游离的或结合的氧化亚铜或少量未氧化的硫化亚铜进入渣中。

$$6CuFeS_2 + \frac{35}{2}O_2 = 3Cu_2O + 2Fe_3O_4 + 12SO_2 \tag{4-9}$$

$$2CuS + \frac{5}{2}O_2 = Cu_2O + 2SO_2 \tag{4-10}$$

$$2Cu_2S + 3O_2 = 2Cu_2O + 2SO_2 \tag{4-11}$$

(3) 硫化锌的结构是很致密的，故它是一种比较难氧化的物质。氧化后生成的硫酸盐和氧化物，是一种很致密的膜层，它能紧紧地包裹在未被氧化的硫化物颗粒表面，阻碍氧的渗入。熔炼时，需要较长的时间、过量的空气和较高的温度，才能使硫化锌转化为氧化锌，其反应为：

$$ZnS + \frac{3}{2}O_2 = ZnO + SO_2 \tag{4-12}$$

(4) 铅精矿中的 As 是以毒砂（FeAsS）及雌黄（As_2S_3）的形态存在的。焙烧时，首先受热离解，然后氧化生成极易挥发的三氧化二砷（As_2O_3）。

As_2O_3 在 120℃ 时，已显著挥发。到 500℃ 时，其蒸气压已达到 10Pa。少部分未挥发的三氧化三砷进一步氧化，变为难于挥发的五氧化二砷（As_2O_5），随即与其他金属氧化物（如 PbO、CuO、FeO、CaO）作用生成很稳定的砷酸盐溶在氧化铅渣中。

（5）锑的硫化物主要是以辉锑矿（Sb_2S_3）和硫锑铅矿（$5PbS \cdot 2Sb_2S_3$）形态存在于铅精矿中，锑的硫化物在烧结焙烧过程中的行为类似 As_2S_3，只不过在同样的焙烧温度下，生成的 Sb_2O_3 较 As_2O_3 的蒸气压小，挥发的温度高。

$$Sb_2S_3 + \frac{9}{2}O_2 = Sb_2O_3 + 3SO_2 \tag{4-13}$$

在高温及存在大量过剩空气的情况下，部分 Sb_2O_3 氧化生成稳定的且难挥发的四氧二锑（Sb_2O_4）及五氧化二锑（Sb_2O_5），同金属氧化物作用而生成锑酸盐。

（6）镉常伴生于铅精矿中，其形态主要为硫化镉（CdS），焙烧时有少部分挥发进入烟尘。硫化镉氧化成氧化镉（CdO）和硫酸镉（$CdSO_4$）：

$$2CdS + 3O_2 = 2CdO + 2SO_2 \tag{4-14}$$

$$CdS + 2O_2 = CdSO_4 \tag{4-15}$$

生成的硫酸镉，在焙烧末期的高温下，离解成氧化镉，最后残留于烧结块中的镉一般以 CdO 的形式存在。

（7）银常以辉银矿（Ag_2S）的形式存在于铅精矿中，氧化焙烧时，部分变为金属银和硫酸银（Ag_2SO_4）：

$$Ag_2S + O_2 = 2Ag + SO_2 \tag{4-16}$$

Ag_2SO_4 是较稳定的化合物，在 850℃时开始离解，因此，银以金属银及硫酸银的形态存在于烧结块中。

金在铅精矿中是以金属状态存在的。熔炼时金不发生反应，仍以金属形态留于熔炼渣中，还原时进入粗铅中。

4.3.3　顶吹浸没熔炼的工艺原理

顶吹浸没熔炼的主要原理是通过垂直插入渣层的喷枪向耐火材料砌筑的熔池中直接吹入空气或富氧空气，配入燃料的粉状物料和熔剂或还原性气体，强烈搅动熔体，使炉料发生熔化、氧化或还原（依靠炉料中炭质还原剂）、造渣等物理化学反应。它是一种连续的熔炼过程，燃料和粉料通过喷枪喷入熔池，块料、湿料可通过螺旋给料机从炉顶专用孔投入，它可以连续进料，连续排渣，在排放过程中也可以中断进料，在炉内留一层熔体用于下次给料。调节从喷枪喷入的气体性质物质和炉料成分，在熔炼过程中可以随意控制不同的气氛，以分别进行氧化或还原过程，由于套管的冷却作用，喷溅熔渣在喷枪外壁上形成了渣壳保护层，使喷枪不至于过快损耗。由于熔渣液滴被喷溅进入熔池的上空，所以炉膛比较高，炉渣不会被溅出。喷枪设有喷枪升降装置，支撑喷枪并调节喷枪的位置，既保证喷射的深度，又避免搅动熔池的底部。熔池底部为金属或锍聚集体的静止区，有利于渣-金属（锍）的澄清分离，在熔池上空，金属蒸气、CO 等挥发物燃烧释放出的热量被扬起的熔渣吸收后落入熔池。

顶吹炉采用的强化熔炼生产原理主要包括硫酸铅的高温分解及铅、铋等氧化物的还原。二次铅原料在铅顶吹炉内进行二段熔炼。先在弱还原气氛下进行一段熔炼，不断加入二次铅原料，硫酸铅及铅的高价氧化物离解与其他氧化物造渣，并产出部分含砷、锑的粗铅。熔炼后期渣中的氧化物不断富集，待熔池到 1000~1200mm 后停止进料，加入过量的还原煤进行还原熔炼，可以得到含锑、铋的粗铅。待渣中铅含量达到弃渣要求时，结束熔炼。熔炼过程中，入炉的硫化铅精矿原料中各种组分主要发生的物理化学反应如下所述。

4.3.3.1 氧化阶段

铅精矿、铅烟尘和熔剂等，经配料、混合润湿后，通过炉顶进料口输送到顶吹炉内。氧气、空气和粉煤通过喷枪送到熔池。在顶吹炉中 1050~1150℃ 的温度下进行硫化铅精矿氧化熔炼，产出粗铅。粗铅间歇性地从排铅口放出，在炉前直接脱杂后，用立模浇铸成大阳极板，再用电动平板车运至电解车间精炼。铅烟尘返回熔炼系统配料。

与硫化铅进料氧化熔炼有关的主要反应有：

$$PbS（固体）\longrightarrow PbS（烟气）／PbS（至粗铅）\qquad (4-17)$$

$$2PbS（直升烟道尘中的气态部分）+ 3O_2 \longrightarrow 2PbO（直升烟道尘）+ 2SO_2（气态）$$

$$(4-18)$$

$$2PbS（固态）+ 3O_2 \longrightarrow 2PbO（炉渣）+ 2SO_2（气态）\qquad (4-19)$$

$$PbS（固态）+ O_2 \longrightarrow Pb（熔融态粗铅）+ SO_2（气态）\qquad (4-20)$$

$$2ZnS（固态）+ 3O_2（气态）\longrightarrow 2ZnO（炉渣）+ 2SO_2（g）\qquad (4-21)$$

$$2Zn（g）+ O_2（g）\longrightarrow 2ZnO（烟化至烟道尘或炉渣）\qquad (4-22)$$

$$2Pb（熔融态）+ O_2（气态）\longrightarrow 2PbO（炉渣）\qquad (4-23)$$

4.3.3.2 还原阶段

氧化熔炼阶段结束后，液态富铅渣留在炉内直接进行渣还原熔炼反应。渣还原阶段的操作温度为 1150~1200℃。这一阶段产生的烟尘返回下一周期的熔炼阶段配料。在这一阶段中，前期同时加入铅精矿和还原煤还原富铅渣，后期仅加入还原煤做进一步还原。在液态富铅渣直接还原过程中，绝大多数 PbO 熔渣的还原以硫化铅精矿的交互反应式 (4-24) 为主，碳还原式 (4-25) 为辅。

$$PbS（s）+ 2PbO（炉渣）\longrightarrow 3Pb（熔融态粗铅）+ SO_2（g）\qquad (4-24)$$

$$PbO（炉渣）+ C \longrightarrow Pb（熔融态粗铅或铅蒸汽）+CO（g）\qquad (4-25)$$

还原过程结束，渣含铅低于 5%，放出全部粗铅，液态渣仍然留在炉内进行下一步烟化处理。

4.3.3.3 烟化阶段

还原阶段结束，粗铅完全排出后，顶吹炉中剩余的液态渣将进行烟化阶段反应。在这一阶段中，温度升至 1200~1300℃，主要烟化渣中的锌，产出氧化锌烟尘和弃渣（弃渣含铅<1%、含锌<3%）。氧化锌尘送入锌系统回收锌，弃渣水淬后送渣场堆存或外卖。

在烟化阶段（也被称为渣贫化），通过加入固体还原煤，锌被烟化为金属蒸汽（式 (4-26)）。烟化阶段的燃烧条件使熔池内的氧势降低。式 (4-27) 到式 (4-28) 阐明了各种可能发生的、互有关联的反应。通过在熔池上方（高出渣液的区域）注入空气，金属锌蒸汽被再次氧化，然后在布袋收尘器中收集 ZnO 烟尘。

$$ZnO（渣）+ C \longrightarrow Zn（g）+ CO（g）\qquad (4-26)$$

$$PbO（渣）+ C \longrightarrow Pb（g）+ CO（g）\qquad (4-27)$$

$$2FeO_{1.5}（渣）+C \longrightarrow 2FeO + CO（g） \tag{4-28}$$

4.3.4　铅精矿中其他金属的行为

（1）铋：铋在铅渣中主要以 Bi_2O_3 的形式存在，其在还原气氛下极易被还原出来，与铅互溶后形成铅铋合金。

$$Bi_2O_3+3CO === 2Bi+3CO_2 \tag{4-29}$$

（2）锑：铅渣中锑主要以 Sb_2O_3 的形式存在，在高温熔炼中，一部分挥发，大部分还原进入粗铅中，少部分进入渣中。主要反应为：

$$Sb_2O_3+3CO === 2Sb+3CO_2 \tag{4-30}$$

（3）金银：铅和铋是贵金属的良好补集剂，在熔炼过程中，大部分银进入粗铅中，少部分进入冰铜中。金大部分进入粗铅中。

（4）铜：铅渣中大部分铜以 Cu_2S 状态存在，在还原熔炼过程中不发生化学变化，与 FeS 形成冰铜，少部分进入炉渣中。

（5）砷：砷在炉渣中可能存在的状态为 As_2O_3，在熔炼过程中容易挥发，因此熔炼时部分挥发进入烟气中，一部分被还原进入粗铅中。

4.4　顶吹浸没熔炼工艺过程

图 4-5 为顶吹熔炼炉工艺控制过程。

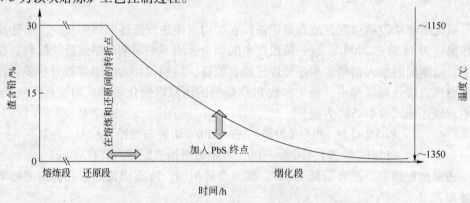

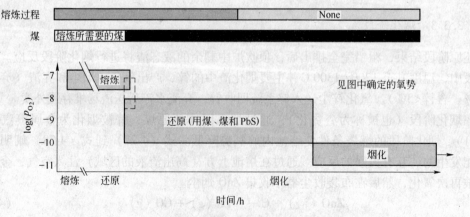

图 4-5　TSL 炉的熔炼、还原和烟化的工艺过程

4.5 顶吹浸没熔炼炉结构

4.5.1 艾萨炉喷枪

顶吹炉的核心技术是喷枪。冶炼工艺对喷枪的定位有严格的要求，控制精度在±5mm。云锡为了解决工艺难题自主开发了喷枪位置测量装置，其能够连续准确测量喷枪运动位置（0~13400mm）。根据操作要求以炉底最低点与喷枪口的距离定义为喷枪行程。离散分为7个位置：13400mm 为位置1（换枪位置），11400mm 为位置2（喷枪入炉位置），9000mm 为位置3（ESD 停止位置），8000mm 为位置4（点火位置），2000mm 为位置5（保温位置），1200mm 为位置6（喷枪挂渣位置），1200mm 以下为7位置（工艺操作位置）。喷枪的位置可以由操作员通过 DCS 系统操作屏幕或现场控制盘来选择，DCS 控制系统能精确控制喷枪停稳在所选的位置，并控制喷枪粉煤、喷枪风、氧气和套筒风流体的流量。该系统技术要求如下：

（1）速率变化。紧急停车状态下，速率变化为 0.3s；DCS 操作状态下。上升速率变化为 1s，下降速率变化为 1s；手动提升状态下，上升速率变化率为 5s，下降速率变化率为 0.3s。

（2）速度。紧急停车速度为 1450r/min，DCS 操作速度为 1420r/min，手动速度为 1100r/min。

（3）控制误差：±5mm。

4.5.2 辅助燃烧喷嘴

艾萨熔炼炉的辅助燃烧喷嘴，长期置于炉内，烤炉和暂停熔炼时，喷嘴供油供风，燃烧补热。正常作业情况下，喷嘴停油，但供风作为熔炼补充风用。

4.5.3 澳斯麦特炉的炉体结构

Ausmelt 熔炼炉为一直立圆柱形炉，炉壳由钢板焊接而成（见图 4-6）。炉衬全部用镁

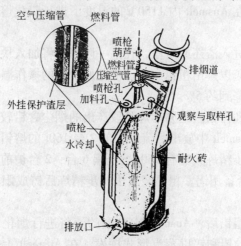

图 4-6 澳斯麦特炉示意图

铬砖砌筑。炉墙的工作条件恶劣，下部受强烈搅动的熔体侵蚀、冲刷，上部受喷溅熔渣的侵蚀和高温烟气的冲刷。保护炉墙的冷却措施有两种：一种是炉壳外表面用喷淋水冷却；另一种是在砖与炉壳之间设一圈铜水套。

喷枪是 Ausmelt 熔炼法的核心技术，它是非自耗的，同心套管结构。一次风携带燃料从中心内管输入，以维持炉内反应温度；二次风从内套管输入，搅动熔体，保护喷枪；三次风从外套管输入，用以冷却喷枪外表面，同时提供二次反应的气氛。其最大的特点是外层套管内设置有螺旋片，气体在喷枪内运行时，环形螺旋片使气体产生漩涡运动，同时产生气泡，激烈的搅拌使气体弥散在液态熔体中。气体的螺旋带走大量的热量，使靠近喷枪外壁的液态渣熔体迅速冷却，并在喷枪外壁形成一层固态渣层防止高温熔体对喷枪的腐蚀。螺旋式的设置，既有利于提高熔体的传热速率，又有利于尽快形成固态渣层。喷枪的位置通常置于炉料的静态渣面以下，燃料（如天然气和油）通过喷枪加入，用于加热熔体和控制温度。同时通过调整燃料与空气的比例，可以快速控制熔炉内氧化或还原气氛，反应气体被深深地喷射到炉渣内并在熔池中产生激烈的湍流，快速反应，所以熔炼强度高，处理量大。

4.6   铅顶吹炉熔炼实践

4.6.1   生产工艺流程

铅精矿、熔剂、还原剂通过原料仓及配料系统内的定量给料机称重配料，经皮带转运送至圆筒混料机混合均匀，混合物料通过输送机进料口加入炉内。空气、氧气和粉煤通过喷枪高速喷入炉内熔池中，熔池剧烈搅动，增强了传质传热过程，有利于炉内固体混合物料的快速熔化和炉内反应的快速进行。图 4-7 为云锡铅顶吹炉工艺流程图。

铅精矿、熔剂（主要是硅石）通过原料仓及配料系统内的定量给料机称重配料，经皮带转运送至 Ausmelt 熔炼车间的圆筒混料机混合均匀，混合物料经皮带运输机，移动带式输送机通过炉顶进料口加入到 Ausmelt 炉内。空气、氧气和粉煤通过喷枪高速喷入炉内熔池中，熔池剧烈搅动，增强了传质传热过程，有利于炉内固体混合物料的快速熔化和炉内反应的快速进行。铅精矿在 Ausmelt 内 1150℃的温度下进行氧化熔炼产出一次粗铅和含铅30%左右的富铅渣。

氧化熔炼阶段结束后进入渣还原阶段，在这一阶段中将加入块煤和部分铅精矿还原在氧化熔炼阶段产出的富铅渣以产出粗铅产品。渣还原阶段的操作温度为 1200℃。渣还原阶段结束后，炉内残渣含铅降到约 5%。

铅精矿氧化熔炼阶段和富铅渣还原熔炼阶段产出的烟尘含铅较高，返回熔炼。粗铅在这两个阶段间歇性地从 Ausmelt 中放出，流入炉前 2 台 160t 的熔铅锅中，开始粗铅火法初步精炼过程，粗铅火法初步精炼共配有 160t 熔铅锅 6 台，2 台炉前锅，还有 2 台作为加硫除铜锅，1 台浇铸锅和 1 台备用锅。粗铅经火法初步精炼后铸成阳极板送到电解车间进行电解精炼。

还原阶段结束，排出粗铅后，Ausmelt 中剩余的渣将进行烟化，在这一阶段温度升至1250℃，还原阶段残渣中的铅和锌以蒸汽形式挥发，在 Ausmelt 上部氧化，以烟尘形式随烟气进入后段系统，由收尘系统收下，主要为氧化锌尘，炉内剩余弃渣含铅<1%，含锌

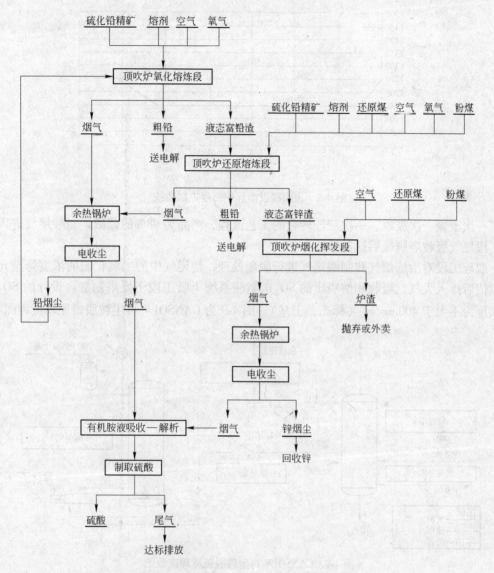

图 4-7　云锡铅顶吹炉一炉三段生产工艺流程

<2%。氧化锌尘由锌回收系统回收，渣水淬后送渣场堆存或外卖。

　　Ausmelt 产出的烟气经余热锅炉回收余热，电收尘器收尘后，送硫酸车间制酸，并进行尾气处理。

　　图 4-8 为顶吹浸没熔炼炉内温度的控制曲线。

　　冶炼烟气经电收尘完成除尘后，进入烟气治理系统。烟气经过净化、干吸、转化、脱硫后达标排放至大气。

　　硫酸车间按工段分为净化工段、干吸工段、转化工段、酸库及装酸工段及烟气脱硫工段。净化工段采用一级动力波洗涤器（二段逆喷）→气体冷却塔→二级动力波洗涤器（一段逆喷）→一级电除雾器→二级电除雾器的净化流程。净化后的烟气被分为两部分，一部分直接进入脱硫工段主吸收塔，另一部分送至制酸系统干吸工段干燥塔。制酸系统采

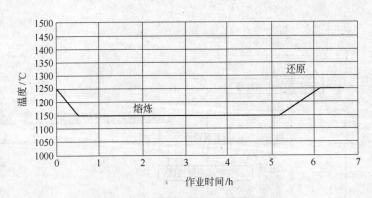

图 4-8　顶吹浸没熔炼炉温度控制曲线

用了一次干燥一次吸收、一次三段转化的工艺流程，产品为 98% 的硫酸，制酸尾气进入脱硫工段尾气吸收塔脱硫后达标排放。

脱硫工段对冶炼烟气和制酸尾气进行脱硫处理，使尾气中的二氧化硫的浓度降至允许排放值后排入大气，吸收和解吸出的 SO_2 送制酸系统干吸工段干燥塔制酸。设计的 SO_2 排放浓度为不大于 $400mg/m^3$（标态，干基）。图 4-9 为 CANSOLV 再生胺脱硫原理流程图。

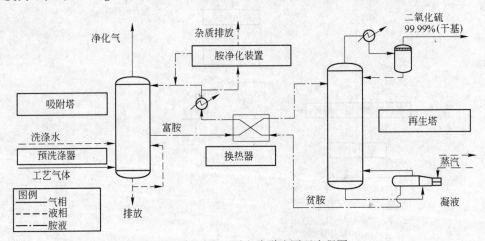

图 4-9　CANSOLV 再生胺脱硫原理流程图

Ausmelt 熔炼法具有熔池熔炼的许多优点，炉料制备简单，可以是粉料，只要保证水分低于 10%，均可以直接投入炉内。燃料和还原剂既可以是煤，也可以是天然气和油。在进行还原熔炼的时候，可以直接往炉内加入块煤。由于采用顶吹喷枪，操作灵活、简便。通过调整燃料、精矿（或还原剂）与空气、氧气的比例来控制炉内气氛，炉子既可以作为熔炼设备，也可以作为炉渣贫化或烟气设备，处理的原料既可以是硫化矿，也可以是各种氧化物原料。炉体密封性好，车间环保条件好，自动控制水平高，处理能力调节幅度大。

4.6.2　铅顶吹炉熔炼实践

氧化熔炼三段周期作业，每周期 8h，熔炼准备 0.25h，进料阶段 4.5h，还原排铅阶段 1.25h，烟化阶段 1.5h，炉渣排放更换喷枪 0.5h。留渣池深度 450~550mm。熔炼阶段温度 1050~1150℃，还原温度 1150~1250℃，烟化温度 1200~1300℃，期间部分 Pb 直接挥发进入烟尘，Pb 烟尘返回熔炼，Zn 烟尘产品单独处理，熔炼期间加入部分石灰石、石英造渣。

4.6.2.1 配料操作

通知相关岗位的操作人员，确认可开动设备后，主控制室将配料的配方输入计算机，启动配料程序，并根据实际情况调整各环保吸尘点阀门开度，按相反顺序进行停车。

物料配比控制。确认给料（配料）系统料仓内物料组分、电子皮带秤、物料输送皮带及圆筒混料机远程控制就位，无任何故障信号。进入进料操作界面，按工艺工程师提供的物料配比，将各定量给料机物料所占百分比输入相应的数据框中。

4.6.2.2 熔炼控制

当工艺模式处于"准备模式"状态时，依次点击输送皮带部分的"警铃"，警铃操作结束三分钟后再按"启动"键；输送系统所有输送设备运行起来后，点击所需给入炉子的物料对应的定量给料机启动键。

4.6.2.3 喷枪的启动

喷枪启动前的准备工作，应检查并确认鼓风机正常运转，氧气厂设备运行正常，氧气浓度达到熔炼的需求，引风机及余热锅炉，电除尘器等辅助设施运转正常，无故障。克莱德粉煤喷吹系统无故障信号，现场供电正常，现场控制箱置于中央控制状态。

喷枪的启动：打开喷枪提升架锁枪装置，确认枪头在喷枪口中心的位置。在此期间，注意炉子的负压控制。进行喷枪挂渣。挂渣结束后，将喷枪下降到喷枪工作区域，按工艺工程师的要求进行各个阶段的熔炼作业。

调整工艺模式处于"熔炼模式"阶段时，先进行熔炼初阶段，按工艺工程师提供工艺操作参数把炉渣的化学特性和炉渣温度改变到熔炼所需要的目标值。并注意保持好渣型，熔炼阶段，注意保持渣含铅在 30%，当炉内渣池的深度达 1.6m 时，开始进入渣还原工艺。

4.6.2.4 "还原模式"

调整工艺模式处于"还原模式"状态。首先，该阶段涉及添加精矿还原富锌熔炼渣，以回收粗铅产品。此阶段，把熔池中渣含铅由 30%降到 10%左右，同时注意烟气中 SO_2 随之降低。渣含铅在 10%时，停止添加精矿而开始添加块煤继续进行渣还原，以使渣中的铅含量在还原阶段的最后达到大约 5.0%。通知炉前开铅口，将粗铅放出炉前铅锅。并做好进入烟化阶段的准备。

4.6.2.5 "烟化模式"

调整工艺模式处于"烟化模式"，开始渣贫化操作。加入还原煤，最终控制产出 $w(Pb) = 0.75\%$、$w(Zn) = 2\%$ 的弃渣。按泥炮开口机和 INBA 设备操作程序，启动泥炮开口机和 INBA 水淬进行放渣作业。炉内留下 450mm 左右的炉渣，为下一个操作周期准备熔池。

4.6.2.6　紧急停车（ESD）和工艺停车（PSD）

系统发生紧急停车或工艺停车时，进料系统除移动带式加料机正常运行外，其余进料系统应停止进料。等到紧急停车或工艺停车复位，喷枪正常作业之后，重新恢复进料。

4.6.2.7　喷枪停止

烟化阶段结束，打开碴口，按下枪相反的操作顺序提枪，在吹扫完成以后提出炉内，减小炉内抽风，同时通知制酸系统。

4.6.3　铅液的排放操作

接到主控室铅液排放的通知后，检查并启动泥炮机开铅口，将炉内的铅液排放到炉前的铅锅中；放完铅液后，操作泥炮机堵铅口。

准备好工具，将放入中间锅的高温粗铅降温到600℃左右，同时捞除浮渣，将铅浮渣吊运至指定地点，摆放并标识。

支好铅泵，将降温后捞除浮渣的粗铅用铅泵泵入除杂锅内，转铅作业完成后吊出铅泵，按指定地点摆放。

4.6.4　炉渣的排放操作

接到主控室炉渣排放的通知后，联系渣运输人员并做好运渣准备。按 INBA 水淬系统操作程序启动 INBA 水淬系统。

使用泥炮机开口放渣；在放渣的过程中，按照主控室的通知，及时使用泥炮机堵口。

放渣工作结束后，停止 INBA 水淬系统。

确认渣运输完成，对工作现场和渣槽进行清理。

炉子作业现场和使用的工具必须保持干燥，防止在操作过程中，接触高温熔体发生爆炸。

在放铅的过程中，如果发现中间锅漏铅，及时堵住炉子的排铅口。

对中间锅内的铅液进行降温，然后用铅泵把铅液迅速泵到入熔析锅内。

在炉子开口过程中，如果泥炮机发生故障，使用吹氧管进行开口，开口完毕后，用手工操作的工具进行堵口。

课后思考与习题

1. 列举铅的主要化合物及其重要性质。
2. 简述硫化铅精矿焙烧时发生的反应存在的状态。
3. 分析硫化铅精矿直接氧化过程中在不同硫势和氧势条件下的反应情况。
4. 结合其他火法炼铅工艺技术，分析说明铅顶吹浸没熔炼工艺的优势。
5. 叙述铅顶吹浸没熔炼的工艺流程。
6. 简述顶吹炉处理炉渣的原理。
7. 简述铅精矿熔炼过程中其他金属元素的行为。

5　锡顶吹浸没熔炼技术

5.1　概述

从自然界开采的锡矿称为锡原矿。锡原矿的锡品位一般为 0.01%~1.7%，经过选矿处理后，进入锡冶炼厂的锡精矿含锡品位绝大多数为 40%~70%。真正有价值的锡矿物以锡石（SnO_2）为主，因此还原熔炼是最主要的炼锡方法。要想从中获得金属锡，必须经过还原熔炼。锡矿石除了 SnO_2 外还含有数量不同的其他金属矿物及各种脉石矿物，因此熔炼的根本目的在于尽量使原料中锡的氧化物（SnO_2）还原成金属 Sn，使精矿中铁的高价氧化物三氧化二铁（Fe_2O_3）还原成低价氧化亚铁（FeO），与精矿中的脉石成分（如 Al_2O_3、CaO、MgO、SiO_2 等）、固体燃料中的灰分、配入的熔剂生成以氧化亚铁（FeO）、二氧化硅（SiO_2）为主体的炉渣和金属锡、铅分离。

氧化锡只有在存在还原剂的条件下才能被还原成金属锡，因此为了使氧化锡还原成金属锡，必须在锡精矿中根据技术条件配入一定量的还原剂，工业上通常使用的炭质还原剂有无烟煤、烟煤、褐煤和木炭。工艺原则上要求还原剂含固定碳较高为好，这样既保证了还原过程的效率，又减少了还原剂中有害杂质的影响。

锡精矿与还原剂进行的还原熔炼过程是在 1200℃ 的高温下完成的，这样有利于炉内化学反应的进行和金属与炉渣的分离。因此，为了使锡与渣较好的分离，提高锡的直收率，还原熔炼时产出的炉渣应具有黏度小、密度小、流动性好、熔点适当等特点，且应根据精矿的脉石成分、使用燃料和还原剂的质量优劣等，配入适量的熔剂，搞好配料工作，选好渣型。若炉渣熔点过高，黏度和酸度过大，会影响锡的还原和渣锡分离，使还原熔炼过程难以进行。工业上通常使用的熔剂有石英或石灰石（或石灰）。

锡精矿的还原熔炼只是金属锡的初炼工序，并不能产出高纯度的锡。锡精矿还原熔炼的产品有甲粗锡、乙粗锡、硬头和炉渣。甲粗锡和乙粗锡除主要含锡外，还有铁、砷、铅、锑等杂质，必须进行精炼才能产出不同等级的精锡。硬头含锡品位较甲粗锡、乙粗锡低，含砷、铁较多，必须经煅烧等工序处理，回收其中的锡；炉渣含锡 3%~8%，称为富渣，现在一般采用烟化法处理回收渣中的锡。

还原熔炼的设备主要为澳斯麦特炉（采用顶吹浸没熔池熔炼技术）和反射炉，其次为电炉、鼓风炉和转炉。若采用反射炉或电炉进行还原熔炼，从反应动力学方面来看，在反射炉还原熔炼锡精矿的过程中，反应物要从相内部传输到反应界面，并在界面处发生化学反应。固态的精矿或焙砂与固态还原煤经混合后加入炉内，受热进行还原反应时，是在两固相的接触处发生，这种接触面有限，而固相之间的扩散很难进行，所以金属氧化物与固相还原煤之间的化学反应不是主要的，由固体还原剂通过反应生成的还原性气体与氧化锡反应才是主要的。

若采用澳斯麦特炉进行还原熔炼，还原过程中的传质环节和界面化学反应情况有利于还原反应的进行。澳斯麦特炉锡精矿还原熔炼技术的关键核心是在作业时将一根经过特殊设计的喷枪由炉子顶部插入垂直放置的呈圆筒形炉膛内的熔体中，空气（或富氧空气）和燃料从喷枪末端（枪头）喷入熔体，利用喷吹气流使熔池中的熔体产生剧烈翻腾，炉料由炉子顶部加料口直接加入到翻腾的熔体中。由此可见，澳斯麦特炉锡精矿还原熔炼相比反射炉锡精矿还原熔炼具有更好的动力学条件。因为澳斯麦特炉中气态还原剂与液态熔体气-固两相之间的反应情况比反射炉中气-固两相之间进行的反应强烈得多，因此澳斯麦特炉内 MeO 的还原速率要比反射炉与电炉中的进行得更快。根据其工艺特点，国内锡冶炼行业在引进消化吸收澳斯麦特炉锡精矿还原熔炼技术的前提下，进行了技术创新，最终形成了具有国内知识产权的"顶吹浸没熔池熔炼技术"，所以该类炉型也被称为顶吹炉。

在顶吹炉中更为重要的是存在具有大量动能的气相、固相和液相，即反应是气-液-固三相间的反应，即为旋转的气相、翻腾的液相和还原煤固相之间的反应。在高温翻腾的熔池中，煤中的固定碳与气相中的氧接触，发生碳的燃烧反应、碳的气化反应以及煤气燃烧反应，碳的燃烧反应和气化反应生成的 CO 即为液态熔体中 SnO 的还原剂，这样气-液两相的还原反应速度要比固-液两相间的反应快得多。所以，在澳斯麦特炉中 CO 气体还原剂仍然起主要作用。在电炉与反射炉内进行还原煤熔炼，炭燃烧产生的 CO 更是 SnO 还原的主要还原剂。

综上所述，在还原熔炼过程中，MeO 的还原反应可用以下反应式来表示：

$$CO_2 + C \rightleftharpoons 2CO \qquad (5-1)$$

$$MeO + CO \rightleftharpoons Me + CO_2 \qquad (5-2)$$

5.1.1　锡的性质

锡的元素符号是 Sn，拉丁名字为 stannum，英文为 tin。锡的相对原子质量为 118.69，.在元素周期表中其原子序数为 50，属第Ⅳ主族的元素，位于同族元素锗和铅之间。故锡的许多性质与铅相似，且易与铅形成合金。

5.1.1.1　锡的物理性质

锡是银白色金属，锡锭表面因氧化而生成一层珍珠色的氧化物薄膜。其表面光泽与杂质含量和浇铸温度存在极大的关系，浇铸温度愈低，则锡的表面颜色愈暗，当铸造温度高于 500℃时，锡的表面易氧化生成的膜呈现珍珠色光泽。锡中所含的少量杂质，如铅、砷、锑等能使锡的表面结晶，从而导致形状发生变化，并使其表面颜色发暗。

锡相对较软，具有良好的延展性，仅次于金、银、铜，容易碾压成 0.04mm 厚的锡箔，但延展性很差，不能拉成丝。锡条在弯曲时，由于锡的结晶体发生摩擦并被破坏从而发出断裂般的响声，称为"锡鸣"。

锡有三个同素异形体：灰锡（α-Sn）、白锡（β-Sn）和脆锡（γ-Sn），其相互转变温度和特性为：

灰锡 $\xrightarrow{13.2℃}$ 白锡 $\xrightarrow{161℃}$ 脆锡 $\xrightarrow{232℃}$ 液体锡

（α-Sn）　（β-Sn）　（γ-Sn）

晶体结构	等轴晶系	正方晶系	斜方晶系	
密度/g·cm⁻³	5.35	7.30	6.55	6.99
特征	粉状	块状，有延展性	块状，易碎	

人们平常见到的是白锡（β-Sn）。白锡在 13.2~161℃ 之间稳定，低于 13.2℃ 开始转变为灰锡，但其转变速度很慢，当降温至-30℃ 左右时，转变速度达到最大值。灰锡先以分散的小斑点出现在白锡表面，随着温度的降低，斑点逐渐扩大布满整个表面，随之块锡碎成粉末，这种现象称为"锡疫"。所以，锡锭在仓库中保管期在一个月内时，保温应不低于 12℃，若保管期在一个月以上时，则保温应高于 20℃，若发现锡锭有腐蚀现象时，应将好的锡锭与腐蚀的锡锭分开堆放，以免"锡疫"的发生和蔓延。另外，在寒冷的冬季，最好不要运输锡。锡若已转变成灰锡而变成粉末，可将其重熔复原，在重熔时加入松香和氯化铵可减少过程的氧化损失。

固态锡的密度在 20℃时为 7.3g/cm³，液态锡的密度随着温度的升高而降低，其具体关系见表 5-1。

表 5-1　锡的密度与温度的关系

温度/℃	250	300	500	700	900	1000	1200
密度/g·cm⁻³	6.982	6.943	6.814	6.695	6.578	6.518	6.399

熔融状态下（320℃），锡的黏度很小，只有 0.001593Pa·s，所以流动性很好，这给冶炼回收带来一定的困难，故在冶炼作业时，应采取有效措施，防止或减少漏锡，以提高锡的直接回收率和冶炼回收率。

锡的熔点为 231.96℃，沸点为 2270℃。由于其熔点较低，所以易于在精炼锅内进行火法精炼；而真空精炼法则是利用其具有较高沸点的性质来除去粗锡中所含易挥发的铅等杂质元素。

5.1.1.2　锡的化学性质

锡有十种稳定的天然同位素，其中 120Sn、118Sn 和 116Sn 的丰度分别为 32.85%、24.03%和14.30%，占总和的71.18%。锡原子的价电子层结构为 $5s^25p^2$，容易失去 5p 亚层上的两个电子，此时外层未形成稳定的电子层结构，倾向于再失去5s 亚层上的两个电子以形成较稳定的结构，所以锡有+2 和+4 两种化合价。锡的+2价化合物不稳定，容易被氧化成稳定的+4 价化合物。因此，有时锡的+2 价化合物可作为还原剂使用。

常温下锡在空气中较稳定，几乎不受空气的影响，这是因为锡的表面生成一层致密的氧化物薄膜，阻止了锡的继续氧化。锡在常温下对许多气体和弱酸或弱碱的耐腐蚀能力均较强，所以在通常环境和受工业污染的腐蚀性环境中，锡都能保持其银白色的外观。因此，锡常被用来制造锡箔或用来镀锡。但当温度高于 150℃时，锡能与空气作用生成 SnO 和 SnO_2，在赤热的高温下，锡会迅速氧化挥发。

锡在常温下与水、水蒸气和二氧化碳均无化学反应。但在 610℃ 以上时，锡会与二氧化碳反应生成二氧化锡。在 650℃ 以上时，锡能分解水蒸气生成 SnO_2。

常温下锡可与卤素，特别是与氟和氯作用生成相应的卤化物。加热时，锡与硫、硫化氢或二氧化硫作用生成硫化物。

锡的标准电极电位 $\phi^{\ominus}(Sn^{2+}/Sn)$ 为 $-0.136V$，但由于氢在金属锡上的超电位较高，所以锡与稀的无机酸作用缓慢，而与许多有机酸基本不起作用。

在热的浓硫酸中，锡反应生成硫酸锡：$Sn(SO_4)_2$。

加热时，锡与浓盐酸作用生成 $SnCl_2$ 和氯锡酸（H_2SnCl_4 和 $HSnCl_3$），如通入氯气，锡可全部变成 $SnCl_4$。

锡与浓硝酸反应生成偏锡酸（H_2SnO_3）并放出 NH_3、NO 和 NO_2 等气体。

锡与氢氧化钠、氢氧化钾、碳酸钠和碳酸钾稀溶液发生反应（尤其是当加热和有少量氧化剂存在时）生成锡酸盐或亚锡酸盐。饱和氨水不与锡作用，但稀氨水能与锡反应，而且其反应程度与 pH 值相近的碱液差不多。某些胺也能与锡起作用。

5.1.2　锡的主要无机化合物及性质

5.1.2.1　锡的氧化物

锡的氧化物主要有两种：氧化亚锡（SnO）和二氧化锡（SnO_2，又称氧化锡）。

（1）氧化亚锡（SnO）。自然界中未曾发现天然的氧化亚锡。目前只能用人工制造的方法获取，制造的氧化亚锡是具有金属光泽的蓝黑色结晶粉末。

氧化亚锡是四方晶体，含锡 88.12%，相对分子质量 134.69，密度 6.446g/cm³，熔点 1040℃，沸点 1425℃。其在高温下会显著挥发。

氧化亚锡在锡精矿的还原熔炼过程中是一种过渡性产物，在高温下，其蒸气压很高，在熔炼时，易造成挥发部分进入烟尘，损失部分，从而降低冶炼回收率。故在熔炼过程中，应引起高度的重视。

氧化亚锡只有在高于 1040℃ 或低于 400℃ 时稳定，在 400~1040℃ 之间会发生歧化反应转变为 Sn 和 SnO_2。

氧化亚锡能溶解于许多酸、碱和盐类的水溶液中。它容易和许多无机酸和有机酸作用，因而被用作制造其他锡化合物的中间物料。氧化亚锡和氢氧化钠或氢氧化钾作用生成亚锡酸盐。亚锡酸钠和亚锡酸钾溶液容易分解，生成相应的锡酸盐和锡。

氧化亚锡在高温下呈碱性，能与酸性氧化物结合形成盐类化合物，如与二氧化硅（SiO_2）生成硅酸盐，这种硅酸盐比 SnO 难还原，因此在配料时要注意，炉渣的硅酸度不宜过高，以减少 SnO 在渣中的损失。

（2）二氧化锡（SnO_2，又称氧化锡）。二氧化锡是锡在自然界存在的主要形态，天然的二氧化锡俗称锡石，是炼锡的主要矿物。天然锡石因其含杂质的不同呈黑色或褐色。工业上有许多方法制备二氧化锡，例如在熔融锡的上方鼓入热空气以直接氧化锡或在室温下用硝酸与粒状金属锡反应，生成偏锡酸再经煅烧都可以制备二氧化锡。人工制造的二氧化锡为白色。

天然的二氧化锡为四方晶体。二氧化锡也可以斜方晶形和六方晶形存在。其相对分子质量为 150.69，其含锡 78.7%，密度 $7.01g/cm^3$，莫氏硬度 6~7，熔点 2000℃，沸点约为 2500℃。在熔炼温度下，二氧化锡挥发性很小，但当有金属锡存在时，则会显著挥发，这是由于两者相互作用生成 SnO。

在高温下，二氧化锡的分解压力很小，是稳定的化合物，但容易被 CO 和 H_2 等还原，这就是用还原熔炼获得金属锡的理论基础。

二氧化锡呈酸性，在高温下能与碱性氧化物作用生成锡酸盐，常见的有：Na_2SnO_3、K_2SnO_3 和 $CaSnO_3$ 等。

二氧化锡是较惰性的，实际上不易溶于酸和碱的水溶液中，但是锡精矿中一些杂质却能溶于盐酸中，此性质可用于提高锡精矿的品位，在炼前增设酸浸工序，以除去精矿中可溶于盐酸的杂质元素。

5.1.2.2　锡的硫化物

在自然界中有少数的锡硫化物存在，锡主要有三种硫化物：硫化亚锡（SnS）、二硫化锡（SnS_2，也称硫化锡）和三硫化二锡（Sn_2S_3）。SnS_2 只有在 520℃ 以下时才是稳定的，超过此温度时便会分解为 Sn_2S_3 和 S_2；另外，当 Sn_2S_3 加热到 640℃ 时也会发生分解，其产物为 SnS 和硫蒸气，这表明在 640℃ 以上，只有 SnS 是锡的稳定的硫化物。硫化亚锡是锡的三种硫化物中最重要的硫化物。

（1）硫化亚锡（SnS）。其相对分子质量为 150.75，密度为 $5.08g/cm^3$，熔点 880℃，沸点 1230℃，其蒸气压较大。硫化亚锡的挥发性很大，在 1230℃ 时便可达到一个大气压，烟化炉从熔炼炉渣及低品位含锡物料中硫化挥发回收锡。同时，这个性质给锡精矿的熔炼带来不利，因此，还原煤和燃料煤中的含硫是愈低愈好，这样在熔炼过程中可减少、降低锡的硫化挥发损失。

将 Sn 与 S 在 750~800℃ 无氧气氛中加热制得的 SnS 为铅灰色细片状晶体。将硫化氢气体（H_2S）通入氯化亚锡（$SnCl_2$）的水溶液中生成的 SnS 为黑色粉末。

硫化亚锡不易分解，是稳定的高温化合物，SnS 和 FeS 在 785℃ 生成共晶（80%SnS），SnS 和 PbS 在 820℃ 生成共晶（9%SnS）。

在空气中加热，硫化亚锡便会氧化成 SnO_2，这就是烟化炉产出的烟化尘中锡是以氧化锡形态存在的原因。

（2）二硫化锡（SnS_2，又称硫化锡）。一般采用干法制备，例如在 500~600℃，加热金属锡、元素硫和氯化铵的混合物即可获得二硫化锡。也可在四价锡盐的弱酸溶液中通入硫化氢而沉淀出 SnS_2。

无定形的二硫化锡是黄色粉末，结晶为金黄色片状三方晶体，俗称"金箔"。其相对分子质量为 182.81，密度 $4.51g/cm^3$，它仅在低温状态下稳定，温度高于 520℃，即会分解为 Sn_2S_3 和硫蒸气。

二硫化锡不易挥发，将其焙烧可得到氧化锡。

二硫化锡易溶于碱性硫化物，特别是 Na_2S 中，生成硫代锡酸盐类 Na_2SnS_3 和 Na_4SnS_4。

（3）三硫化二锡（Sn_2S_3）。在中性气流中加热硫化锡可分解为三硫化二锡，但其中亦混杂有少量硫化锡和硫化亚锡。其相对分子质量为 333.56，密度为 $4.6~4.9g/cm^3$，它也是只有在低温状态下才稳定，当温度高于 640℃ 就分解为 SnS 和硫蒸气。

5.1.2.3　锡的卤化物

锡可以直接与卤素作用，生成二卤化物（SnX_2）和四卤化物（SnX_4），但制取 SnX_2 需要控制条件。另外，诸如 Sn（Cl_2F_2）的混合卤化物，（SnF_3）$^-$ 和（$SnCl_6$）$^{2-}$ 的阴离子，以及 Sn（BF_4）$_2$ 等化合物存在。

SnX_2 在固体状态时生成链型晶格结构，但在气体状态时则是单分子化合物。除 SnF_4 以外，其他 SnX_4 都是可溶于有机溶剂的挥发性价键化合物。

锡的卤化物主要有以下几种：二氯化锡（$SnCl_2$，又名氯化亚锡）、四氯化锡（$SnCl_4$，又名氯化锡）、氟硼酸亚锡 [Sn(BF_4)$_2$]、溴化亚锡（$SnBr_2$）与溴化锡（$SnBr_4$）及碘化亚锡（SnI_2）与碘化锡（SnI_4）等。

（1）氯化亚锡（$SnCl_2$）。在氯化氢气体中加热金属锡或者采用直接氯化的方法可以制取无水氯化亚锡。用热盐酸溶解金属锡或者氯化亚锡可以制取水合二氯化锡。无水氯化亚锡比其二水合物（$SnCl_2 \cdot 2H_2O$）稳定。

氯化亚锡为无色斜方晶体，相对分子质量为 189.60，密度 3.95g/cm^3，熔点 247℃，沸点 670℃。氯化亚锡易溶于水和多种有机溶剂，如乙醇、乙醚、丙酮和冰醋酸等。

二水合物 $SnCl_2 \cdot 2H_2O$ 为白色针状结晶，它在空气中会逐渐氧化或风化而失去水分，当加热高于 100℃ 时可获得无水二氯化锡，在有氧的条件下加热则变成 SnO_2 和 $SnCl_4$。

在二氯化锡的水溶液中，锡离子容易被更负电性的金属如铝、锌、铁等置换出来生成海绵锡。因此，其水溶液是电解液的一种主要成分。如果二氯化锡水溶液暴露在空气中，则氧化产生 $SnOCl_2$ 沉淀，如隔绝氧将其稀释，则产生 Sn(OH)Cl 沉淀。

氯化亚锡的沸点较低且极易挥发，氯化挥发法从含锡品位较低的贫锡中矿里提取锡就是利用了此性质。

（2）氯化锡（$SnCl_4$）。人工制取氯化锡的方法有两种：一是将氯气通入氯化亚锡的水溶液中；另一种是在 110~115℃ 下将金属锡与氯气直接反应制取无水四氯化锡。

氯化锡在常温下为无色液体，相对分子质量为 260.5，密度 2.23g/cm^3，熔点 -33℃，沸点 114.1℃。它比氯化亚锡更易挥发，在常温时就会蒸发（这也是氯化冶金得以实现的理论基础），在潮湿的空气中会冒烟，由于水解而变得混浊。

无水四氯化锡同水反应激烈，生成五水四氯化锡。五水四氯化锡是白色单斜晶系结晶体，在 19~56℃ 下稳定，熔点约为 60℃，极易潮解，且易溶于水和乙醇中。四氯化锡能与氨反应生成复盐，也能与有机物发生加成反应。

在没有水存在时，四氯化锡对钢无腐蚀作用，因此，四氯化锡产品要装在特殊设计的普通钢制圆桶内。

（3）氟硼酸亚锡 [Sn(BF_4)$_2$]。将氧化亚锡溶于氟硼酸中，或者将锡制成锡花，置于反应器中加入氟硼酸，然后通入压缩空气使其反应，均可以制备氟硼酸亚锡。

氟硼酸亚锡含锡量为 50% 的水溶液即可作为工业产品。它只存在于溶液中，尚未分离出固态形式的氟硼酸亚锡。

氟硼酸亚锡溶液为无色透明液体，微碱性，受热易分解，在空气中长期放置易氧化，具有腐蚀性。

（4）溴化亚锡（$SnBr_2$）与溴化锡（$SnBr_4$）。溴化亚锡是将金属锡置于溴化氢气体中加热制得。在加热区附近生成物冷凝成油状液体，冷却后得到固体溴化亚锡。

溴化亚锡是一种浅黄色的盐类，它呈六面柱状结晶，熔点为215.5℃，它和锡的氟化物、氯化物一样，易溶于水。

溴化锡是一种白色的、发烟的结晶物质。在溴的气氛中燃烧锡可以直接得到溴化锡。它的熔点为31℃，在加热时，它也是很稳定的。

（5）碘化亚锡（SnI_2）与碘化锡（SnI_4）。将磨得很细的金属锡同碘一起加热时，就会生成碘化亚锡和碘化锡的混合物。采用挥发法可将它们分离开，因为碘化锡在180℃下挥发，留下的是碘化亚锡。在密封的管子中，在360℃下延长加热时间，采用金属锡还原碘化锡亦可制取碘化亚锡。

碘化亚锡是一种红色结晶物质，它的熔点为316℃，稍溶于水，易溶于盐酸和氢氧化钾，还溶于氢碘酸的碘化物，生成$HSnI_3$或盐类。

碘化锡是一种红色结晶固体。

5.1.2.4 锡的无机盐

常见的锡的无机物有以下四种：硫酸亚锡（$SnSO_4$）、锡酸钠（Na_2SnO_3）、锡酸钾（K_2SnO_3）与锡酸锌（$ZnSnO_3$或Zn_2SnO_4）。

（1）硫酸亚锡（$SnSO_4$）。硫酸亚锡可由氧化亚锡和硫酸反应制取，也可由金属锡粒和过量的硫酸在100℃下反应若干天制取。但是最好的制备方法还是在硫酸铜水溶液中采用金属锡置换铜的方法。另外，利用锡金属阳极在硫酸电解液中溶解的方法亦可制取硫酸亚锡。

硫酸亚锡为无色斜方晶体，加热至360℃时分解，可溶于水，其溶解度在20℃时为352g/L，在100℃时降为220g/L。

（2）锡酸钠（Na_2SnO_3）。将二氧化锡与氢氧化钠一起熔化，然后采用浸出的方法制取锡酸钠。工业上通常是以从脱锡溶液中回收的二次锡作为制取锡酸钠的原料。由于锡酸钠常常带有三个结晶水，所以它的分子式也可写成$Na_2SnO_3 \cdot 3H_2O$或$Na_2Sn(OH)_6$，其加热至140℃时失去结晶水，遇酸发生分解。放置于空气中易吸收水分和二氧化碳而变成碳酸钠和氢氧化锡。

锡酸钠为白色结晶粉末，无味，易溶于水，不溶于乙醇、丙酮；其水溶液呈碱性。

（3）锡酸钾（K_2SnO_3）。将二氧化锡与碳酸钾一起熔化，然后采用浸出的方法制取锡酸钾。工业上也通常是以从脱锡溶液中回收的二次锡为原料制取锡酸钾。由于其常带有三个结晶水，所以其分子式也常写成$K_2SnO_3 \cdot 3H_2O$或$K_2Sn(OH)_6$。其最重要的用途是配制镀锡及其合金的碱性电解液。

锡酸钾为白色结晶，溶于水，溶液呈碱性，不溶于乙醇和丙酮。

（4）锡酸锌（$ZnSnO_3$或Zn_2SnO_4）。锡酸锌即偏锡酸锌，其合成原理为利用锌盐的络合效应与化学共沉淀制取中间体羟基锡酸锌$ZnSn(OH)_6$，然后将$ZnSn(OH)_6$在一定条件下热分解即可制得锡酸锌。它主要用于生产无毒的阻燃添加剂（同时具有烟雾抑制作用）和气敏元件的原料。

锡酸锌为白色粉末，密度3.9g/cm³，溶解温度大于570℃，毒性很低。

5.1.3　锡的有机化合物及性质

锡的有机化合物的定义是至少含有一个直接锡-碳键的化合物，即锡的有机化合物是由锡直接与一个或多个碳原子结合的化合物。在大多数锡的有机化合物中，锡都以+4价的氧化态存在，但在少数锡的有机化合物中，锡以+2价氧化态存在。相对于硅或锗的有机化合物中的硅-碳键或锗-碳键而言，锡-碳键一般较弱并具有更大的极性，与锡相连的有机基团更易脱离。然而，这种相对较高的活性并不意味着锡的有机化合物在通常条件下不稳定。锡-碳键在常温下对水及大气中的氧是稳定的，并且对热是非常稳定的（许多锡的有机化合物可经受减压蒸馏而几乎不分解）。强酸、卤素及其他亲电子试剂易使锡-碳键断裂。在环境条件下，有机锡最终降解为无机物，不对生态构成威胁，成为使用有机锡的一大优点。

大部分已知的有机锡可分为四类：R_4Sn、R_3SnX、R_2SnX_2 和 $RSnX_3$，它们的通式为 R_nSnX_{4-n}（$n=1$，2，3 或 4），其中 R 为有机团，一般为烷基或芳基基团，X 为阴离子基团，如氯化物、氟化物、氧化物或其他功能团。四有机锡化合物 R_4Sn 在温度达到 200℃ 时仍具有热稳定性，不易与水或空气中的氧起反应，对哺乳动物具有毒性，主要用于合成其他锡的有机化合物。三有机锡化合物 R_3SnX 具有很强的杀虫性。二有机锡化合物 R_2SnX_2 一般比三有机锡化合物具有更强的化学反应性，但其生物活性比三有机锡化合物低得多，主要用作塑料的稳定剂或催化剂。单有机锡化合物 $RSnX_3$ 对哺乳动物的毒性很低，主要用作稳定聚氯乙烯的协合添加剂（与二有机锡一起），其次用作酯化催化剂。

5.2　锡的资源与用途

5.2.1　锡矿资源

锡矿资源主要分布在中国、印度尼西亚、秘鲁、巴西、马来西亚、玻利维亚、俄罗斯、泰国和澳大利亚等国。自 20 世纪 60 年代中期以来，全球锡矿资源储量在不断变化，总体上锡矿资源基本随着开采的消耗而减少，又随着新矿的勘查发现而增加。进入 21 世纪后，随着全球经济一体化逐渐深入，发展中国家经济增长后势强劲，锡矿消耗量维持高位，到 2010 年，全球锡矿可采储量由 20 世纪末的 700 万吨降至 520 万吨。由此观之，近十年来全球锡矿经济可采储量处于稳步下降的现状。

我国是世界上锡矿资源储量最丰富的国家。锡矿资源在我国分布较为集中，主要分布在湖南、广西、广东、云南、内蒙古和江西等地。除此之外，我国锡矿资源还具有原生锡矿比例高，共伴生矿居多；锡矿品位低，以大中型矿床为主；矿体埋藏浅，开采条件好等特点。

2013 年全球锡储量为 480 万吨，其中我国锡储量为 150 万吨，占全球储量的 31%。全球锡矿资源分布情况具体见表 5-2。

表 5-2　全球锡矿资源分布情况　　　　　　　　　　（万吨）

国家	中国	马来西亚	秘鲁	印尼	巴西	玻利维亚	俄罗斯	泰国	澳大利亚	其他	总计
储量	150	25	31	80	59	40	35	17	18	18	480

数据来源：Mineral Commodity Summaries，2013。

5.2.2　锡的用途

锡是人类最早生产和使用的金属之一，它始终与人类的技术进步相联系。从古时的青铜时代到如今的高科技时代，锡的重要性不断显现，应用范围不断扩大，成为先进技术中一种不可缺少的材料。

锡具有其他金属不能同时兼有的一些特性，因而在人们的生产和生活中起着重要的作用。锡最重要的特性为熔点低，能与许多金属形成合金，无毒，耐腐蚀，具有良好的延展性以及外表美观等。在人们的日常生活中，锡主要用于马口铁的生产，它主要用作食品和饮料的包装材料，其用锡占世界锡消费量的30%左右；另外，锡主要用于制造合金，锡铅焊料中用锡量占世界锡消费量已超过30%，由于锡及其合金具有非常好的油膜滞留能力，所以还广泛用于制造锡基轴承合金。

锡能够生成范围很广的无机和有机锡两大类化合物。人们在很早以前就认识和使用了无机锡化合物，但是一直到19世纪50年代中期才首次合成有机锡衍生物，而且又过了将近一百年以后有机锡化合物才在工业上获得重要应用。然而从那以后，具有各种用途的有机锡化合物的数量迅速增加，至今其数量已远远超过了应用的无机锡化合物的数量。

锡的化工产品具有广泛的工业用途，其中最重要的用途是在金属表面镀锡，以起保护或装饰的作用，并在药剂、塑料、陶瓷、木材防腐、照相、防污剂、涂料、催化剂、农用化学制品、阻燃剂及塑料稳定剂等方面广为应用。

5.3　锡顶吹浸没熔炼的基本原理

5.3.1　锡还原熔炼热力学原理

5.3.1.1　碳的燃烧反应

在锡精矿的还原熔炼过程中，大都采用固体碳质还原剂，如煤、焦炭等。在高温熔炼状态下，当这种还原剂与空气中的氧接触时，就会发生碳的燃烧反应，根据反应过程，其反应可分为：

碳的完全燃烧反应：　　　　　　　　$C + O_2 \Longrightarrow CO_2 - 393129J$ 　　　　　　(5-3)

碳的不完全燃烧反应：　　　　　　　$2C + O_2 \Longrightarrow 2CO - 220860J$ 　　　　　　(5-4)

碳的气化反应，又称布多尔反应：　$C + CO_2 \Longrightarrow 2CO + 172269J$ 　　　　　(5-5)

煤气燃烧反应：　　　　　　　　　　$2CO + O_2 \Longrightarrow 2CO_2 - 565400J$ 　　　　　(5-6)

上述四个反应除反应式（5-5）外，其余三个反应均为放热反应，但是因其热值的大小不一，以及生成物性质不同而产生矛盾。物质的量分别为1mol的C，通过上述前三个反应后，反应式（5-3）放出的热最高，为393129J，反应式（5-4）放出的热其次，为110430J，而反应式（5-5）为吸热反应。从碳的燃烧热能利用理论来看，反应式（5-3）应该是最有效利用热能的反应过程，即碳经过完全燃烧反应生成CO_2，这个结果的实现需要保证炉内具有充足的氧气，从而使炉内形成强氧化性气氛。但是从还原熔炼过程的实现来看，需要具备两个条件才能使该过程得以完成：一是炉内碳的燃烧反应放出的热量能使炉内维持在一定的温度；二是必须保证炉内具有一定的还原性气氛，即有一定量的CO来

还原 SnO_2，以上两个条件缺一不可。

　　从温度变化对反应平衡的移动来看，温度升高有利于吸热反应从左向右进行，即有利于反应式（5-5）而不利于反应式（5-4）向右进行。所以高温还原熔炼的条件下，必须有足够多的碳存在，以使碳的气化反应式（5-5）从左向右进行，以保证还原熔炼炉内有一定的 CO 存在，促使 SnO_2 更完全地被还原。温度升高有利于吸热反应从左向右进行，即有利于反应式（5-5）而不利于反应式（5-4）向右进行。所以在高温还原熔炼的条件下，必须有足够多的碳存在，以使碳的气化反应式（5-5）从左向右进行，以保证还原熔炼炉内有一定的 CO 存在，促使 SnO_2 更完全地被还原。

　　综上所述，在锡精矿高温还原熔炼的条件下，碳的燃烧反应应该是反应式（5-3）与反应式（5-5）同时进行，才能维持炉内的高温（1000~1200℃）和还原气氛（CO,%）。对于不同的熔炼方法，反应式（5-3）与反应式（5-5）可以同时在炉内进行，也可以分开进行。如反射炉喷粉煤燃烧时，反应式（5-3）主要是在炉空间进行，反应式（5-5）主要是在料堆内进行；电炉熔炼是以电能供热，加入煤的目的是在料堆内进行气化反应（式（5-5）），同时供应反应还原剂 CO。如果采用鼓风炉或澳斯麦特炉炼锡，则碳燃烧反应式（5-3）与反应式（5-5）必须同时在炉内风口区或熔池中进行。

5.3.1.2　二氧化锡的还原

　　锡精矿还原熔炼通常采用固体碳质作为还原剂，还原过程在表面上看是简单的固相反应，即：

$$SnO_2 + 2C \mathrm{\Large =\!\!=} Sn + 2CO \tag{5-7}$$

精矿、焙砂原料中的锡主要以 SnO_2 的形态存在，还原熔炼时发生的主要反应为：

$$SnO_2(s) + 2CO(g) \mathrm{\Large =\!\!=} Sn(l) + 2CO_2(g) \quad \Delta G = 5484.97 - 4.98T \tag{5-8}$$

$$C(s) + CO_2(g) \mathrm{\Large =\!\!=} 2CO(g) \quad \Delta G = 170.707 - 174.47T \tag{5-9}$$

反应式（5-8）中固态 SnO_2 被气态 CO 还原产生 Sn(L) 和气态 $CO_2(g)$，而大部分 CO_2(g) 被固定碳还原（见反应式（5-9）），产生气态的 CO(g) 又成为反应式（5-8）的气态还原剂，用以还原固态的 $SnO_2(s)$。如此循环反复，直至这两反应中的一固相消失为止。所以，只要在炉料中加入过量的还原剂，理论上可以保证 SnO_2 完全还原。

　　当两反应各自达到平衡时，其平衡气相中 CO 与 CO_2 的平衡浓度会维持一定的比值。在还原熔炼的条件下（恒压下），这个比值主要受温度变化的影响。若将平衡气相中的 CO 和 CO_2 的平衡浓度之和作为 100，则可绘出反应的 CO（%）与温度变化的关系。反应式（5-8）与反应式（5-9）的这种变化关系如图 5-1 所示。

　　图 5-1 中的两条平衡曲线相交于 A 点，A 点对应的温度约为 630℃，这意味着炉内的温度达到 630℃，若气相中 CO 的含量（%）达到 A 点相应的水平（约为21%），两反应便同时达到平衡。即用固体碳作 SnO_2 的还原剂时，炉内维持 A 点的温度，SnO_2 就可以开始还原得到金属锡，这个温度（约630℃）就是 SnO_2 开始还原的温度，即炉内的温度必须高于 630℃，才能使 SnO_2 被煤等固体还原剂还原。

　　当炉内温度从 630℃继续升高时，反应式（5-9）平衡气相中的 CO 含量（%）会进一步升高，远高于反应式（5-8）平衡气相中 CO 含量（%），即温度升高有利于反应式（5-8）从左向右进行，反应式（5-8）产生的 CO_2 会被炉料中的还原剂煤还原变为 CO，以保

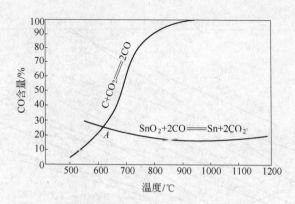

图 5-1 用 CO 还原 SnO_2 时气相组成与温度的关系

证反应继续向右进行。

在生产实践中，所用锡精矿和还原煤不是纯 SnO_2 和纯固定碳，其化学成分复杂，物理状态各异，另外受加热和排气系统等条件的限制，实际的 SnO_2 被还原的温度要比 630℃高许多，往往在 1000℃ 以上，并且要加入比理论量高 10%~20% 的还原剂，以保证炉料中的 SnO_2 能更迅速、更充分地被还原。

5.3.1.3　锡精矿中伴生金属氧化物的还原

在锡精矿还原熔炼的过程中，各种金属氧化物在同样的气氛条件下，可以根据金属氧化物对氧亲和力的大小，来判断或控制其在还原熔炼过程中的变化。图 5-2 为氧化物的吉布斯标准自由能变化与温度的关系图。根据金属氧化物的标准生成自由焓可以将杂质分为三类。

图 5-2 中低于 SnO_2 线的金属氧化物是第一类，对氧的亲和力比锡大，包括 SiO_2、Al_2O_3、CaO、MgO 以及很少量的 WO_3、TiO_2、Nb_2O_5、Ta_2O_5、MnO 等，它们的 ΔG 比 SnO_2 线的 ΔG 负得多，即稳定很多，它们被 CO 还原时，要求平衡气相组成中的 CO 含量（%）高于 SnO_2 被还原时 CO 的含量，及其平衡曲线在图 5-1 中的位置远高于 SnO_2 还原平衡曲线的上方，只要控制比锡还原条件还低的温度和一定的 CO 含量（%），它们是不会被还原，仍以 MeO 形态进入渣中。

第二类杂质是铁的氧化物。由于铁的低价氧化物 FeO 标准生成自由焓与 SnO_2 非常接近，在锡精矿还原的条件下，一部分铁被还原成 FeO 进入渣中，而另一部分则被还原成金属铁进入粗锡中。当锡中的铁含量达到饱和程度，还会结晶析出 Sn-Fe 化合物，形成熔炼过程中的另一产品——硬头。因铁具有氧化物还原的特性，给锡精矿的还原熔炼过程造成较大的困难。所以锡原料在还原熔炼过程中控制粗锡中的 Fe 含量，是控制还原终点的关键。在还原熔炼过程中，氧化锌的行为与氧化铁的行为类似，但由于金属锌在高温下易挥发，因此在实际生产中，锌主要分配在炉渣和烟尘中。

图 5-2 中高于 SnO_2 线的金属氧化物为第三类，包括铜、铅、镍、钴等金属对氧亲和力比锡小的金属氧化物，其 ΔG 较 SnO_2 负的少些，比 SnO_2 更不稳定，它们在锡氧化物被还原的条件下，会比 SnO_2 优先被还原进入粗锡中，给粗锡的精炼带来许多麻烦，在炼前阶段应尽量将其分离。

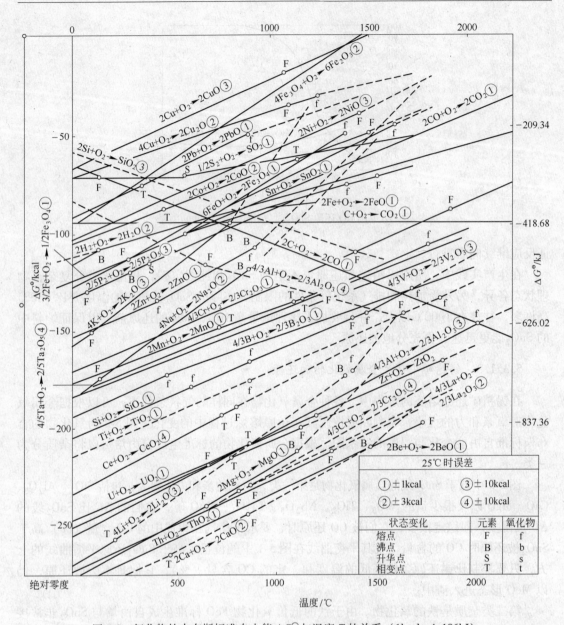

图 5-2 氧化物的吉布斯标准自由能 $\Delta G^{\ominus}$ 与温度 T 的关系 （1kcal = 4.186kJ）

从以上分析可知，锡精矿还原熔炼作业都将产生第一类杂质氧化物的炉渣和含有第三类金属的粗锡。以上对于精矿中的杂质的区分方法简单明了，但是在实际生产中情况非常复杂，各种氧化物的组分会发生变化，反应物和生成物在不同物相间的分配，或者生成中间产物，因此以上方法宜作参考，要得到准确的结论还需要结合实际条件进行进一步分析。

5.3.1.4 还原熔炼过程中锡与铁的分离

从热力学分析看，还原 SnO_2 并不困难，在 600~700℃ 的温度下，平衡混合气体中 CO

浓度仅为22%~24%，但是精矿中常伴生大量的铁，在还原熔炼中产生大量的硬头，精炼过程中各种浮渣需返炉熔炼，所以铁在还原熔炼过程中的实际行为更加重要。

A　铁氧化物还原规律

原料中铁的氧化物主要以 Fe_2O_3 的形态存在，在高温还原气氛下按下列顺序被还原：

$$Fe_2O_3 \longrightarrow Fe_3O_4 \longrightarrow FeO \rightarrow Fe$$

其还原反应为：

$$3Fe_2O_3 + CO == 2Fe_3O_4 + CO_2 \tag{5-10}$$

$$\lg K_p = \lg \frac{\%CO_2}{\%CO} = \frac{1722}{T} + 2.81$$

$$Fe_3O_4 + CO == 3FeO + CO_2 \tag{5-11}$$

$$\lg K_p = \lg \frac{\%CO_2}{\%CO} = \frac{-1645}{T} + 1.935$$

$$FeO + CO == Fe + CO_2 \tag{5-12}$$

$$\lg K_p = \lg \frac{\%CO_2}{\%CO} = \frac{688}{T} - 0.90$$

高价铁的氧化物 Fe_2O_3 的酸性较大，只有还原变为碱性较大的 FeO 后，才能与 SiO_2 很好地入渣。所以总是希望 Fe_2O_3 完全还原为 FeO 后进入渣中，而渣中的 FeO 不被还原为 Fe 进入粗锡中。

B　锡、铁在还原熔炼过程中的行为

在温度低于1000℃时，当 Fe_3O_4 还原成 FeO 时，SnO_2 已经被还原成金属锡，但由于精矿中锡、铁共生及硅酸盐炉渣对 SnO 及 FeO 的影响，还原熔炼的实际过程要复杂得多。

SnO_2 的还原分两个阶段进行：

$$SnO_2 + 2CO == Sn + 2CO_2 \tag{5-13}$$

$$SnO_2 + CO == SnO + CO_2 \tag{5-14}$$

$$SnO + CO == Sn + CO_2 \tag{5-15}$$

反应式（5-14）很容易进行，即酸性较大的 SnO_2 很容易被还原为碱性较大的 SnO。锡还原熔炼后一般用于造硅酸盐炉渣，碱性较大的 SnO 会与 SiO_2 等酸性渣成分结合而入渣中，渣中的 SnO 比游离状态 SnO 的活度小，活度越小越难被还原。

将上述反应式（5-13）、反应式（5-10）、反应式（5-11）和反应式（5-12）各自独立还原时，其平衡气相中 CO 含量（%）与温度的关系变化曲线如图5-3所示。

图5-3表明，在还原熔炼过程中，当锡铁氧化物的还原反应独自完成、互不相熔并且不与精矿中的其他组分发生反应时（即其活度为1），在一定温度下，控制炉气中 CO 含量（%），就可以使 SnO_2 还原为 Sn，Fe_2O_3 只还原为 FeO。在生产实践中，往往是 SnO 和 FeO 都熔入渣中，使其活度变小，还原变得很困难，要求炉气中的 CO 含量（%）更高些，图5-3中的还原平衡曲线将向上移动。当（SnO）和（FeO）还原得到金属 Sn 和 Fe，它们又能互熔在一起形成合金，合金中的 [Sn] 与 [Fe] 的活度小于1，其活度越小渣中的 SnO 和 FeO 也越容易被还原，于是图5-3中的还原平衡曲线将向下移动。这种活度的变化对平衡曲线移动的影响，可用下列反应式表示：

$$(SnO) + CO == [Sn] + CO_2 \tag{5-16}$$

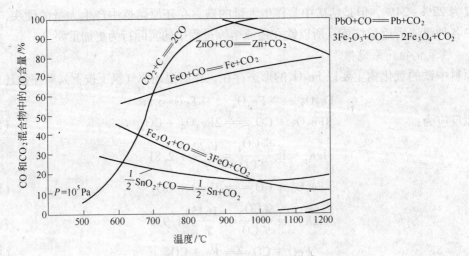

图 5-3 铁、锡（铅、锌）氧化物还原的平衡曲线

$$\Delta G = -11510 - 4.21T$$

$$(FeO) + CO \rule[0.5ex]{2em}{0.4pt} [Fe] + CO_2 \qquad (5\text{-}17)$$

$$\Delta G = -34770 + 32.25T$$

式中，$a_{(SnO)}$、$a_{(FeO)}$、$a_{[Sn]}$、$a_{[Fe]}$ 表示相应组成的活度，$a_{(SnO)}$ 越小及 $a_{[Sn]}$ 越大，渣中 SnO 越难还原；$a_{(FeO)}$ 越大及 $a_{[Fe]}$ 越小，渣中 FeO 越容易还原。若合金相与渣相平衡，锡和铁在两相间的分配可由式（5-18）决定：

$$(SnO) + [Fe] \rule[0.5ex]{2em}{0.4pt} [Sn] + (FeO) \qquad (5\text{-}18)$$

$$\Delta G = 23260 - 36.46T$$

当加入的锡精矿开始进行还原熔炼时，$a_{(SnO)}$ 很大，返回熔炼的硬头，由于 $a_{[Fe]}$ 大，可作为精矿中 SnO_2 的还原剂。随着反应向右进行，$a_{(SnO)}$ 与 $a_{[Fe]}$ 越来越小，相反 $a_{(FeO)}$ 及 $a_{[Sn]}$ 越来越大，反应向右进行的趋势越来越小，而向左进行的趋势则越来越大，最终达到两方趋势相等的平衡状态，从而决定了 Sn、Fe 在这两相中的分配关系。所以在锡精矿还原熔炼过程中，分离铁与锡是比较困难的。

在生产实践中炉渣的化学作用之一就是从金属相中除去部分杂质，其效率取决于炉渣-金属相之间的热力学平衡及达到平衡的速度。从前面的分析可知，铁是锡精矿熔炼过程中最重要的杂质，其特性决定了它在粗锡和炉渣之间的分配十分重要。生产实践中常用经验型的分配系数 K 来判断锡、铁的还原程度，用以控制粗锡的质量。分配系数 K 表示为：

$$K = \frac{w[Sn]w(Fe)}{w[Fe]w(Sn)} \qquad (5\text{-}19)$$

式中，$w[Sn]$、$w[Fe]$ 和 $w(Sn)$、$w(Fe)$ 分别表示金属相中的 Sn、Fe 的质量分数。实践证实，当 $K = 300$ 时，能得到含铁最低的高质量锡；当 $K = 50$ 时会得到含 Fe 约 20% 的硬头。采用顶吹沉没熔炼技术的澳斯麦特炉精矿熔炼阶段推荐值为 300，渣还原阶段推荐值为 125。

实践证明，采取锡精矿还原熔炼生产富锡炉渣，然后将富锡炉渣进行烟化处理，优先硫化挥发锡，铁不挥发留在渣中，是目前解决 Sn、Fe 分离较为完善的方法。采用顶吹沉没技术熔炼、反射炉熔炼可采用高铁质炉渣有效的控制铁的还原，但总铁含量不应大于50%。

5.3.2 锡还原熔炼动力学原理

锡氧化物被气体还原剂 CO 还原的过程发生在气固两相界面上，属于"局部化学反应"类型的多相反应。在这种体系中，所形成的固体产物包围着尚未反应的固体反应物，形成固体产物层，如图 5-4 所示。随着反应的进行，未反应的核不断缩小。

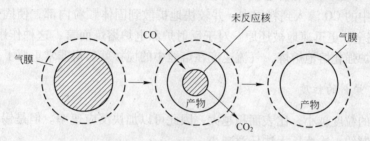

图 5-4 氧化物被 CO 还原的过程

从图 5-4 中可以看出，CO 还原固体氧化锡的过程可看成由以下几个同时发生的或相继发生的步骤组成：

（1）在气体流动方向上输送气体反应物 CO；

（2）气体反应物 CO 由流体本体向锡精矿的固体颗粒表面扩散（外扩散）及气体反应物 CO 通过固体孔隙和裂缝深入到固体内部的扩散（内扩散）；

（3）气体反应物 CO 在固体产物与未反应核之间的反应界面上发生物理吸附和化学吸附；

（4）被吸附的 CO 在界面上与 SnO_2（SnO）发生还原反应并生成吸附态的产物 CO_2；

（5）气体反应产物 CO_2 在反应界面上解吸；

（6）解吸后的气体反应物 CO_2 会在反应界面上扩散；

（7）气体反应物 CO_2 沿气流流动方向离开反应空间。

上述各个步骤都具有一定的阻力，并且各步的阻力是不同的，所以每一步骤进行的速率一般是不相同的。锡氧化物还原的总过程可以看成是由上述步骤组成的，而过程的总阻力等于串联步骤的阻力之和。在不同的条件下，上述各步骤都可能成为过程的控制步骤，常常表现出不同的动力特征。在由多个步骤组成的串联反应过程中，当某一个步骤的阻力远远大于其余步骤的阻力时，即整个反应主要由这个最大阻力步骤控制。由于氧化锡的还原熔炼是在高温下进行的，因此反应速率通常是由扩散过程，特别是由内扩散过程控制的。

5.3.3 影响锡还原熔炼反应的因素

根据热力学原理，若要进行氧化锡的还原反应，体系中 CO 的实际浓度必须大于平衡时的 CO 浓度。由于氧化锡的还原反应过程处于扩散过程，过程的表现速率取决于传质速率，因此 CO 实际浓度与其平衡浓度之差成为过程的推动力。而化学反应的速率正比于其推动力与阻力之比，因此影响氧化锡还原速率及彻底过程的因素如下文所述。

5.3.3.1　炉气中 CO 的分压

SnO_2 的还原反应主要靠气体还原剂 CO，提高炉气中 CO 的浓度，实际增加了反应的推动力，对加速反应速度有利。为了保证气流中有足够的 CO 浓度，从碳的气化反应可知，炉料中必须有足够的还原剂及较高的温度，这样便可保证 SnO_2 被 CO 还原产生的 CO_2 被碳还原为 CO，使 SnO_2 不断地被 CO 还原。气流速度加大，固体粒子表面的气膜减薄，更有利于气相中的 CO 渗入到料层中，并较快地扩散到固体颗粒内部，使固体炉料颗粒内部的 SnO_2 更完全、更迅速地被还原。对于反射炉和电炉熔炼而言，这种作用是不明显的；对于澳斯麦特炉强化熔池熔炼，气流速度在熔池中的搅拌就显得非常重要了。

5.3.3.2　炉料的粒度

精矿颗粒的粒度越小，比表面积越大，因此可以加快反应速率。但是锡精矿的粒度主要受选矿条件制约，冶炼厂无法任意减小。

对于用反射炉熔炼而言，由于炉料会形成料堆，气相中的 CO 很难在其中扩散，同时料堆内部传热也是以传导为主，因此在反射炉内料堆中的还原反应速度很慢，故其生产率较低。

在电炉内料堆下部还受到熔体流动的冲刷，其还原反应速度比反射炉要好一些，但反应并不显著。对于反射炉与电炉熔炼而言，由于 MeO 的还原反应都是在料堆内部进行的，故要求还原剂与精矿应在入炉前进行充分混合，最好经制粒后加入炉内，以改善料堆内部的透气性和导热性。

在顶吹沉没熔炼炉内，由于熔体被气流强烈搅动，加入熔池内的炉料很快被熔体吞没，在熔体内部进行气-液-固三相反应，所以 MeO 还原反应非常迅速，故其生产率较高。炉料经制粒后进入炉内主要是为了减少粉料入炉、降低烟尘率以及改善劳动条件。

5.3.3.3　温度

锡精矿的还原过程是由一系列步骤组成，温度对这些步骤的影响各不相同，所以温度对还原速率的影响呈现复杂的关系。但总的来说，升温有以下几个作用：

（1）增加解吸速度，加速 CO 在精矿表面的扩散过程，加大反应的动力学推动力；

（2）提高反应的速率常数，加大反应速度；

（3）降低炉渣黏度，加速扩散过程。

5.3.3.4　还原剂种类及其加入量

还原剂的种类对还原速率有很大影响，含挥发分少的碳粉在温度达到 850℃ 以上时才开始对氧化锡有明显的还原作用，而含挥发分较多的还原剂可以在较低的温度下或较短的时间内充分还原氧化锡。但在较高的温度下，各种碳质还原剂的作用相差不大，许多研究者发现碳的种类对反应速率的影响很大：用活性炭作还原剂时，SnO_2 大约在 800℃ 开始还原；而使用石墨作还原剂时，SnO_2 大约在 925℃ 才开始还原。还原剂配入的多少直接影响着还原气氛的强弱和还原反应速度的快慢，以及还原反应进行的程度。如果固体还原剂只是按理论量加入，则在还原过程后期，固体还原剂将不足以维持布多尔反应平衡的需要，而在料层内部将只是反应式（5-20）的平衡 CO/CO_2 气氛，不可能使 SnO_2 完全还原。此外，就还原熔炼后期已造渣的锡的还原来说，主要靠 SnO 或 $SnSiO_3$ 在熔渣中的扩散与固体碳直接作用。所以要使 SnO_2 完全还原，并且将炉渣中的氧化锡还原，过量的还原剂是必要的，但还原剂并不可以无限制地增加，而是受铁还原的制约。还原剂的加入量一般按下列两个主要反应来计算：

$$2SnO_2 + 3C \rule[0.4em]{2em}{0.05em} 2Sn + 2CO + CO_2 \tag{5-20}$$

$$Fe_2O_3 + C \rule[0.4em]{2em}{0.05em} 2FeO + CO \tag{5-21}$$

这样的计算结果忽略了原料中其他 MeO 的还原以及碳燃烧过程中的飞扬损失等，所以实际配入的还原剂量应比理论计量高 $10\% \sim 20\%$。

5.3.3.5 炉内气流速度的影响

随着气流速度的加快，物料表面气膜减薄，利于扩散，但气流速度达到一定的数值后，反应速率不再增加，此时的反应速率成为"临界速率"。

除以上因素外，金属锡的存在也会对熔炼过程中重要的布多尔反应形成催化的效益。锡精矿的还原熔炼包括金属氧化物还原和脉石成分造渣两个过程，熔炼过程是在炉料熔化后结束的，还原比炉料熔化快得多，因此决定熔炼速度的是熔化速度而不是还原速度。而熔化速度不仅决定于温度，还决定于新生液滴的汇合，所以，还原剂过细或大量过剩都是不利的，适当的搅拌有利于液滴的汇合，从而有利于熔炼过程的进行。

5.3.4 铁、锡的循环量和熔炼终点的控制

由于中间产物如硬头、浮渣等返回熔炼，必然使得部分铁和锡在流程中循环，为了减少生产费用和金属的损失，要控制适当的循环量。铁和锡在还原熔炼流程中的循环量与精矿成分等因素相关，如果精矿中铁锡比高，则循环量大，否则就小。为了保持平衡，应力求精矿中带入的铁量与废渣带走的铁量相当，从而稳定中间产品的数量。国内炼锡厂通常用烟化挥发的方法取代富渣二次熔炼，烟尘返回熔炼代替硬头循环，大大减少了铁的循环量，但锡的循环仍无可避免。

在实际生产中，通常以富渣含锡和粗锡含铁的多少来控制熔炼终点，考虑到富渣含锡和粗锡含铁的关系，以锡和铁在生产中的最小循环为基准进行判断，锡在生产过程中的循环量最小，经济效益最佳。

5.4 炼锡炉渣

5.4.1 炼锡炉渣的作用

炼锡炉渣是火法炼锡的一种产物，是各种氧化物的熔体，其组成主要来自锡精矿、熔剂和燃料灰分中的造渣成分。炉渣中的各种氧化物在不同的组成和温度条件下可以形成不同的化合物、固溶体、熔液以及共晶体等。除了氧化物外，炉渣一般含有金属、金属硫化物和气体等，因此，炼锡炉渣是一种复杂的多种组成物的体系。在冶炼过程中，炉渣的产出量一般远比产出的金属多，所以冶炼的技术经济指标在很大程度上与炉渣相关。炼锡炉渣除了使矿石和熔剂中的脉石和燃料中的灰分集中，并在高温下与主要的冶炼产物金属等

分离外，还起着如下一些重要的作用：

（1）炼锡炉渣是一种介质，其中进行着许多极为重要的化学反应。在某些场合下，提取金属的过程就是在炉渣中进行的，例如锡精矿还原熔炼时溶解在渣中的氧化亚锡被一氧化碳、固定碳或金属铁还原，并且熔炼过程中锡的还原程度，或者锡的直接回收率主要决定于渣中进行的各种反应的完全程度。

（2）金属液滴在炼锡炉渣中发生汇合、沉降分离，这种分离的完全程度对金属在炉渣中的机械夹杂起着决定性的作用。

（3）炼锡炉渣的熔点决定了熔炼的温度，因此适当的炉渣熔点对熔炼过程是十分重要的。在炉渣组成一定的情况下，通过向炉内增加热量的方法提高炉温是不可能的，因为多供应的热量只能使更多的炉渣熔化。

（4）在金属熔炼的过程中，炉渣的金属熔体的组分会发生化学作用，因此控制炉渣的化学成分、温度等可以控制杂质除去的程度。

（5）在相当多的情况下，炉渣不是废弃物，而是中间产物。如锡还原熔炼的炉渣就是烟化挥发回收锡和其他金属的一种原料。

一般来说，要使炉渣起到上面所述的各项作用，并使之具有符合冶炼工艺要求的物理化学性质，而且造渣费用尽可能的低，就必须根据冶炼过程的特点，合理地选择炉渣的成分。

5.4.2　炼锡炉渣的组成及性质

在炼锡的过程中，凡是未还原的氧化物都会进入炉渣，从而与粗锡分离。为了使炉渣能在熔炼高温下熔化，以便和粗锡良好的分离，并且使较多的锡氧化物得到还原，对锡炉渣的性质有一定的要求，而炉渣的性质主要由其化学成分决定。锡还原熔炼过程中产生的炉渣基本上是氧化亚铁和氧化钙的硅酸盐，并含有数量不定的其他碱性氧化物的硅酸盐，其中二氧化硅、氧化亚铁、氧化钙的含量之和约占炉渣的 80%~90%，一般来说，常见造渣氧化物的熔点都很高，如表 5-3 所示。如果将这些 MeO 按适当比例配合，就可以得到熔点较低的炉渣。以 $FeO\text{-}SiO_2$ 二元系（见图 5-5）为例，就可以得到熔点为 1205℃ 的 $2FeO \cdot SiO_2$ 化合物，熔点为 1178℃ 与 1177℃ 的两个共晶物。如果造出这种含 SiO_2 在 24%~38% 之间的 $FeO\text{-}SiO_2$ 二元系炉渣，其理论熔化温度约为 1200℃，符合炼锡炉的上限温度，但这种炉渣含铁量多，密度大，由于 $a_{(FeO)}$ 大，会有大量的（FeO）被还原进入粗锡，产出硬头，这些都会给熔炼及精炼过程造成许多麻烦。所以只有当熔炼高铁（15%~20%）精矿时，才考虑选用此种渣型，以减少熔剂的消耗。其他 SiO-CaO、FeO-CaO 二元系的熔点都很高，在有色冶金中都不能采用。

表 5-3　不同氧化物的熔点

氧化物	SiO_2	Al_2O_3	FeO	CaO	MgO
熔点/℃	1723	2060	1371	2575	2800

在锡还原熔炼的过程中，为了分离锡与铁，选择的条件（温度及 CO（%））是相同的，即反应式（5-16）与反应式（5-17）几乎在同一条件下达到平衡，即：

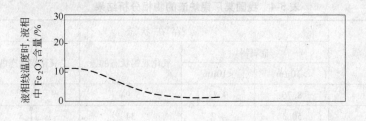

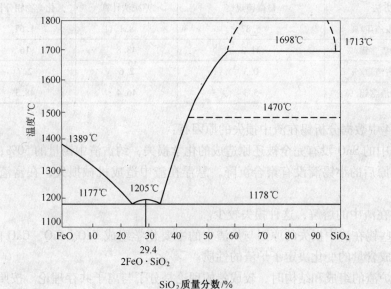

图 5-5 FeO-SiO₂ 二元系状态图

$$\frac{p_{CO}}{p_{CO_2}} = K_{Sn} \frac{a_{[Sn]}}{a_{(SnO)}} = K_{Fe} \frac{a_{[Fe]}}{a_{(FeO)}} \qquad (5-22)$$

当还原气氛维持不变，即 $\dfrac{p_{CO}}{p_{CO_2}}$ 一定，温度一定，$\dfrac{K_{Sn}}{K_{Fe}}$ 也一定时，于是可以得到：

$$a_{(SnO)} = \frac{a_{[Sn]}}{a_{[Fe]}} \times a_{(FeO)} \qquad (5-23)$$

式中，如果铁硅酸盐炉渣中 $a_{(FeO)}$ 越小，便可以得到含锡越低的炉渣，即渣中的锡还原越完全。炉渣中的 $a_{(FeO)}$ 与 $a_{(SnO)}$ 主要与炉渣中的 FeO、SiO、CaO 的含量有关，它们的总量约占炉渣总量的 80%~85%。

渣中的 SnO 被还原后产生的液态金属锡滴悬浮在液态炉渣中，因此必须创造小锡滴聚合并从渣中沉降的条件，否则锡、铁不能很好的分离，渣含锡含量会很高。小锡滴聚合与沉降的条件与炉渣的熔点、黏度、密度和表面张力等性质有关。

还原熔炼的温度是由炉渣的黏度与熔化温度确定的。那么，熔炼过程的燃料与耐火材料消耗等许多技术经济指标与炉渣的性质有关。

渣带走的锡量是锡在熔炼过程中的主要损失。表 5-4 为我国某厂锡炉渣中锡的物相分析结果。

表 5-4　我国某厂锡炉渣的物相分析结果

数　量		存 在 状 态				总计
		金属锡		氧化亚锡状态的锡	二氧化锡状态的锡	
		>10μm	<10μm			
占渣重/%		8.76	0.73	5.94	2	17.43
占渣含锡/%		50.3	4.2	34	11.5	100
分析方法		显微镜观察		差减法计算	化学物相分析	化学分析
富渣	占渣重/%	6.87		8.1	1.67	16.64
	占渣含锡/%	41.2		48.8	16	100
贫渣	占渣重/%	0.3		2.6	2.7	5.6
	占渣含锡/%	5.3		46.4	48.3	100

从表 5-4 中数据分析锡在渣中损失的原因有：

(1) 渣中的 SnO 没有完全被还原造成的化学损失，约占渣中锡量的 50%；

(2) 还原后的小锡滴没有聚合沉降，悬浮在渣中造成机械损失，在富渣中约占锡量的 40%；

(3) 锡在渣中的熔解，这种损失较少。

所有这些锡在渣中损失的原因与炉渣中的主要化学组成 FeO、SiO、CaO 的含量有关，因为这些组成含量的变化决定了炉渣的性质。

在讨论炉渣的组成和结构时，较成熟的理论是分子与离子共存理论。按照共存理论的观点，熔渣是由简单离子（Na^+、Ca^{2+}、Mg^{2+}、Mn^{2+}、Fe^{2+}、O^{2-}、F^- 等）和 SiO_2、硅酸盐、铝酸盐等物质组成。国内外一些炼锡厂的炉渣组成见表 5-5，从表中可以看出，炼锡炉渣可以分为三大类型：

(1) 高铁质炉渣，这种炉渣以 FeO 和 SiO_2 二元组成为主；

(2) 低铁质炉，这种炉渣以 FeO、SiO_2 和 CaO 三元组成为主；

(3) 高钙硅质炉渣，这种炉渣以 CaO、SiO_2 和 Al_2O_3 三元组成为主。

表 5-5　国内外一些炼锡厂炼锡炉渣的化学成分实例

成　分	SiO_2	FeO	CaO	Al_2O_3	Sn	硅酸度	熔炼设备
国内 1 号	19~24	38~45	1~2	7~12	6~10	1.1~1.3	反射炉
国内 2 号	24~31	31~35	9~10	1.4~1.6	7~10	1.2~1.6	反射炉
国内 3 号	26~32	3~5	32~36	10~20	3~7	1.0~1.2	电炉
国内 4 号	17~26	9~21	15	7~12	3~5	1.3~2.0	电炉
美　国	41.12	13~20	2	10.2	23.6	—	反射炉
苏　联	22~30	17~22	14~15	12~14	4~12	1.25~1.60	反射炉
印度尼西亚	18~24	14~21	5~9	—	0.8~12	—	转炉
玻利维亚	30	30	14	11	9~12	1.45	反射炉
马来西亚	21.53	16.9	12.72	6.81	15.07	1.55	反射炉
英　国	25	32	13	10	4.4	1.34	鼓风炉

高铁质炉渣适用于冶炼含铁量大于 15% 的锡精矿；低铁质炉渣适用于冶炼含 5% ~ 10% 的高硅质锡精矿或富渣再熔炼；高钙硅质炉渣的导电性小、熔点高，适用于电炉处理含铁量低于 5% 的锡精矿及烟尘。

5.4.3 FeO-SiO₂-CaO 系炉渣性质

采用 FeO-SiO₂-CaO 为基础的渣型是实际冶炼中常见的三元系渣型，下面以 FeO SiO₂-CaO 系为基础来讨论锡炉渣的性质。

5.4.3.1 炉渣熔点

FeO-SiO₂-CaO 三元系炉渣的状态图（见图 5-6a）表面，在靠近 SiO₂-FeO 线一方的 $2FeO \cdot SiO_2(F_2S)$ 化合物点，配入适当的 CaO，使其成分向中央扩散，形成一个低熔点炉渣组成的区域（低于 1300℃），这个区域是炼锡炉渣及其他有色冶金炉渣的组成范围（见图 5-6b）。若要求炉渣熔点低于 1150℃，则炉渣组成范围为：$w(SiO_2)$：32% ~ 46%，$w(FeO)$：35% ~ 55%，$w(CaO)$：5% ~ 20%。

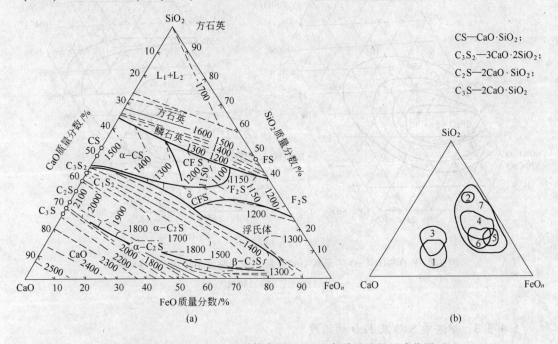

图 5-6 FeO-SiO₂-CaO 三元系状态图（a）及各种炉渣的组成范围（b）

1—碱性炼钢平炉；2—酸性炼钢平炉；3—碱性氧气转炉；4—铜反射炉；
5—铜鼓风炉；6—铅鼓风炉；7—炼锡炉渣

在锡还原熔炼过程中，不可避免地有 SnO 甚至有许多 SnO 进入炉渣中，可使 FeO-SiO₂-CaO 三元系炉渣的液相区（1200℃ 以下区域）有所扩大，当产出 SnO 含量较高时，这种范围扩大更加明显。所以当炉渣中 SnO 含量高时，对炉渣成分的要求不如含 SnO 低时那么严格。炉渣中含有少量的 Al_2O_3、MgO、TiO_2 和 ZnO 时，熔点稍有降低，若其含量高时会使炉渣的熔点升高。

5.4.3.2   炉渣黏度

为了保证渣与锡更好的分离，炉渣的黏度一定要低。一般来说碱性渣比酸性渣黏度小，炉渣的黏度影响金属锡与炉渣的分离。实验测出的 FeO-SiO_2-CaO 三元系炉渣的组成黏度如图 5-7 所示，该图表明，在 $2FeO \cdot SiO_2$ 化合物点附近，适当加入少量的（小于20%）CaO，炉渣的黏度是最低的。当 SiO_2 含量增加时，炉渣的黏度明显增大。如图 5-7所示，SiO_2 的摩尔分数为 35% ~ 37% 时（相应的质量分数为 31% ~ 33%），恰为黏度下降区，也是形成 $2FeO \cdot SiO_2$ 的区域，SiO_2 摩尔分数超过 40%，黏度会明显上升。根据炉渣结构理论分析，炉渣黏度大小主要与炉渣中 $Si_x O_y^{2-}$ 有关。炉渣含 SiO_2 越高，$Si_x O_y^{2-}$ 越复杂，会形成多个联结的网状结构，致使炉渣流动性变坏，黏度大大升高。加入一些碱性氧化物（FeO、CaO 等），便可以破坏 $Si_x O_y^{2-}$ 的多链网状结构，形成简单的金属阳离子和 SiO_4^{4-}、O^{2-} 离子，从而使炉渣黏度降低。当炉渣的组成确定后，可以查出相应的黏度范围，在配料计算时也可以利用等黏度曲线图选择黏度较低的炉渣组成。

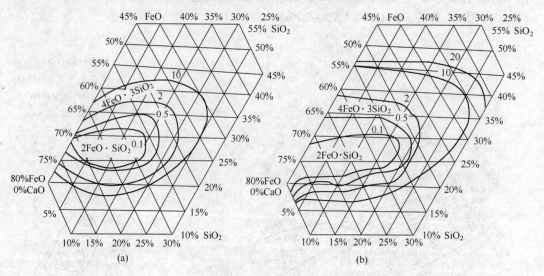

图 5-7 FeO-SiO_2-CaO 三元系中的等黏度线（黏度单位为 $Pa \cdot s \times 10^{-1}$）

（a）1250℃；（b）1300℃

5.4.3.3   炉渣中 SnO 及 FeO 的活度

前已述及，炉渣中 $\alpha_{(FeO)}$ 与 $\alpha_{(SnO)}$ 对锡、铁分离有很大影响。图 5-8 表示 1600℃ 下 FeO_n-SiO_2-CaO 三元系渣中 $\alpha_{(FeO)}$ 随渣成分的变化情况。从图中可以看出，当 CaO 含量在炼锡炉渣中的组成范围时，FeO 的活度随着 CaO 的增加而增加，例如该图中的 AB 线表示在 SiO_2-FeO 二元系渣中，加入适量的 CaO 可使渣中 $\alpha_{(FeO)}$ 增加。这是由于 CaO 的碱性更强，可以置换出 $2FeO \cdot SiO_2$ 中的 FeO 而形成 $2CaO \cdot SiO_2$。

FeO_n-SiO_2-CaO 实际上是一个硅酸盐体系，SnO_2 与 SiO_2 不生成化合物和固溶体，仅仅微溶于或完全不溶于简单的硅酸盐熔体或复杂的硅酸盐熔体，熔于硅酸盐的主要是 SnO，Sn 以 $SnO \cdot SiO_2$ 的形态熔于硅酸盐炉渣中。与 FeO-SiO_2 二元系一样，往 SnO-SiO_2 二元系渣

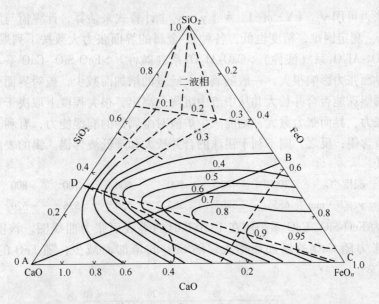

图 5-8 FeO_n-SiO_2-CaO 三元系中 FeO 的等活度线（1600℃）

中加入 CaO，可以置换出 SnO，从而提高 $a_{(SnO)}$，并且随着 CaO 含量的增加，其活度增大，见图 5-9 中的 *AB* 线。

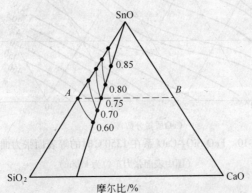

图 5-9 SnO-CaO-SiO_2 三元系中 SnO 的等活度线（1100℃）

例如，在 *AB* 线上，SnO 的浓度不变，但沿着 *AB* 方向减少 SiO_2 和增加 CaO 的含量时，$a_{(SnO)}$ 从 *A* 点时的 0.6 增至 0.7~0.75，最后接近 0.8（即 *AB* 线与图中等活度线各交点的值），故 γ 也随之增大。所以在锡精矿还原熔炼时，造高钙渣更有利于渣中的 SnO 还原。采用 $w(CaO)/w(SiO_2)$ 比率高的炉渣能提高锡的回收率，这就是富锡炉渣加钙（CaO）再熔炼的主要依据。

5.4.3.4 炉渣的表面张力

FeO-SiO_2-CaO 系熔渣的界面直接关系到炉渣-金属的分离、炉渣-金属两相间的反应以及传质速率和耐火材料的腐蚀等。熔渣的界面性质主要取决于炉渣的表面张力和锡的表面张力。界面张力的大小往往由两液体表面张力的差给出，这称为安托诺夫法则，即渣-金

属间的界面张力可用 γ_{ms}（$N \cdot m-1$）= $|\gamma_m - \gamma_s|$ 计算式来估算，计算值与实测值往往不一致，因为 γ_{ms} 测定困难，精度也低，各种渣-金属的界面张力大致按下列顺序依次减小：$CaF_2 > CaO\text{-}SiO_2\text{-}Al_2O_3$ 系（酸性）$> CaO\text{-}Al_2O_3$ 系（碱性）$> FeO\text{-}SiO_2\text{-}CaO$ 系。金属中的氧量和硫量对界面张力影响很大，一般随氧量、硫量的增加而减少，硫对界面张力的影响不如氧大。金属锡珠能否合并长大并从中渣中沉降分离出，很大程度上取决于炉渣和金属锡之间的界面张力，界面张力愈大，则能减少炉渣对金属锡的润湿能力，有利于锡珠合并长大，能降低渣含锡；反之，则不利于锡珠的合并长大和降低渣含锡。锡的表面张力随温度的升高而降低。

温度/℃	200	400	500	600	700	800
γ_{Sn}/N·mm^{-1}	685	580	565	550	535	520

图 5-10 为 $FeO\text{-}SiO_2\text{-}CaO$ 系炉渣在 1350℃ 时的等表面张力曲线图。该图表明，这种炉渣的表面张力随 CaO 的增加而增大，随 SiO_2 的增加而减少，随 FeO 的增加而缓慢增加。

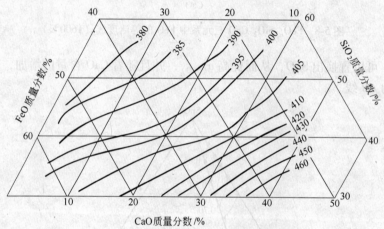

图 5-10　$FeO\text{-}SiO_2\text{-}CaO$ 系在 1350℃ 时的等表面张力曲线图

（图中表面张力单位为 kN/m）

5.4.3.5　炉渣热含量

将单位重量的炉渣由 25℃ 加热到指定温度时所吸收的热量称为炉渣的热含量。炉渣的热含量对燃料消耗或电耗有很大影响。炉渣的热含量越高则需要的能耗越高，因此在生产中应尽量选择热含量较低的渣型，以降低燃料或电的消耗。

5.4.3.6　炉渣密度

炉渣与金属熔体的密度差对炉渣与金属熔体的澄清分层有着决定性的作用。炉渣密度越小，其与金属熔体的差值越大，一般其值不应低于 $1.5 \sim 2g/cm^3$，才有利于两者的澄清分层。

炉渣的密度可按其组成的密度，用加权法进行近似计算，其主要组成的密度为：

氧化物	FeO	CaO	Al_2O_3	MgO	SiO_2
密度/g·cm^{-3}	5	3.32	2.80	3.4	2.51

FeO 含量越高的炉渣，密度越大（见表5-6），不利于炉渣与金属熔体的澄清分层。含 SiO_2 高的酸性炉渣则相反。

表 5-6 FeO-SiO₂-CaO 三元系炉渣组成与密度关系

组成（质量分数）/%	SiO_2	20	25	30	35	40
	FeO	65	60	55	50	45
	CaO	15	15	15	15	15
密度/g·cm⁻³		4.10	3.95	3.80	3.60	3.50

5.4.3.7 炉渣的硅酸度

大多数炼锡厂采用 FeO-SiO₂-CaO 系炉渣，基本上是氧化亚铁与氧化钙的硅酸盐，按这种炉渣的分子结构分类，可将其分为碱性氧化物（如 FeO、CaO）和酸性氧化物（如 SiO_2）。在生产实践中，将酸性氧化物中的含氧量与碱性氧化物中的含氧量之比，称为炉渣的硅酸度（K），可以用下式表示：

K=酸性氧化物中氧的质量之和/碱性氧化物中氧的质量之和

一个简便的计算公式是：

$$K = \frac{\frac{1}{30}SiO_2\%}{\frac{1}{56}CaO\% + \frac{1}{72}FeO\%} \tag{5-24}$$

式中，分子项 SiO_2 的相对分子质量为60，对1个O而言为30，故其系数取 1/30；分母项 CaO 的相对分子质量为56，对1个O而言为56，故系数取 1/56，FeO 的相对分子质量为72，对1个O而言为72，故其系数取 1/72。例如，某炉渣成分为（质量分数）：SiO_2 26%，FeO 50%，CaO 2%。其硅酸度为：

$$K = \frac{\frac{1}{30} \times 26}{\frac{1}{56} \times 2 + \frac{1}{72} \times 50} = \frac{0.87}{0.036 + 0.69} = 1.19 \approx 1.2$$

当 K=1 时称为硅酸度炉渣，相当于 2MeO·SiO_2 组成的硅酸盐炉渣；当 K=2 时称为二硅酸度炉渣，相当于 MeO·SiO_2 组成的炉渣。炼锡厂产炉渣的 K 值波动在 1~1.5 之间。

当电炉熔炼处理低铁（小于15%）锡精矿时，可以采取高温及强还原气氛进行熔炼，也可采用 SiO_2-CaO-Al_2O_3 三元系渣型，因为这种渣含 FeO 少，不必担心渣中 FeO 被还原，从而可以得到含锡较低的炉渣，这种炉渣的熔点较高，只适合于电炉熔炼处理低铁、高钙、高铝的锡精矿。CaO-Al_2O_3-SiO_2 三元系相图如图 5-11 所示。

5.4.3.8 导电性

炉渣的导电性对电炉熔炼具有较重要的意义，因为电炉的热量是靠电极与熔渣接触处产生电弧及电流通过炉料和炉渣发热来进行还原熔炼的。影响炉渣导电性的因素主要是炉渣的黏度，所以凡影响炉渣黏度的因素都会影响到炉渣的导电性。

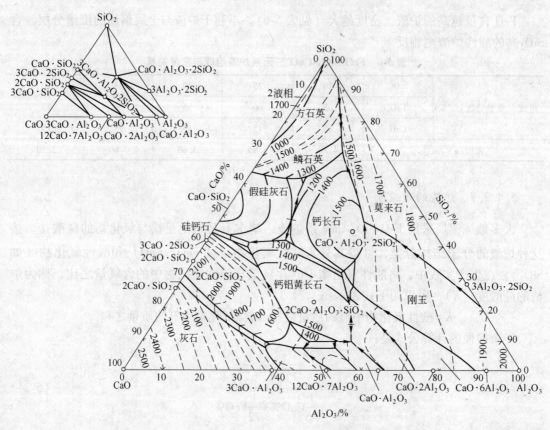

图 5-11 CaO-Al₂O₃-SiO₂ 三元系相图

熔渣的电导率是电阻率的倒数，其单位为 $(\Omega \cdot cm)^{-1}$。组成炉渣的氧化物由于结构不同，电导率相差很大。SiO_2、B_2O_3 和 GeO_2 等是共价键成分很大的氧化物，在熔渣中形成聚合阴离子，大尺寸的聚合阴离子在电场作用下难以实现电迁移，电导率很小，在熔点处其电导率 $K < 10^{-5}$ $(\Omega \cdot cm)^{-1}$。碱性氧化物中离子键占优势，在熔融态时离解成简单的阴离子和阳离子，易于实现电迁移，熔点处电导率 $K \approx 1$ $(\Omega \cdot cm)^{-1}$。一些变价金属氧化物如 CoO、NiO、Cu_2O、MnO、V_2O_3 和 TiO_2 等，由于金属阳离子价数的改变（如 $Fe^{2+} = Fe^{3+} + e$）将形成相当数量的自由电子或电子空穴，使氧化物表现出很大的电子导电性，其电导率高达 150~200 $(\Omega \cdot cm)^{-1}$。图 5-12 所示为 1400℃时 FeO-SiO₂ 系熔渣的电导率与 SiO₂ 含量的关系。图 5-13 为 1200℃下

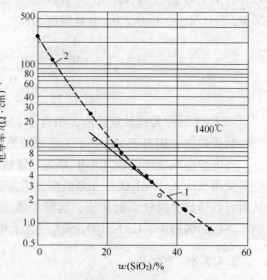

图 5-12 FeO-SiO₂ 系熔渣的电导率
与 SiO₂ 含量的关系（1400℃）

1 — Mori. K 等数据；2 — J. Chipman 等数据

FeO-SiO$_2$-CaO 系（含 $w(SiO_2)$：28%，$p_{O_2} = 10^{-4} \sim 10^{-7}$Pa 时）熔渣的电导率与 Fe^{2+} 含量的关系。Al$_2$O$_3$ 对熔渣电导率的影响与 SiO$_2$ 的影响相同，而 ZnO 的影响与 FeO 的影响相同。此外，组分相近的炉渣，电导率极相近。

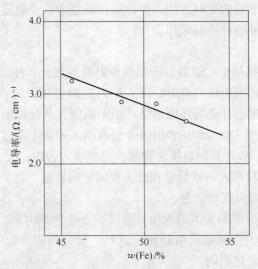

图 5-13　FeO-SiO$_2$-CaO 系熔渣的电导率与 Fe^{2+} 含量的关系（1200℃）

5.5　渣型选择与配料计算

5.5.1　渣型选择

选择合理的渣型，对熔炼过程的顺利进行以及获得较满意的技术经济指标有很大的意义。在选择炼锡炉渣渣型时考虑的原则有：

（1）首先应掌握入炉物料的准确成分，选择的渣型应能最大限度地溶解精矿中的脉石成分及有害杂质，又很少溶解或夹带金属锡。

（2）所选渣型的性质应满足熔炼过程的要求。对炼锡炉渣一般要求：熔点要低但要适应熔炼工艺的要求，一般控制在 1100~1200℃；炉渣黏度要小，以不超过 0.2Pa·s 为宜（在 1200℃ 及 1300℃ 下，碱度大于 1.5 时，工业炉渣黏度都低于 0.2Pa·s）；密度应小于 4.0g/cm^3，保证与粗锡的密度差值在 2 g/cm^3 以上；金属-炉渣的界面张力要大，以利于金属液滴汇合与澄清分离。

（3）根据精矿中的铁与脉石成分配入适当的熔剂，以满足对炉渣性质的要求。选择的熔剂应具有很高的造渣效率，如选用的石灰石应该含 CaO 高，含 SiO$_2$ 很少。配入哪种熔剂视精矿成分而定，如含铁很高的精矿，应选择高铁渣型，只配入少量的石灰石或石英砂，这样不仅可以减少熔剂的消耗，还能减少渣量，从而提高锡的回收率。要特别注意，选择渣型时，必须同时注意渣含锡量与渣量，否则渣含锡低而渣量大，同样会造成锡的大量损失。

5.5.2　配料计算

若选择了合理的渣型后，就可以开始配料计算，求出所需要的配入的熔剂量，具体计算方法有综合法与硅酸度法两种。

5.5.2.1　综合法

综合法是一种比较准确的配料方法，但计算比较复杂，一般适用于物料成分稳定、批量大的配料，或者需要准确计算时采用。

A　计算步骤

（1）将各种物料包括精矿、返料、还原剂及燃料的灰分，种类、数量和造渣元素填入表内。其中燃料的灰分是指粉煤燃烧时，落入炉内的粉煤灰，约占全部粉煤灰分的 40%。还原剂灰分量可以根据理论计算的还原剂量和固定碳所含灰分算出。

（2）按照粗锡直收率 77%～87% 和粗锡含锡 80%～90% 计算出粗锡产量。再根据粗锡产量按照粗锡含铁 4%～5% 计算出粗锡含铁量，分别填入表内。

（3）将表内各种物料带入的铁量总和减去粗锡中的铁量，以剩下的铁量为基础，根据选定的渣型含铁量计算出应产炉渣量。

（4）按照选定的渣型中的 SiO_2 的含量计算出炉渣应含 SiO_2 量。

（5）将炉渣中的 SiO_2 数量减去由精矿、返料、灰分等带入的 SiO_2 量。将所得的差填入表内石英项中的 SiO_2 含量栏内。

（6）根据石英的成分计算出适应的熔剂能力，并计算出石英的用量填入表内。

（7）用计算石英用量的同样的方法，计算出石灰石的用量填入表内。

（8）将表中各造渣元素重量之和（不包括粗锡中的造渣元素）列入炉渣项的相应造渣元素栏内，并计算出相应的百分含量。

（9）将表中所列渣型与选定的渣型进行对比，并进行适当调整。

B　实例计算

（1）把入炉含锡物料的种类、数量、元素或化合物的含量及质量填入表 5-7 中。

（2）根据使精矿中的铁的氧化物尽量造渣和渣含锡尽可能低的原则，既要从理论出发，又要考虑实际经验来选择合理的渣型填入表 5-7 中。

（3）还原煤用量的计算，假设物料中的锡和铅全部还原成金属，并假设铁的 5% 被还原进入粗锡，其余的铁被还原成为氧化亚铁进入炉渣。还原剂用量按照下列反应式计算：

$$2SnO_2 + 3C \xlongequal{\quad} 2Sn + 2CO + CO_2 \tag{5-25}$$

$$Fe_2O_3 + C \xlongequal{\quad} 2FeO + CO \tag{5-26}$$

$$3PbO + 2C \xlongequal{\quad} 3Pb + CO + CO_2 \tag{5-27}$$

$$Fe_2O_3 + 2C \xlongequal{\quad} 2Fe + CO + CO_2 \tag{5-28}$$

计算出来的碳量再乘以 1.1～1.2 的过剩系数，然后根据还原剂的含碳量将计算所得的碳量换算成实际的还原煤量。因为还原煤的灰分在熔炼过程中参与造渣，所以要计算出灰分中的各种造渣成分的数量，计算时假设煤含灰分 25%，而灰分含二氧化硅 40%，氧化亚铁 60%，氧化钙 2%，将计算出来的二氧化硅、氧化亚铁、氧化钙分别填入表 5-7 中。

（4）粗锡量及成分的计算。按照直接回收率 82% 计算，算出粗锡含锡数量为 48.79kg，粗锡品位为 80%，计算出粗锡量为 60.98kg，按照入炉物料铁的 5% 还原成金属进入粗锡计算出粗锡含铁的质量（以 FeO 计）为 1.2kg，粗锡含 FeO 的含量为 1.97%，若粗锡含铁超过 3%，则将超出部分计算出硬头量。

（5）烟尘率及烟尘成分的计算。烟尘率是指产出的烟尘量占入炉含锡物料的百分比。反射炉的烟尘率一般为 5%~11%，电炉烟尘率一般为 2%~3%，顶吹沉没熔炼炉一般为 15%~20%，现取烟尘率 8%，计算的烟尘量等于（100+50）×8%＝12kg，又取尘含锡品位为 35%，含二氧化硅 6%，含氧化亚铁为 2%，含氧化钙为 0.2%，则分别计算得锡、二氧化硅、氧化亚铁和氧化钙的量为 4.2 kg、0.72 kg、0.24 kg、0.024kg。

（6）渣量及成分的计算。入炉物料所带入的氧化亚铁总量为 24.04kg，减去粗锡、硬头和烟尘的氧化亚铁量，余下的 22.6kg 便是进入炉渣的氧化亚铁量，设炉渣含氧化亚铁为 40%，则炉渣量为 56.5kg。

入炉物料带入的总锡量为 59.5kg，减去粗锡、硬头和烟尘所带走的锡量，余下的 6.51kg 锡进入渣中，则渣含锡品位为 6.51÷56.5×100%＝11.52%。

（7）外加石英量的计算。假设炉渣含二氧化硅 21%，算出渣含二氧化硅量填入表 5-7 中，然后将渣中的二氧化硅量加上产出烟尘所含二氧化硅量，减去入炉精矿、烟尘和还原煤灰分所含的二氧化硅量，需要外加石英砂量 7kg。

（8）渣型的确定。当外加石英量确定后取石英含氧化亚铁品位为 7%，含氧化钙品位为 3%，分别计算得石英带入的氧化亚铁 0.49kg，带入氧化钙 0.21kg，最后根据石英带入的这些成分的数量对渣型进行调整，得表中的渣型（质量分数）Sn11.52%，SiO_2 20.49%，FeO 40%，CaO 1.6%，其硅酸度为 1.17。

表 5-7 配料计算表实例

名　称		数量/kg	Sn		FeO		SiO_2		CaO	
			%	质量	%	质量	%	质量	%	质量
投入	锡精矿	100	42	42	22	22	0.8	0.8	0.5	0.5
	烟尘	50	35	17.5	2	1	6	3	0.2	0.1
	还原煤	22								
	燃料灰分				10	0.55	40	2.2	2	0.11
	石英	7			7	0.49	90	6.3	3	0.21
	合　计	179		59.5		24.04		12.3		0.92
产出	粗锡	60.98	80	48.79		1.2				
	炉渣	56.5	11.52	6.51	40	22.6	20.49	11.58	1.6	0.9
	烟尘	12	35	4.2	2	0.24	6	0.72	0.12	0.024
	合　计	129.48		59.5		24.04		12.3		0.92

5.5.2.2 硅酸度法

硅酸度法配料是一种比较简单、经验型的配料方法。它的特点是快速方便，适合于复杂多变的物料的配料。实践证明用此法计算的结果能满足工业生产的要求，是一种实用的配料方法。

将常用的各种精矿及返料分别进行自熔性计算，以确定该物料的酸碱性。将物料中的 FeO、CaO 的实际含量代入，求出当硅酸度为 1 时的 SiO_2 的量。将所得的 SiO_2 含量减去物

料中实际 SiO_2 含量，若差值为正，说明物料为碱性，反之为酸性。

将酸性物料与碱性物料进行搭配，使混合物料的硅酸度尽量接近于 1，然后用石英或石灰调节硅酸度，直到混合料的硅酸度 $K=0.9\sim1$ 为止。

以上配料方法没有考虑实际熔炼过程中还原剂及燃煤灰分的影响，因此在实际炉渣的硅酸度配料时要略高些，一般 $K=1.2$ 左右。

以上两种配料方法，不论采用哪一种，都必须在熔炼实践中检验。通过一段时间实践后，取炉渣综合样进行化验，以验证配料的准确性。

5.6　锡顶吹浸没熔炼的一般工艺流程

顶吹浸没熔炼技术也叫澳斯麦特技术。顶吹浸没熔炼技术是早在 20 世纪 70 年代初为处理低品位锡精矿和复杂含锡物料而研发的。1981 年澳斯麦特公司将该技术应用于铜、铅、锡的冶炼，因此称之为澳斯麦特技术。

1996 年，秘鲁明苏公司引进澳斯麦特技术，建成世界上第一座采用澳斯麦特技术炼锡，年处理 3×10^4t 的锡精矿，产出 1.5×10^4t 精锡的冯苏冶炼厂。1997 年达到设计能力，1998 年改用富氧鼓风，年处理能力增加到 4×10^4t 锡精矿，产出精锡 2×10^4t 精锡的水平。1999 年该厂又新建一座澳斯麦特炉，使产锡能力进一步提高。2002 年 4 月，云南锡业股份有限公司建成中国第一座澳斯麦特炉，设计能力为年处理 5×10^4t 锡精矿，为世界上最大的澳斯麦特炉。2008 年改用富氧鼓风，年处理能力增加到 7×10^4t 锡精矿。经过引进、消化、吸收形成了一系列具有云锡自主知识产权的高新技术，因此业界又有称其为云锡顶吹炉。2013 年广西某冶炼厂建成中国第二座澳斯麦特炉，设计能力为年处理 3.5×10^4t 锡精矿，产出 1.75×10^4t 精锡。

锡精矿经沸腾焙烧脱砷、脱硫，再经磁选，使锡精矿中 Sn 品位提高至 50% 以上，As<0.45%，S<0.5%。放置于料仓内。其他入炉物料还原煤，贫渣经烟化产出烟化尘及凝析产出的析渣焙烧后也置于各自的料仓内。各种入炉物料经计量配料后，送入双轴混合机进行喷水混捏。混捏后的炉料经计量，用胶带输送机送入澳斯麦特炉内进行还原熔炼。

还原熔炼过程周期性进行，通常将其分成熔炼、弱还原及强还原三个阶段，熔炼阶段，需 $6\sim7$h，熔炼结束后渣含 $w(Sn)$：15% 左右；弱还原阶段，需 20min，渣含 $w(Sn)$ 由 15% 降至 5%：强还原阶段，需 90min，渣含 $w(Sn)$ 由 5% 降至 1% 以下。一些工厂的强还原作业不在澳斯麦特炉内进行，而将经熔炼和弱还原两个过程得到含 $w(Sn)$：5% 左右的贫渣直接送烟化炉处理，这样既可增加熔炼的作业时间，又可提高 Sn 的回收率。

澳斯麦特熔炼炉产出粗锡、贫锡渣和含尘烟气。熔炼炉产出的粗锡进入凝析锅凝析，将液体粗锡降温，铁因溶解度减少，而成固体析出，以降低粗锡中的含铁量。凝析后的粗锡通过锡泵泵入位于电动平板车上的锡包中，运至精炼车间进行精炼，精炼过程凝析产出的析渣经熔析、焙烧后返回配料。这部分渣称为焙烧熔析渣。

熔炼炉产出的贫渣放入渣包，通过抓推车和抬车，送烟化炉硫化烟化处理，得到抛渣和烟化尘，烟化尘经焙烧后返回配料。这部分烟尘称为贫渣焙烧烟化尘。熔炼炉产出的含尘烟气经余热锅炉回收余热，产出过热蒸汽，然后经冷却器冷却，再经布袋收尘器收尘，收下烟尘经焙烧返回配料入炉，这部分烟尘称为焙烧烟尘。烟气再经洗涤塔脱除 SO_2 后烟囱排放。顶吹炉炼锡的一般生产流程如图 5-14 所示。

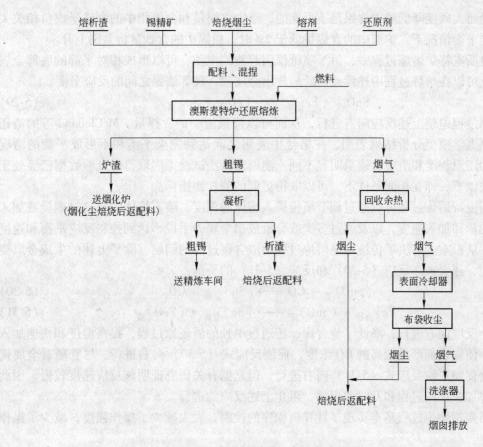

图 5-14　锡顶吹熔炼一般工艺流程图

澳斯麦特技术与传统炼锡炉相比，最大的特点是通过喷枪形成一个剧烈翻腾的熔池，极大地增强了整个反应过程的传热和传质过程，大大提高了反应速度，有效地提高了反应炉的炉床能力（炉床指数可达 $18 \sim 20t/(m^2 \cdot d)$），并可大幅度地降低燃料的消耗。

在澳斯麦特炉熔炼过程中，燃料随空气通过喷枪直接喷入炉体内部，燃料直接在物料的表面燃烧，高温火焰可以直接接触传热。并且由于熔体不断直接搅动，强化了对流传热，从根本上改变了其他炉型熔炼主要靠辐射传热的状况，从而，大幅度提高热利用效率，降低了燃料消耗。

锡精矿还原反应过程主要是 SnO_2 同 CO 之间的气固反应，而控制该反应速度的主要因素是 CO 向精矿表面扩散和 CO_2 向空间的逸散速度和过程。在其他炉型熔炼过程中，物料形成静止料堆，不利于上述过程的进行。而在澳斯麦特熔炼过程中，反应表面受到不断的冲刷以及由于燃料在物料表面直接燃烧的高温可形成更高的 CO 浓度，有力地促进了上述的扩散和逸散过程，改善了反应的动力学过程，加快了还原反应的进行。

澳斯麦特熔炼过程可以通过调节喷枪插入深度、喷入熔体的空气过剩量或加入的还原剂的量和加入速度，以及通过及时放出生成的金属等手段，达到控制反应平衡的目的，从而控制铁的还原，制取含铁量较少的粗锡和含锡量较少的炉渣。

由于反射炉等传统熔炼过程中渣相和金属相之间达到平衡，因此，要想得到含铁量较少的粗锡而大幅度降低渣中含锡是不可能的，渣中含锡量和金属相中的含铁量成负相关关系，即当平衡情况下，炉渣中的含锡量低于 2% 时，粗锡中的含铁量将急剧上升。

在澳斯麦特炉熔炼过程中，由于喷枪仅引起渣的搅动，可以形成相对平静的底部金属相，因此可以在熔炼过程中连续或间断地放出金属锡，破坏渣锡之间的反应平衡。

$$SnO_{渣} + Fe_{金属} \longrightarrow FeO_{渣} + Sn_{金属} \tag{5-29}$$

放锡过程迫使上述反应向右进行，从而可以降低渣中的含锡量。McClelland 等的渣还原过程热力学模型分析结果表明，在熔池中渣锡之间达到完全平衡和不形成平衡的情况下，锡的还原程度和渣中含锡量明显不同。澳斯麦特法试验工厂取得的试验数据已经处于平衡曲线以下，即在相同条件下，可以取得更低的渣含锡指标。

澳斯麦特熔炼过程可以通过调节喷枪插入熔体的深度、喷入熔体的空气过剩量或加入还原剂的量和加入速度，以及通过多次或分批放出金属等手段，达到控制反应平衡和速度的目的，从根本上解决了传统熔池熔炼过程中渣含锡过高的问题。除了上述的生成金属要及时排除，还会破坏反应（5-30）和反应（5-31）的平衡：

$$(SnO)_{渣} + CO \longrightarrow [Sn]_{金属} + CO_2 \tag{5-30}$$

$$[Fe]_{金属} + (SnO)_{渣} \longrightarrow [Sn]_{金属} + (FeO)_{渣} \tag{5-31}$$

迫使两个反应向右进行，降低了渣含锡，还通过单独的渣还原过程，提高温度和快速加入还原剂，使渣表面形成较高的 CO 浓度，促使反应式（5-30）向右进行。尽管随着金属锡的析出会促使平衡反应式（5-31）向右进行，但是据有关研究证明该反应速度较慢，因此可以通过加快反应进程和及时放出锡，阻止上述反应的进行。

澳斯麦特熔炼过程基本实现了计算机程序的控制，大大减少了操作强度，减少了操作人员数量。

澳斯麦特熔炼过程基本上处于密闭状态，极大地改善了作业环境。由于总体烟气量少，相应的收尘系统也简单，例如冯苏冶炼厂烟气量在最高的熔炼阶段也达不到 30000Nm³/h，相当于两座反射炉的烟气量，从而极大地节省了收尘系统的投资和操作维护费用。

作为澳斯麦特技术关键的喷枪，由于可以通过外层套管中压缩空气的冷却，在外壁挂上一层渣，使喷枪不易被烧损，万一被烧损，修补也很方便。

澳斯麦特技术是典型的沉没熔炼技术，它的先进性主要表现在以下几个方面：

（1）熔炼效率高、熔炼强度大。澳斯麦特技术的核心，是利用一根经特殊设计的喷枪插入熔池，空气和粉煤燃料从喷枪的末端直接喷入熔体中，在炉内形成一个剧烈翻腾的熔池，极大地改善了反应的传热和传质过程，加快了反应速度和热利用率，有极高的熔炼强度。澳斯麦特炉单位熔炼面积的处理量（炉床指数）是反射炉的 10~20 倍。

（2）处理物料的适应性强。由于澳斯麦特技术的核心是有一个翻腾的熔池，因此，只要控制好适当的渣型，选好熔点和酸碱度，对处理的物料就有较强的适应性。

（3）热利用率高。由喷枪喷入熔池的燃料直接同熔体接触，直接在熔体表面或内部燃烧，根本上改变了反射炉主要依靠辐射传热，热量损失大的弊病。炉内烟气经一个出口排出，烟气余热能量得到充分利用，将使每吨锡的综合能耗有较大幅度的下降。

（4）环保条件好。由于集中于一个炉子，烟气集中排出，容易解决烟气处理问题。因澳斯麦特炉开口少，整个作业过程处于微负压状态，基本无烟气泄露，无组织排放大幅度减少。此外，由于烟气集中，可以有效地进行 SO_2 脱除处理，从根本上解决对环境的污染。

（5）自动化程度高。基本实现过程计算机控制，操作机械化程度高，可大幅度降低劳动强度，提高劳动生产率。

（6）减少中间返回品占用。澳斯麦特熔炼过程可以通过调节喷枪插入深度、喷入熔体的空气过剩量或加入还原剂的量及加入速度等手段，控制反应平衡，从而控制铁的还原，制取含铁量较少的粗锡，大大减少返回品数量。

（7）占地面积小、投资省。由于生产效率高，炉子主体仅占地数十平方米，主体设备简单，投资省。

5.7 顶吹炉的结构及主要附属工艺设备

5.7.1 顶吹炉结构

锡顶吹炉（见图 5-15）是固定垂直放置的钢壳圆柱体，由 $25\sim40mm$ 的钢板制成，外形尺寸不等，顶部有锥形收口的圆筒形炉，内衬带钢纤维的高铝质浇注料，再通过过渡段

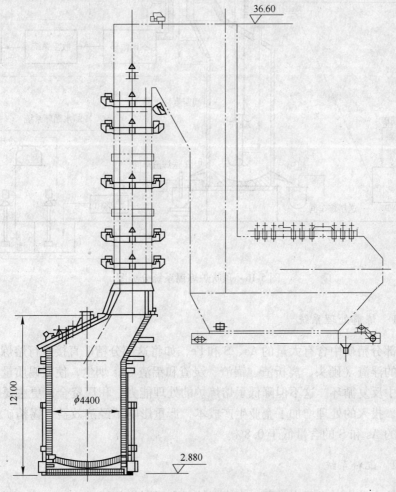

图 5-15 国内某锡顶吹炉炉体及锅炉系统

与余热锅炉的垂直上升烟道连接，炉顶设有喷枪孔、进料孔，备用烧嘴孔和取样检测孔。炉体下部设有放锡口和放渣口相互成 90°角配置，渣口比锡口高。炉内衬为两层耐火材料，主要为优质铬镁砖或铬铝尖晶石，厚度依据炉壳体积而定。炉顶为呈倾斜的平板钢壳，其上分别开有喷枪口、进料口、备用烧嘴口和取样观察口。

5.7.2　主要附属工艺设备

顶吹炉炼锡系统一般分为炼前处理系统、配料系统、熔炼系统、供风系统、烟气处理系统、余热发电系统、冷却水循环系统和供风系统等（见图 5-16）等。其设备连接如图 5-17 和图 5-18 所示。

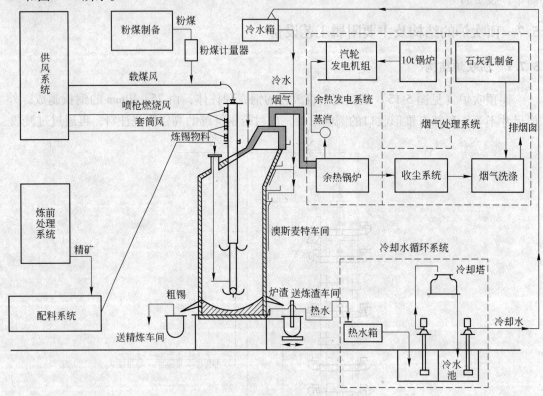

图 5-16　顶吹炉炼锡系统分类图

5.7.2.1　炼前处理系统

相当一部分精矿中含有大量的 As、S 和 Fe，如将这部分精矿直接进行熔炼，会在生产中产生大量的浮渣（硬头、离析渣、锅渣、炭渣和铝渣等）烟尘，使粗锡质量下降，大量的锡在流程中反复循环。这不但降低了熔炼炉的处理能力，积压资金，更主要的是返回品的多次产出、投入的处理增加了企业生产成本，严重影响了经济效益，锡精矿通过沸腾焙烧使焙砂中的 As 和 S 的含量低于 0.8%。

5.7.2.2　配料系统

配料系统由矿仓、电子皮带秤、皮带运输机和混料机等组成。

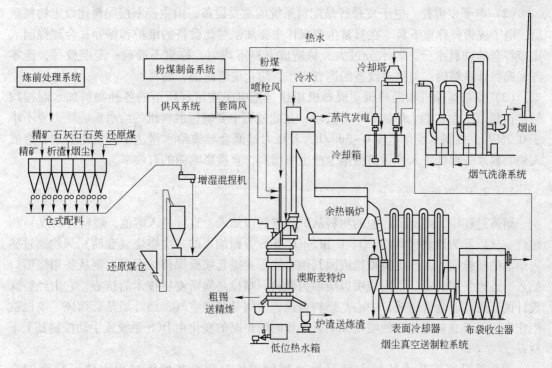

图 5-17 顶吹炉炼锡设备连接示意图

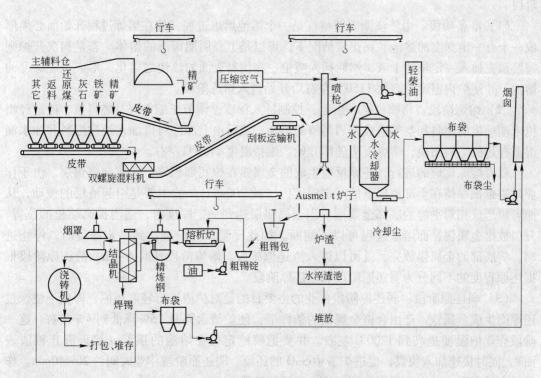

图 5-18 冯苏冶炼厂设备连接示意图

（1）矿仓。矿仓可依据厂房大小储备精矿。原则上要保障物料存储有序，隔离有效。

（2）电子皮带秤。电子皮带秤是配料系统的重要设备，由主控室按配料比设定物料量后，电子皮带秤称重下料。在日常生产操作中要加强对此设备的维护和保养：合理控制入皮带秤仓的物料水分，若水分过大，易造成下料不均匀，称重不准确；定期校秤，跑零点，确保计量精确；加强对设备的巡查工作，防止皮带跑偏，漏料。

（3）皮带运输机和混料机。混料机用途是把电子皮带秤所下的各种物料加水混捏均匀，达到 10% 左右的入炉物料水分要求，在此过程中要确保混料机的给水系统压力要不小于 0.2MPa，控制水流量范围 $0 \sim 3m^3/h$，若压力过低会导致给水量达不到设定要求，造成入炉物料水分偏低，入炉后机械烟尘产生率增高，直接影响锡的直收率。

5.7.2.3　熔炼系统

熔炼过程中，经润湿混捏的物料从炉顶进料口加入，直接进入熔池，燃料（粉煤）和燃烧空气以及为燃烧过剩的 CO、C 和 SnO、SnS 等而加入的二次燃烧（套筒）风均通过插入熔池的喷枪喷入。当更换喷枪或因其他事故需要提起喷枪保持炉温时，则从备用烧嘴口插入、点燃备用烧嘴。备用烧嘴以柴油为燃料。喷枪是澳斯麦特技术的核心，它由经特殊设计的三层同心套管组成，中心是燃料通道，中间是燃烧空气，最外层是套筒风。喷枪被固定在可沿垂直轨道运行的喷枪架上，工作时随炉况的变化由 DCS 系统或手动控制其上下移动。

顶吹浸没熔炼技术的特点就是熔池强化熔炼过程。其熔炼过程大致可分为四个阶段：

（1）准备阶段。由于澳斯麦特熔炼是一个熔池熔炼过程，故在熔炼过程开始前必须形成一个有一定深度的熔池。在正常情况下，可以是上一周期留下的熔体。若是初次开炉则需要预先加入一定量的干渣，然后插入喷枪，在物料表面加热使之熔化，形成一定深度的熔池，并使炉内温度升高到 1150℃ 左右后开始进入熔炼阶段。

（2）熔炼阶段。将喷枪插入熔池，控制插入深度，调节压缩空气及燃料量，通过经喷枪末端喷出的燃料和空气造成剧烈翻腾的熔池。然后由上部进料口加入经过配料并加水润湿混捏过的炉料团块，熔炼反应随即开始，维持温度 1150℃ 左右。

随着熔炼反应的进行，还原反应生成的金属锡在炉底部积聚，形成金属锡层。由于作业时喷枪被保持在上部渣层下的一定深度内（约 200mm），故主要是引起渣层的搅动，从而可以形成相对平静的底部金属层。当金属锡层达到一定厚度时，适当提高喷枪的位置，开口放出金属锡，而熔炼过程可以不间断。如此反复，当炉渣达到一定厚度时，停止进料，将底部的金属锡放完，就可以进入渣还原阶段。熔炼阶段耗时 6~7h。渣还原阶段根据还原程度的不同分为弱还原阶段和强还原阶段。

（3）弱还原阶段。弱还原阶段作业的主要目的是对炉渣进行轻度还原，即在不使铁过还原而生成金属铁，产出合格金属锡的条件下，使炉渣含锡从 15% 降低到 4% 左右。这一阶段作业炉温要提高到 1200℃ 左右。并要把喷枪定位在熔池的顶部（接近静止液渣表面），同时快速加入块煤，促进炉渣中 SnO 的还原。弱还原阶段作业时间约 20~40min。作业结束后，迅速放出金属锡，即可进入强还原阶段。

（4）强还原阶段。强还原阶段是对炉渣进一步还原，使渣中含锡降至 1% 以下，达到可以抛弃的程度。这一阶段炉温要升高到 1300℃ 左右，并继续加入还原煤。由于炉渣中含锡已经较少，因此，不可避免地有大量铁被还原出来，所以，这一阶段产出的是 Fe-Sn 合金。

强还原阶段约持续 2~4h。作业结束后让 Fe-Sn 合金留在炉内，放出的大部分炉渣经过水淬后丢弃或堆存。炉内留下部分渣和底部的 Fe-Sn 合金，保持一定深度的熔池，作为下一作业周期的初始熔池。残留在炉内的 Fe-Sn 合金中的 Fe 将在下一周期熔炼过程中直接参与同 SnO_2 或 SnO 的还原反应：

$$SnO_2 + 2Fe \Longrightarrow Sn + 2FeO \tag{5-32}$$
$$SnO + Fe \Longrightarrow Sn + FeO \tag{5-33}$$

因此，强还原阶段用于 Fe 的能源消耗，最终转化为用于 Sn 的还原。

在特殊情况下，为了使渣含锡降到更低的量，可以在强还原阶段结束前放出 Fe-Sn 合金后，将炉温升高到 1400℃ 以上，把喷枪深深插入渣池中，同时加入黄铁矿，对炉渣进行烟化处理，挥发残存在渣中的锡。

通过以上分析可知，顶吹浸没熔炼技术是一种简单、适应能力强、具有极高熔炼强度的先进喷吹熔池熔炼技术，是目前锡精矿还原熔炼比较理想的技术。

顶吹浸没熔炼技术炼锡过程的处理量，各种物料的配比，喷枪风燃料比与鼓风量，燃烧空气过剩系数，喷枪进入炉内程序，喷枪高度，炉内温度和负压等参数的检测、控制、记录以及备用烧嘴的升降等操作，全部通过 DCS 系统控制，同时可对余热锅炉的状况（蒸汽量、蒸汽温度、蒸汽压力等）、烟气处理系统各工序的进出口温度和压力等进行监测。基本实现了过程的自动控制。

5.7.2.4 备用烧嘴

在炉子更换耐火材料后烘炉、紧急停炉保温或换枪时就需要启动备用烧嘴，备用烧嘴所采用的燃料是柴油，在启动烧嘴前必须确保所有系统已准备就绪（风、油、电），雾化风压力不能低于 0.5MPa，才能保证柴油的雾化效果，充分燃烧。

5.7.2.5 冷却水系统

采用炉壁淋水强制冷却方式（由敞开式向封闭式淋水发展），可延长炉衬耐火材料寿命。冷却水经软化水处理后可循环使用。冷却水从循环水泵房到高位水箱，自流到顶吹炉。为保证炉壁各个部分形成均匀的水膜，分别在炉体圆柱部分、锥体部分和平炉盖上设置相应的喷水管，而在出渣口和出锡口则采用铜水套强化冷却。各路回水最终沿炉壁流下经汇水槽汇入低位集水箱，再自流到循环水泵房的热水池，最后回冷水池循环使用。为保持水的清洁，在循环中部分回水要进行过滤处理。在循环水泵房中还有一套循环系统，负责风机房各类风机冷却水的供给和处理。

5.7.2.6 余热发电系统

顶吹炉在熔炼过程中产生大量高温烟气，并集中从一个炉口排出，为余热利用创造了极为有利的条件。考虑到锡冶炼过程会产生大量烟尘以及发生炉渣的喷溅黏结堵塞上升烟道的可能性，因此通常采用带有膜式全水冷壁垂直上升烟道、强制循环和新型带弹簧垫锤式振打清灰装置的余热锅炉（见图 5-19），锅炉大小应与炉子生产能力大小匹配。

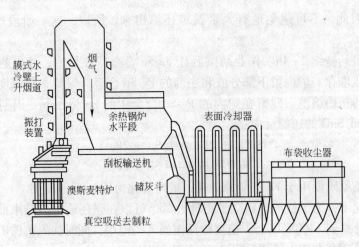

膜式水
冷壁上升烟道

烟气

振打
装置

余热锅炉
水平段

表面冷却器

布袋收尘器

刮板输送机

澳斯麦特炉

储灰斗

真空吸送去制粒

图 5-19　余热锅炉和收尘系统图

如前所述，顶吹炉炼锡过程是周期性的，在放渣阶段或更换喷枪时烟气量会大幅下降，余热锅炉蒸汽量的频繁变化，给系统的控制带来很大的困难，为此采用 DCS 对汽机运行时各参数的检测、控制和机的保护连锁以及设备状态的监测等，并在汽机组上设置了先进的数字式电液调节系统 DEH（Digital Electro Hydraulic control of Turbine），保证系统安全可靠运行。

5.7.2.7　烟气处理系统

烟气处理系统包括由余热锅炉的水平段、表面冷却器和布袋收尘器组成的收尘工序；由二级高效湍冲洗涤器及相配套的浆液循环、沉降、过滤设备组成的烟气 SO_2 洗涤工序和作为湍冲洗涤器的 SO_2 洗涤吸收剂的石灰石乳制备工序三部分。从顶吹炉排出的高温烟气经余热锅炉出力降温到 300~350℃ 并在水平段沉降一部分烟尘后，进入表面冷却器，使烟尘进一步沉降并使烟气温度降到 150~200℃ 后，再进入布袋收尘器。在锅炉水平段沉降的烟尘由设在其底部的刮板运输机刮入储灰斗，并定期从储灰斗放出烟尘，用埋式刮板机送去制粒。表面冷却器和布袋收尘器灰斗中的烟尘也同样，定期用埋式刮板机送去制粒，经制粒后的烟尘直接返回配料系统或进行焙烧脱砷处理后再返回配料系统入炉处理。

通过布袋收尘器除尘后的烟气经二级串联的高效湍冲洗涤器，用石灰石乳淋洗，使烟气中的 SO_2 达到排放标准后，经引风机排入烟囱。脱硫过程生成的石膏泥浆泵入沉降槽，再送板框压滤机过滤，滤液返回洗涤器，石膏渣送堆渣场。

为了提高废物综合利用率，云锡冶炼厂采用加拿大 CANSOLV 公司的再生胺吸收解析法脱硫工艺，于 2012 年建成低浓度二氧化硫制酸系统，进一步回收顶吹炉烟气中的二氧化硫制取硫酸。

5.7.2.8　燃料供应系统

顶吹浸没熔炼炉用粉煤、油或天然气做燃料。用粉煤做燃料的澳斯麦特炉系统较为复杂。燃煤供应系统由粉煤制备、粉煤仓、粉煤计量器、螺旋输煤泵和载煤风干燥装置组成。如图 5-20 所示，由粉煤制备车间气动输送来的粉煤进入顶部粉煤仓，经给料器使粉煤均匀入环状天平计量器计量后，进入螺旋输煤泵，被载煤压缩空气（载煤风）裹载，通过喷枪喷入熔池。为防止载煤风中的水分和油雾造成送煤设备和管道黏结，在输煤泵前设置了一套除水、除油装置。

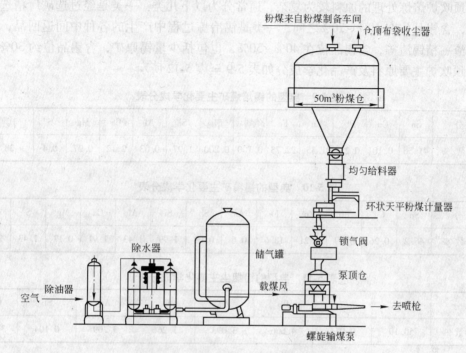

图 5-20　燃煤供应系统工艺流程示意图

5.7.2.9　供风系统

顶吹浸没技术的核心是喷枪，燃煤和燃烧空气通过喷枪喷入熔池，二次燃烧风则通过外层套管在熔池上方鼓入炉内。由于喷枪插入熔池，并使熔池保持一定程度的搅动状态，要求燃烧风有恒定的大于 0.2MPa 的风压，而二次燃烧（套筒）风的压力为 80kPa。此外，由于在三个熔炼阶段的供风量变化幅度很大，因此要求鼓风机能在保持恒压的前提下有较大的风量调节余地（见表 5-8）。

表 5-8　各熔炼阶段喷枪燃烧风与套筒风变化情况

阶　　段	熔炼阶段	渣还原阶段	放渣阶段	保温阶段
燃烧风量（标）/m³·h⁻¹	25605	13460	4000	4000
套筒风量（标）/m³·h⁻¹	15865	11225	3500	3500

因此，作为燃烧风、载煤风和套筒风的供风设备，必须满足上述风量变化的要求。

供风系统还包括燃烧风、载煤风和套筒风的供风设备，也包括备用烧嘴的雾化风、布袋收尘器的反喷吹风，一台作仪表动力用风等。全系统的抽风依靠设在系统尾端的引风机。

5.8　锡顶吹浸没熔炼技术实践

5.8.1　原料及产品

锡顶吹炉熔炼处理的原料较为复杂，通常分为以下几类：一类是经过选矿厂精选出的锡精矿，含锡品位在40%~70%之间，一类是锡冶炼过程中产生的各种中间返回品，如烟尘、锡渣、精锡渣等，含锡品位在40%~50%，也包括少量锡原矿，含锡品位约30%。国内某锡顶吹炉主要原料及产品化学成分如表5-9至表5-12所示。

表 5-9　典型的锡焙烧矿主要化学成分表

成　分	Sn	Cu	Pb	Zn	Fe	As	Sb	Si	Al	Ca	Mg	S	其　他
质量分数/%	41.56	0.10	0.28	1.35	22.73	0.700	0.200	1.97	0.03	2.12	0.27	0.4	28.83

表 5-10　典型的锡精矿主要化学成分表

成　分	Sn	Cu	Pb	Zn	Fe	As	Sb	Si	Al	Ca	Mg	S	其他
质量分数/%	46.2	0.26	0.59	0.21	18.6	0.6	0.09	1.99	1.43	1.91	0.17	1.43	26.52

表 5-11　典型的锡烟尘主要化学成分表

成　分	Sn	Cu	Pb	Zn	Fe	As	Sb	其他
质量分数/%	50.19	0.056	4.666	3.093	1.266	3.209	0.104	37.42

表 5-12　典型的甲锡主要化学成分表

成　分	Sn	Pb	As	Bi	Cu	Fe	Sb	S	In
质量分数/%	92.84	4.72	0.415	0.21	0.574	0.173	0.324	0.0009	0.0207

5.8.2　锡顶吹炉熔炼的操作

5.8.2.1　配料操作

配料是由 DCS 控制系统控制各个料仓的给料量来完成的。在设定的各个料仓给料量的过程中，需要技术人员和操作人员进行配料计算，选择适当的渣型，从而在 DCS 系统中设定单位时间用量内各种物料的给入量，并按照设定量进料。

5.8.2.2　熔炼系统

熔炼过程中，经润湿混捏的物料从炉顶进料口加入炉内，直接进入熔池，粉煤、燃烧风以及过剩的 CO、C 和 SnO、SnS 等加入的二次燃烧风均通过插入熔池的喷枪喷入。当更换喷枪或因其他事故需要提起喷枪保持炉温时，则从备用烧嘴插入点燃烧嘴。备用烧嘴以柴油为燃料。喷枪被固定在可沿垂直轨道运行的喷枪架上，工作时随炉况的变化由 DCS 系统或手动控制其上下移动。

5.8.2.3 喷枪操作

A 喷枪

喷枪是顶吹沉没熔炼技术的核心，它由经特殊设计的三层同心套管组成，中心是燃料通道，中间是燃烧空气，最外层是套通风。图 5-21 为喷枪装配结构示意图。

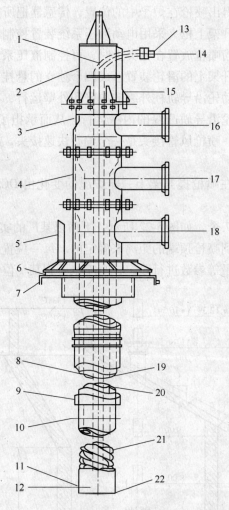

图 5-21 喷枪装配结构示意图

1—燃煤管弯头；2—喷枪吊架；3—内部风汇集管；4—外部风汇集管；5—喷枪编号牌；6—多衬垫；
7—喷枪支撑板；8—燃煤管；9—套筒风管；10—套筒风导流板；11—外部风管；12—混合区；
13—燃煤管接头；14—燃煤；15—顶端压力；16—内部喷枪风；17—外部喷枪风；18—套筒风；
19—喷枪顶端压力测量管；20—内部风管；21—旋流器；22—喷枪顶端

B 喷枪控制系统

作为澳斯麦特系统的一部分，喷枪操作系统的作用是直接把燃料和燃烧气体喷射入熔融物料的熔池中。喷枪在炉内的定位动作通过喷枪操作设备来完成。喷枪操作设备包括：喷枪提升架、喷枪提升机、喷枪提升架导轨。

喷枪提升架用来控制喷枪在炉内垂直面上插入、提出炉子的动作，喷枪提升架在导轨上的定位通过定位轮执行，该定位轮沿着喷枪提升架的导轨外侧运行，而喷枪提升架的升降运行则通过提升机来执行。喷枪在炉子中的位置则通过位置传感磁致伸缩杆进行测定，该装置安装在喷枪提升架的导轨上，由一块磁体和一根磁性感应线组成。感应线与喷枪提升架上的金属管连接并绕在金属管上，可提供喷枪提升架运行一定距离。安置在金属管上的磁体与金属管被安装在喷枪提升架上，磁体可在导线周围形成一个磁场，探测并推断出喷枪提升架的位置，从而得出喷枪在炉子中的位置，传感器把所得到的信息传递给喷枪控制柜和控制系统；喷枪提升架上枪夹采用电动液压系统装置控制，系统包括储油箱、高压旁路、电动机和液压泵。当喷枪放置在枪夹上时，可控制液压系统完成伸出、回收，达到锁紧喷枪的目的；喷枪提升架上的滑轮装置形成四个独立的悬挂行走装置，每一装置都配备了八个从动轮，这些从动轮沿导轨柱外缘的内壁和外壁运行，各悬挂行走装置还有一个附属的从动轮，该从动凸轮沿导轨凸缘的内壁运行，从而承担了喷枪提升架的侧面负荷；喷枪提升架上的载煤风管、喷枪风管接头是一个偏心快速接头，靠此接头的旋转来锁紧。

C　喷枪操作系统

喷枪由液压枪夹固定在喷枪提升架上，随炉况的变化由 DCS 系统或手动控制其上下移动。

喷枪的操作位置共有 7 个，如图 5-22 所示，下面以某厂的实际位置为例介绍，其在炉内的定位是依据炉底中心到喷枪顶端的距离来确定的。每一位置的系统，工程师根据工艺及生产情况对燃煤量、风量等参数进行设定，当喷枪下到某一位置时控制系统会自动调整

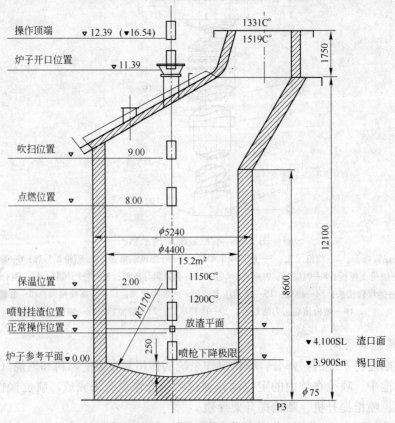

图 5-22　喷枪流量和位置表

煤、风等参数达到该位置的设定量，同时也可在该位置根据炉况对煤量、风量等进行调
节；当喷枪在两个枪位之间时，喷枪的煤量、风量值在两个枪位之间波动。喷枪在各位置
的物流量见表 5-13。

表 5-13 喷枪位置参数表

位置	喷枪在炉内位置/mm	说 明
1	12320	换枪位置
2	11400	喷枪入炉位置
3	9000	吹扫位置
4	8000	点火位置
5	2500	保温位置
6	1500	挂渣位置
7	<1000 150~900 700~900	准备位置 熔炼位置 还原位置

位置 1　换枪位置。喷枪位于操作顶端，在此位置进行换枪操作。枪位高度为炉底到
当前喷枪口的垂直距离。

位置 2　喷枪入炉位置。枪头刚好位于喷枪孔的口径内，枪位高度 11400mm，此位置
无流量进入枪体。

位置 3　吹扫位置。喷枪到此位置后，开始有载煤风流量对炉内进行吹扫，吹扫的目
的是为了保证在每次下枪时或在发生 ESD（紧急停车程序）后再次下枪时，喷枪煤管畅
通，杜绝冲大煤现象，确保点火成功，喷枪高度 9000mm。

位置 4　点火位置。当喷枪从位置 3 到达位置 4 时，控制系统自动启动粉煤输送泵，
供给喷枪燃煤，同时喷枪风、套筒风等也开始导入喷枪，喷枪点火。在此位置的操作要确
保炉内温度达到 800℃，并且喷枪提升架已触动到提升架柱上位置 3 的限位开关时，才能
引入粉煤。喷枪高度为 8000mm。

位置 5　保温位置。喷枪在此位置时，燃煤量和风量的设定值能使炉子保持在所要求
的操作温度范围内，直至开始投料生产，喷枪高度为 2500mm。

位置 6　挂渣位置。喷枪在 6 位置时，进行喷枪挂渣操作，高度为 1500mm。挂渣操作
过程中的具体枪位不是一成不变的，合适的挂渣位置是根据渣池的高低来决定的，只有确
定了起始渣池的多少才能保证喷枪的有效挂渣。

位置 7　正常操作位置。位置 7 并不是一个固定位置，它是在位置 6 下的一个区域，
在这个位置上有三种操作模式：熔炼模式、还原模式、准备模式。在生产中可根据生产实
际情况进行选择操作。

喷枪的正常操作对澳斯麦特炉的正常熔炼极为关键，合理的操作方法能延长喷枪的使
用寿命、降低生产成本、确保种类技术经济指标的顺利完成等等。

D　喷枪挂渣

澳斯麦特炉喷枪是在一个高温熔融渣池且具有很强腐蚀环境中操作的，为使喷枪钢材
不至于受损，在每次下枪时必须进行挂渣操作，以便于在喷枪表面形成一层冷凝渣层，来

达到保护喷枪的目的。在挂渣操作过程中，首先要确定渣池的高度，然后将喷枪置于渣池上方 10~200mm 的位置，并保持不少于 60s 的时间，反复几次后就可完成对喷枪的挂渣操作。这是因为由于喷枪风直接喷射到渣池表面，导致一些细小的渣粒在炉内飞溅，这些小的渣粒喷溅到喷枪表面上，通过套筒风和喷枪风的冷却，逐渐在喷枪表面形成一层冷凝渣层，使喷枪钢体和液渣池隔离，达到保护喷枪的目的。喷枪每次浸入熔池时都要进行挂渣，这样做是很有必要的，因为喷枪在提离渣池的过程中，渣套的某一部分有可能发生物理剥落现象（因温差而使渣骤冷发生收缩），而导致喷枪钢体和液渣池接触损坏喷枪。

在实际生产中判断喷枪是否正确挂渣的方法有如下几种：

（1）喷枪的声音变化。当喷枪接近渣池表面时，因枪风直接喷射到渣池表面会导致喷枪发出的噪声加大，只要多加注意即可判断。

（2）渣池中细渣的飞溅。从炉子各操作口中飞溅出的细小渣粒的多少也可判断出喷枪在炉子中是否已接近渣池。

（3）用渣池的深度推算。此方法是最常用的，下枪挂渣前首先用取样杆对渣池进行测量，然后依据测到的渣池深度来下枪挂渣。

生产实践证明，保留适当的起始渣池对喷枪的挂渣操作及保护起着重要的作用，在操作中可根据生产情况保留 350~500mm 的渣池来进行挂渣操作，渣池过低，喷枪难挂渣，易烧枪。但也要注意，过多的保留渣池，也会产生煤耗加大、后期操作枪位过高等不利于生产的影响因素。

E　熔炼操作

喷枪在操作中根据生产需要枪头必须浸入渣池 100~300mm，并在此位置上下调整，才能保证渣池的搅拌强度及熔炼过程所需的温度。在此过程中渣池的搅拌运动集中在枪头以上区域，喷枪下方的运行相对要弱一些，间断性的降低枪位有利于提高炉底温度，特别是下部温度低或有炉结时更需要下深枪来提温和化炉结。但操作时要小心，枪位停留时间过长会导致下部耐火材料快速磨损。因此一定要以生产实际为主，找到最佳的操作枪位，可采用以下三种方法来进行判断操作：

（1）在测定起始渣池后，把喷枪下到合适的操作位，根据进料量的多少，推算出投入物料熔融后在炉内所占体积和高度，在料量跟踪系统中设置后再进行操作。

（2）以喷枪风背压、燃煤背压来判断。喷枪在炉内插入深度不同，渣池给予喷枪风和燃煤反压也不相同，此时可参照日常操作经验作出判断，及时调整枪位。

（3）喷枪的晃动情况。随着喷枪在炉内的插入深度，会导致喷枪发生不同程度的晃动，可根据喷枪晃动的程度来调整枪位。但要注意的是，有时因渣熔点高、渣池温度过低等原因会导致渣黏度加大，此时喷枪所承受的反压也同时加大，也会促使喷枪晃动加剧，在操作中需要加以分析，区别对待。

F　喷枪磨损

喷枪在使用过程中会发生正常或非正常的磨损，引起非正常磨损的因素有以下几点：

（1）挂渣操作不当或起始渣池过低、渣型不好等，喷枪挂渣不好。

（2）长时间深枪位操作，渣腐蚀枪体钢材。

（3）在进行化炉结等操作时，喷枪插入到熔池金属相中被腐蚀。

（4）在提枪检查时不认真，枪头有结渣未清理，导致在操作过程中，枪头散热不好而烧损。

（5）喷枪风与套筒风量设置不合理，枪体冷却不够，挂渣剥落。

（6）喷枪维修时质量差，焊缝有结渣或气孔。

G　喷枪损坏判断

在澳斯麦特炉熔炼作业过程中，若喷枪发生损坏将严重影响生产的正常进行，因此要认真观察喷枪的作业情况，发现枪体有损坏时应立即提枪检查、更换。在生产中可根据以下几种情况对喷枪是否损坏作出判断：

（1）在正常熔炼时熔池温度突然下降，并有炉结产生，在排除渣型、进料量、所用燃煤量等因素后，可断定是喷枪损坏引起的，此时应立即提枪检查。

（2）喷枪晃动程度加剧或减弱，在排除操作枪位过高或过低后，也可初步判断是喷枪损坏。

（3）在正常熔炼时喷枪口、烧嘴口、进料口等操作口有细小的渣粒从炉内飞溅出来，这也是喷枪损坏引起的。

（4）上升烟道烟气温度突然上升且幅度大，此时也有可能是喷枪损坏导致枪内燃煤在炉内上部燃烧引起的。

5.8.2.4　烟尘控制

在顶吹沉没熔炼炉中还原熔炼锡精矿，产出的产物主要有甲锡、乙锡、炉渣和烟尘。在生产过程中，一部分锡挥发进入烟尘，降低了产品的直接回收率，既占据了周转资金，又增加了加工成本，同时增大了污染物的排放，对环境造成很大的影响。为了减少烟尘的挥发应从以下几个方面采取措施：

（1）减少入炉物料中 S 的含量，减少 Sn 与 S 反应生成易挥发的 SnS 进入烟尘。

（2）对密度较小的返回烟尘预先进行制粒，在投入炉内之前，对各种物料加适当水分混捏，使物料最大化落入熔池，减少机械损失。

（3）控制适宜的搅拌强度以满足渣池面全覆盖喷溅即可，避免过大的风量使各种颗粒被上升气流裹挟的损失增大。

（4）控制事宜的硅酸度。SiO_2 能与 SnO 生成锡的硅酸盐，降低 SnO 的活度，抑制 SnO 挥发。

在顶吹沉没熔炼炉还原熔炼锡的过程中，要降低锡的入烟尘率，就是要综合上述条件，选择控制好恰当的炉况，精心操作，尽量减少锡的挥发。

5.8.2.5　渣型控制

炼锡炉渣的主要成分是 FeO 和 CaO 的硅酸盐，并含有数量不定的其他碱性氧化物，如 MgO、ZnO，以及中性氧化物 Al_2O_3 等。其中 SiO_2、FeO 和 CaO 的含量之和约占炉渣总量的 80% ~ 90%。在熔炼过程中，通过对渣主要成分和含量的分析了解，控制渣型主要是通过调整熔剂的加入量和控制渣的硅酸度，不同的熔剂在炼锡炉渣中的作用不同。

A　SiO_2 的作用和影响

（1）有利的方面：

1）SiO_2 是酸性氧化物，在熔炼过程中几乎能与锡精矿中所有的氧化物（FeO、CaO、

MgO 等）生成低熔点的硅酸盐，并能有效降低炉渣的比重，有利于金属层与渣层的分离，因此 SiO_2 是金属熔炼过程中最重要的熔剂。

2）SiO_2 会使 SnO 的活度降低，这是因为 SnO 溶于炉渣后会生成锡的硅酸盐，有利于抑制 SnO 挥发，但发生反应的可能性随温度的升高而降低。

3）在高温下 FeO 的活度随 SiO_2 量的增大而减小，降低了 FeO 被还原成 Fe 的倾向，有利于提高粗锡质量。

（2）不利的方面。SiO_2 是酸性氧化物，增大 SiO_2 的量会使炉渣黏度变大，增加渣量，增加渣带走的锡量。同时过量的 SiO_2 存在会加大碱性耐火材料的化学腐蚀。

B　FeO 作用和影响

由于锡精矿中的 Fe 通常以 Fe_2O_3 的形式存在，在熔炼过程中 Fe_2O_3 不直接入炉渣，而是先被还原成 FeO 后再进入渣。FeO 可使炉渣黏度变小、流动性变好、熔点下降，渣中 FeO 的量增大会使 SnO 的活度降低，有利于抑制 SnO 的挥发，但不利于降低渣含锡。

C　CaO 的作用和影响

CaO 是比 FeO 和 SnO 碱性更强的化合物，因而 CaO 能与 SiO_2 生成一系列更稳定的化合物，在炉渣中起把 FeO 或 SnO 从它们的硅酸盐中置换出来的作用。因此 CaO 能提高渣中 SnO 和 FeO 的活度，有利于降低渣含锡量。但 CaO 使 SnO 活度的提高，增大了渣中 SnO 挥发的可能性，会增大烟尘量，降低直收率。另外，CaO 提高 FeO 活度不利于抑制 Fe 的还原。因此，在熔炼过程中不应过多的加入 CaO。

D　Al_2O_3 的作用和影响

Al_2O_3 是一种高熔点的化合物，它能与 CaO 和 SiO_2 生成一系列较高熔点的化合物，Al_2O_3 在渣中的量不能超过 12%。

E　MgO 的作用和影响

MgO 能与 CaO 和 SiO_2 生成一系列熔点非常高的化合物，如镁橄榄石（$2MgO \cdot SiO_2$），它会使炉渣熔炼升高、黏度变大，所以渣中 MgO 含量不能超过 2%~3%。

F　ZnO 的作用和影响

ZnO 是一种熔点很高的物质。熔炼过程中，有 80%~85% 的 Zn 挥发并在烟气中氧化成 ZnO 富集于烟尘中，仅有 10%~15% 的 Zn 以 ZnO 的形态进入炉渣。ZnO 在渣中含量低于 5% 时，不会对熔炼过程产生明显的影响。大量 ZnO 存在会使炉渣的黏度急剧上升。

实际生产中必须综合各种熔剂在炉渣中的作用实现渣型控制，炼锡炉渣要满足以下五点要求：

（1）炉渣的密度要小，才有利于金属锡和炉渣的沉清分离，炉渣的密度应小于 $4g/cm^3$，使炉渣和锡的密度差大于 $2g/cm^3$。

（2）炉渣的黏度要小，流动性要好。

（3）炉渣的熔点要合适，一般在 1050~1200℃。

（4）炉渣适宜的硅酸度。

（5）在满足熔炼的前提下，尽可能少加熔剂，以减少渣量及渣带走的锡，提高锡的直接回收率。

5.8.3 锡顶吹浸没熔炼的特点

5.8.3.1 先进性

锡顶吹炉与传统炼锡炉相比,最大的特点是通过喷枪形成一个剧烈翻腾的熔池,极大地改善了整个反应过程的传热和传质过程,大大提高了反应速度,有效提高了反应炉的炉床能力,炉床指数可达 $24t/(m^2 \cdot d)$。它的先进性主要表现在以下几个方面:

(1) 熔炼效率高、熔炼强度大。顶吹技术的核心是利用一根经过特殊设计的喷枪插入熔池,空气和燃料从喷枪的末端直接喷入熔体内,在炉内形成一个剧烈翻腾的熔池,极大地改善了反应的传热和传质过程,加快了反应速度,提高热利用率,有很高的熔炼强度。炉床能力是反射炉的 $10 \sim 24$ 倍。

(2) 物料适应性强。顶吹浸没技术的核心是翻腾的熔池,因此只要控制好渣型,选好熔点和酸碱度,对处理的物料有很好的适应性,对炉料形态无特殊要求,炉料准备工作简单。

(3) 热利用率高。由于喷入熔池的燃料直接与熔体接触,直接在熔体表面或内部燃烧,从根本上改变了反射炉依靠辐射传热、热量损失大的弊病。与反射炉熔炼相比,此外炉内烟气经一个出口排出,烟气余热能量得到充分利用,将使吨锡能耗大幅度下降。

(4) 环保条件好。由于烟气集中排出,与反射炉相比烟气总量小,烟气处理问题容易解决。顶吹炉开口少,整个作业过程处于微负压状态,基本无烟气泄漏,无组织排放减少,此外烟气集中,可以有效利用二氧化硫生产硫酸,从根本上解决其对环境的污染。

(5) 自动化程度高。基本实现了过程的计算机控制,操作机械化程度高,可大幅度降低劳动强度,提高劳动生产率。

(6) 占地面积小、投资省。由于生产效率高,一座顶吹炉即可完成多台其他炉子才能完成的任务,设备简单,投资省。

(7) 燃料可用油、天然气、粉煤等,助燃剂可用空气或用富氧空气,炉内气氛容易控制。

5.8.3.2 存在的不足

(1) 由于熔体处于剧烈搅拌状态,增大了锡量的挥发,约有 15% ~ 20% 的锡进入烟尘,从而降低了锡的直接回收率,增大了返回处理量。

(2) 对耐火材料有较高要求,熔池渣线附近的耐火材料腐蚀严重影响作业率。

(3) 喷枪垂直升降,对厂房要求较高。

5.8.4 主要技术经济指标

顶吹沉没熔炼炉在部分冶炼厂运用的主要技术经济指标见表 5-14。

表 5-14 国内外锡顶吹炉主要技术经济指标

名　称	单　位	国内某冶炼厂1	冯苏冶炼厂	国内某冶炼厂2
炉体部分				
内径	m	$\phi_内 4.4$	$\phi_内 3.4$	$\phi_内 3.4$

名　称	单　位	国内某冶炼厂 1	冯苏冶炼厂	国内某冶炼厂 2
炉床面积	m²	15.4	9.0	9.0
精矿处理量	t	空气：50000 富氧：70000	空气：30000 富氧：40000	空气：35000
产锡量	t	空气：362000 富氧：40000	空气：15000 富氧：20000	空气：17500
精矿品位	%	38~63	52~54	45~55
熔剂率	%	15	11~19	—
渣率	%	33.04	40~80	40
炉床能力	t/(m²·d)	空气：20 富氧：26	10~13.5	空气：18
渣锡品位	%	4~6	1.0~1.5	4~6
炉寿	a	>1	—	1
冶炼回收率	%	95~96	96.4	94~97
烟尘率	%	18~24	30~35	30~35
还原剂率	%	17~23	18~24	16~25

课后思考与习题

1. 叙述锡的主要用途。
2. 简述金属锡及其主要化合物的物理化学性质。
3. 分析锡精矿还原熔炼的基本原理和影响因素。
4. 锡精矿的还原熔炼设备分为哪几种？
5. 叙述澳斯麦特法炼锡技术的特点和工艺流程。
6. 简述炼锡炉渣中主要氧化物的作用与影响。
7. 简述喷枪挂渣的作用以及判断喷枪是否正确挂渣的方法。

参 考 文 献

[1] 彭容秋. 重金属冶金学［M］. 湖南：中南大学出版社，2003.

[2] 彭容秋. 锡冶金［M］. 湖南：中南工业大学出版社，2005.

[3] 黄位森. 锡［M］. 北京：冶金工业出版社，2000.

[4] 余继燮. 重金属冶金学［M］. 北京：冶金工业出版社，1981.

[5] 华一新. 有色金属概论［M］. 北京：冶金工业出版社，2007.

[6] 卢宇飞. 冶金原理［M］. 北京：冶金工业出版社，2011.

[7] 傅崇说. 有色冶金原理［M］. 北京：冶金工业出版社，1993.

[8] 赵天从，汪健. 有色金属提取手册（锡锑汞）［M］. 北京：冶金工业出版社，2007.

[9] 张莓. 全球锡矿资源及开发现状［J］. 中国金属通报，2011（32）：19~21.

[10] 韦栋梁，何绘宇，夏斌. 对我国锡矿业发展的几点思考［J］. 中国矿业，2006（1）：58~61.

[11] 杨学善，秦德先，张洪，等. 我国锡矿资源形势分析及可持续发展对策探讨［J］. 矿产综合利用，
　　　2005（5）：17~21.

[12] 张福良，殷腾飞，周楠. 全球锡矿资源开发利用现状及思考［J］. 现代矿业，2014（2）：1~4.

[13] 朱祖泽，贺家齐. 现代铜冶金学［M］. 北京：科学出版社，2003.

[14] 彭容秋. 铅冶金［M］. 湖南：中南工业大学出版社，2004.

[15] 宋兴诚. 重有色金属冶金［M］. 北京：冶金工业出版社，2011.

[16] 张乐如. 铅锌冶炼新技术［M］. 湖南：湖南科学技术出版社，2006.

冶金工业出版社部分图书推荐

书　名	作　者	定价(元)
有色冶金概论（第3版）	华一新　主编	49.00
粉末冶金工艺及材料	陈文革　编著	33.00
火法冶金——备料与焙烧技术	陈利生　等编	18.00
火法冶金——粗金属精炼技术	刘自力　主编	18.00
火法冶金——熔炼技术	徐　征　等编	31.00
火法冶金生产实训	陈利生　等编	18.00
金属材料及热处理	王悦祥　等编	35.00
金属硅化物	易丹青　著	99.00
金属铝熔盐电解	陈利生　等编	18.00
金属热处理生产技术	张文丽　等编	35.00
金属压力加工概论（第3版）	李生智　主编	32.00
难熔金属材料与工程应用	殷为宏　编著	99.00
轻金属冶金学	杨重愚　主编	39.80
人造金刚石工具手册	宋月清　主编	260.00
湿法冶金——电解技术	陈利生　等编	22.00
湿法冶金——浸出技术	刘洪萍　等编	18.00
稀有金属冶金学	李洪桂　主编	34.80
氧化铝制取	刘自力　等编	18.00
冶金过程控制基础及应用	钟良才　编著	33.00
冶金宏观动力学基础	孟繁明　编著	36.00
冶金设备（第2版）	朱　云　主编	56.00
冶金试验研究方法	陈建设　主编	29.00
冶金原理	卢宇飞　主编	36.00
硬质合金生产原理和质量控制	周书助　编著	39.00
有色金属真空冶金（第2版）	戴永年　主编	36.00
有色冶金化工过程原理及设备（第2版）	郭年祥　主编	49.00
有色冶金炉	周子民　主编	35.00
重金属冶金学	翟秀静　主编	49.00
重有色金属冶金	宋兴诚　主编	43.00